# 孫子兵法的思維方式

## 的

簡明本

王天驥——著

# 目　錄

# 01 孫子考

## 《史記》中的孫子

〈史記·孫子吳起列傳〉對於孫子的生平記述極為簡略，其中用 90% 的篇幅記載了這樣一個故事：

春秋時代，著名軍事家孫武將自己撰寫的兵法獻給吳王闔閭。吳王看完之後說：「你的十三篇兵法寫得很好，能否拿我的軍隊試試？」孫武說可以。吳王再問：「用婦女來試驗可以嗎？」孫武說可以。於是吳王召集一百八十名宮中美女，請孫武訓練。

孫武將她們分為兩隊，讓吳王寵愛的兩個宮姬為隊長。孫子讓所有宮女都拿着長戟，站成隊列。隊伍站好後，孫武便發問：「你們知道怎樣向前向後和向左向右轉嗎？」眾宮女回答：「知道了。」孫武又補充說：「向前就看我胸口；向左就看我左手；向右就看我右手；向後就看我背後。」眾女兵回答：「明白了。」孫武命人搬出鈇（斬首用的大斧），三番五次向她們申戒。說完便擊鼓發出向右轉的號令。然而眾宮女不但沒有依令行動，反而哈哈大笑。孫武見狀說：「解釋不明，交代不清，應該是將官的過錯。」便又將剛才一番話詳盡的向她們解釋了一次，之後再次擊鼓發出向左轉的號令。眾宮女依然只是大笑。孫武便說：「解釋不明交代不清，是將官的過錯。既然已經交代清楚而依舊不聽命令，就是隊長和士兵的過錯了。」說完命左右隨從把兩個隊長斬首。吳王見孫武要斬他的愛姬，急忙向孫武講情，孫武卻說：「我既受命為將軍，將在軍中，君命有所不受！」遂命左右

將兩名女隊長斬首，再任命兩位排頭為隊長。自此以後，眾宮女無論是向前向後，向左向右，甚至跪下起立等複雜的動作都認真操練，再也不敢嬉鬧了。

於是，孫武向吳王報告說：「軍隊已經操練完畢，請大王檢閱。您可以隨心所欲地指揮她們。即使是命令她們赴湯蹈火也不會違抗命令了。」吳王因為失去兩個寵姬，正在痛心後悔，就沒好氣地說：「你回賓館休息吧，我不想檢閱了。」孫武有些不滿，嘆息道：「大王只是欣賞我的理論，卻不支持我實行啊！」吳王闔閭知道孫武果真善於用兵，因此任命他做了將軍。這之後，吳國向西打敗了強大的楚國，攻克郢都；向北威震齊國和晉國，在諸侯各國名聲赫赫。在這個過程中，孫武都出了很大力。

這個故事後來演變為成語「三令五申」。可惜故事雖然生動，但并不可信。

首先，這則故事的筆墨與孫子的其他事蹟不成比例。除了這則故事以外，《史記》中對於孫子的記載還有〈伍子胥列傳〉和〈吳太伯世家〉僅兩句記載（且兩篇中的這兩段話是完全相同的）。一段是：「將軍孫武曰：『民勞，未可，待之。』」一段是：「吳王闔廬請伍子胥、孫武曰：『始子之言郢未可入，今果如何？』二子對曰：『楚將子常貪，而唐、蔡皆怨之。王必欲大伐，必得唐、蔡乃可。』」而《國語》《左傳》雖然有伍子胥事蹟的記載，卻沒有孫子的記載。《史記》對於孫子的身世、生卒、個人功績沒著述，卻將孫子見吳王的故事描寫的繪聲繪色，不免令人生疑。

第二，吳王用這種方式考驗孫子的軍事才能過於膚淺。《孫子兵法》是頂級的軍事著作。吳王看過後不向孫子詢問如何稱霸天下，卻用操練侍女來考察他。鈕先鐘先生這樣評價道：「即令吳王有意要面試孫武的將才，他也不可能采取此種方式，因為操場上的制式訓練最多也只能考試連長（上尉），吳王似乎不會無知到那樣的程度，居然用考小學生的方法來考博士生。」（《孫子三論》導言）

況且吳王要孫子操練侍女，往輕了說是一種輕蔑，往重了說是一種侮辱。吳王的做法一點也不像有求賢若渴的誠意。

第三、孫子訓練宮女的故事本身，也存在諸多不合常理之處。

（1）孫子處罰的目標是吳王的兩名「寵姬」。一個還沒什麼名氣的孫武真有這麼大膽量敢在吳王的面斬殺他的「寵姬」嗎？要知道這可是命專諸刺殺了吳王僚而篡位的闔閭啊！估計連以剛戾著稱的伍子胥都不敢這樣做！就算孫武的確是大智大勇，算好了到目前為止表現都十分昏庸的闔閭最終會反轉成明君，但孫子剛來面試就給老闆當頭一棒，他就沒考慮過以後如何共事嗎？

（2）當侍女們經過三令五申還不聽從命令的時候，孫子直接祭出了最重的軍法──斬首。為什麼孫子直接要用最高刑罰？畢竟訓練才剛剛開始，通過「杖責」這類刑罰就無法讓這些「瘋丫頭」聽話嗎？何況如此剛戾之風與《孫子兵法》中的內容並不相符。

（3）斬殺這兩名「寵姬」孫子是親自動手嗎？這兩名「寵姬」再怎麼「傻白甜」，估計也沒笨到乖乖跪下來等着孫子拿大斧子砍。如果孫子不想上演「宮廷裡追砍宮女」的鬧劇，那麼行刑時肯定需要有人幫忙捆綁按住這兩名宮女。難道孫子來面試時就預先自帶了劊子手隨行？還是吳王的劊子手心大到憑孫子這個外來者的一句話就斬了自己國君的「寵姬」？──吳王就算最後愛才任用了孫武，但痛失小寶貝的吳王難道不會拿這幾個操刀的小嘍囉出氣嗎？

（4）吳王為自己的兩名「寵姬」求情，孫子卻以「將在軍，君命有所不受」為理由強行斬了兩個美女。當着吳王的面，在吳王的宮廷裡，用「將在軍」這種理由殺人是不是太牽強了些？剛來面試就敢拿雞毛當令箭，等以後掌握了軍權，誰還管得住？

（5）孫子真的有權力在吳國的宮廷裡殺人嗎？更何況孫子還是在吳王以及他麾下眾多侍衛的面前動手──吳王要是真想救自己的寵姬的話，求情未果還可以找身邊的侍衛強行阻攔啊！

經過這些分析可以看出，這個故事莫說是出於孫子，就算是放到

任意一個人身上，幾乎都不可能發生！「三令五申」只是一個由後人杜撰的寓言故事而已。可惜許多注家仍然以這個故事來吹捧孫子，那麼他們對於《孫子兵法》的理解是否可靠呢？

## 對於孫子身份的猜測

否定掉〈史記·孫子吳起列傳〉中的故事之後，孫子可以確定的事蹟就只有兩件：一、他寫下了《孫子兵法》；二、他和伍子胥關系密切。還有一點推測，就是孫子在世時很可能并沒有多大名氣。

基於以上三點和春秋時代的社會結構，我猜測：

1、孫子出身於下層貴族，世襲擔任軍隊「參謀」職務。孫子或他的祖輩因為種種原因離開了自己的國家，投靠在伍子胥門下。孫子是伍子胥手下的門客，并未直接出仕於吳王。春秋時代還極為看重出身，下層幾乎不可能身居高位。

2、孫子的出名是因為他著作的兵法在他身故之後廣為流傳，也可能是得益於他後人孫臏的名氣。

3、在伐楚時，孫子作為伍子胥的參謀隨軍出征。他的軍事策略只提供給伍子胥。如果伍子胥認為可行，再以自己的名義將這個策略呈交給吳王或發表在軍事會議上。由於《左傳》《國語》只記載「重要人物」，所以對於孫子這個「幕後參謀」并無記載。而伐楚之後不久，孫子可能就去世了，或因病無法繼續隨軍出征。所以《史記》中在伐楚之後就沒有有孫子事蹟的記載了。

如果真是如此的話，孫子的生平可以說和《戰爭論》的作者卡爾·馮·克勞塞維茲十分相似。克勞塞維茲雖然參加過拿破崙戰爭，但僅是以參謀的身份，并未親自指揮過戰鬥。但是這并不影響他在軍事理論上取得非凡的成就。同樣，孫子雖然沒有像吳起、韓信那樣的輝煌戰績，但這并不能撼動他因《孫子兵法》而成就的「兵聖」地位。

也許後世有感於此，尊稱其為「武」——我并不認為「孫武」就是孫子的真名。「孫武」之名始見於《史記》，而《史記》中對於先秦人名的記載極為混亂。比如孫子的後世「孫臏」就顯然是因為受了臏刑而獲得的「藝名」（當然也有極小概率是真名）。可以說，「孫武子」之稱，就是對《孫子兵法》作為「兵書之聖」的肯定。

## 《孫子兵法》的主要參考版本

先秦兵書在後世亡佚嚴重，唯有「孫子十三篇」一直完整保存。傳世的兩個主要版本都起源於宋代。一個是宋代官方編修的《武經七書》文本，一個是民間編著的「十一家注本」，後者因為有十一位前代注家的注解輔助，所以更具研究參考價值。兩個文本雖然在文字間有所差異，但是對於內容的理解影響并不大。

「十一家注本」是宋人選取的十一位較有影響力的注家，他們分別是：1. 魏武帝曹操；2. 南朝梁人孟氏；3. 著有《太白陰經》的李筌；4. 作為昭義軍節度使門客的賈林；5. 編著《通典》的宰相杜佑；6. 大詩人杜牧；7. 晚唐人陳皞（hǎo）；8. 宋人王晳（xī）；9. 宋人梅堯臣；10. 宋人何延錫；11. 南宋人張預。「十一家注本」出版之後較有影響力的注家還有金朝的施子美，明代的劉寅、趙本學，清代雖然有孫星衍對於《孫子兵法》的版本進行了校勘，但并無出名的注家。民國時有劉邦驥、陳啟天、錢基博等人的注解也很受當代學者重視。

1972 年，在銀雀山漢墓出土了大量竹簡，其中就包含《孫子兵法》。經過專家整理，在 1976 年出版了《銀雀山漢簡孫子兵法》。這是目前為止可以見到的最古老的《孫子兵法》版本。漢簡本與宋本在很多詞句存在本質的差異，有些部分甚至與宋本相反。因此，當代注家又有了另一項工作，就是對宋本與簡本之間的差異作出辨析與取捨。

# 本書的注解方式

古代注家注解《孫子兵法》主要有三種形式。第一種，就是解釋其中難以理解的字詞。第二種，是通過進一步的闡述使原文的意思更加明朗化。第三種，是列舉實際戰例，以論證其中的原理。

現代人讀《孫子兵法》又出現了新的角度。那就是將孫子各篇中相關的語句摘錄出來，然後與現代軍事、政治、商業競爭或企業管理學等學科結合進行解讀，一般統稱為「應用研究」。

20 世紀 80 年代，日本經濟最輝煌的時候，包括大前研一、松下幸之助在內的許多管理學家和企業家們對《孫子兵法》都給予的極高的評價。而隨着中國經濟的起飛，企業的壯大發展，各種「《孫子兵法》應用研究」大量出現。它們的視角不乏新意，但也包含一些濫竽充數之作。只不過這種方式對於《孫子兵法》只做個別章句的解讀，并不適合作為讀者從整體上理解《孫子兵法》的手段。

在本書中，我還是仿效古代的注家，從《孫子兵法》原文的語句含義着手，對其中的思想進行分析解讀。在原文之下，直接給出當句的譯文，這些譯文雖然會盡量追求語義准確，但也不排除會有模糊之處，只是起到方便理解文意的作用。如果有多種理解，則會用（1. 2.）等序號加以列出。在閱讀原文時，讀者應主要以「會意」為主，而不應過於依賴白話文翻譯進行理解。在譯文之後，本書主要以分段解讀的形式，對《孫子兵法》的內涵、思想分析闡釋。**所謂「盡信書不如無書」，本書作者的觀點與理解是否正確合理，還需要讀者自己進行思考辨別。**

**閱讀過其它《孫子兵法》注解的朋友們會發現，本書中所給出的原文及解釋會有諸多不同之處。自古《孫子兵法》的版本及注釋殊異頗多，在「簡明本」中大多是直接給出結論。至於具體分析、取捨的問題，感興趣讀者請參看本書的完整辨析版——「詳註本」。**

受限於時代的語言表達限制，《孫子兵法》中的很多內容表達得并不詳細。《孫子兵法》中所有篇目幾乎都有一個共同特點：只給出目標，但是并不給出具體實現目標的方法。而這也許就是《孫子兵法》可以超越時代的原因所在：

達成目的之手段不限於一二常法，而是需要根據時移世易而不斷變革。但是，**養成一種良好的思維習慣，就能夠條理清晰的分析問題；制定合理的戰略目標；并知道以何種原則行事、如何制定出巧妙的方案以實現目標。**

對於決策者而言，後者比前者重要得多。

所謂「授人以魚不如授人以漁」，《孫子兵法》就是這樣一部「雖然沒有教人『如何去做』，但卻教給人們『如何去思考』」的書。

最後，在讀者閱讀《孫子兵法》正文之前，我想再次強調：

**《孫子兵法》并不是一本名言警句合集，而是一個相當完整的「思考過程」，希望讀者在閱讀《孫子兵法》時留心其各句、各段、各篇中孫子「一以貫之」的思維方式。**

《孫子兵法》雖篇幅不長，只有 6000 多字，但并不是一本易讀好懂的書。為求後世讀者能夠理解原文內容，歷代多有研讀者為其添加注解。到清末為止，有版本流傳的注本已經超過 200 家。

可惜現代注解《孫子兵法》的多數書籍只是提供簡單的譯文，對於其中的內涵往往不做解釋；其中也不乏一些作者斷章取義將《孫子兵法》中的一些名言附和一些古今事例編輯成一本「速食雞湯」；而不負責任的編輯更是經常將《孫子兵法》與風格完全不同的《三十六計》合并出版，以致讀者對《孫子兵法》之內涵產生根本性的誤解。

中華文化源遠流長。這的確值得中華兒女自傲。然而文化值得「驕傲」，并不是因為其流傳的時間長，而是因為中華文化中包含着先賢們留下的無數事蹟、思想與藝术，供我們後人學習、欣賞、體悟、發揚。若舍棄這些文化內核，再古老的文明也形同無物矣。所謂文化者，

并不是某種具體的行為、器物、語言、風俗或制度，而是那些可以超越時間的智慧、可以磨礪個人品性的修養，以及可以丰富大千世界給人帶來愉悅的藝朮。回溯并發揚那些千百年來積澱的智慧、修養及藝朮才是真正的「文藝復興」。

　　本書雖然不是艱深的學朮著作，但也不適於作為輕鬆的速食讀本。筆者希望通過本書可以讓讀者更加透徹的理解《孫子兵法》中蘊含的思想。此外，本書雖在個別地方涉及經濟、管理等領域的內容，不過本書并不以「如何將《孫子兵法》應用於商業、管理」作為主要內容。但是筆者相信，全面掌握《孫子兵法》中的思維方式，能夠為讀者在分析其它領域的問題或尋求更好決策時提供有益的幫助。

　　希望本書可以幫助讀者汲取一些中華古典智慧。

# 02 〈始計〉篇注

**孫子曰：**
**兵者，國之大事，死生之地，存亡之道，不可不察也。**

　　這是《孫子兵法》的第一句話，也是最重要的一句話。之所以說這是《孫子兵法》中最重要的一句話，是因為這句話是孫子對於戰爭的定性，其後的一切推論、策略、建議等等都是建立在這一定性基礎之上的。

　　然而很多研究者并未對孫子給出的這個定性給予足夠重視。以至於他們通過對《孫子兵法》中的隻言片語斷章取義，將孫子視作為不擇手段的陰謀家，或是堅決反對戰爭的和平主義者。這兩種各走極端的觀點都不能真正反映孫子的思想。

　　戰爭的失敗意味着民眾死傷、領土淪陷，甚至國家滅亡。正因為戰爭的失敗將會付出巨大的代價，所以「**不可不察**」。也正因如此，後文才會有「**兵者詭道也**」的不擇手段，以及「**不戰而屈人之兵**」的「和平主義」傾向。

　　「**不可不察**」是提醒領導者要保持不懈怠的「督察」狀態。「兵」不僅僅是指「戰爭」，也包含和平時期的軍事准備。古人雲「居安思危」，「思危」的具體做法其實就是「察」──保持關注。訓練軍隊、整備道路、修補城郭、選拔將才、搜集敵情，這些工作如果在和平時期沒有准備，戰爭來臨之時就不可能再有時間進行准備了。而倉促應戰必然會招致戰爭失敗，造成無法挽回的損失。正因如此，即便是到

了現代，在國際政治體系已經對於和平有了極大保證的前提之下，各國仍然對於國防建設不敢有絲毫怠慢。

經濟運行其實和軍事戰爭有很多相似之處，這大概也就是為什麼現代越來越的的企業家對於《孫子兵法》鐘愛有加的原因了。有時候不恰當的決策會讓巨額的資金血本無歸，也可謂是企業的「**死生之地，存亡之道**」。

但是商業與戰爭也有着本質的不同。戰爭中，一方贏得勝利就意味着另一方的失敗，雙方兩敗俱傷的例子不勝枚舉，但絕不會出現「共贏」的情況。相反，商業競爭并不是「零和博弈」。通過現代經濟學和管理學的幫助，以及相應的市場競爭規則的建立與不斷完善，「共贏」成為了商業競爭中的常態。雖然會不斷有企業在市場競爭中落敗，但社會總體經濟和技朮水平卻是一直保持着穩步增長。古典經濟學認為：充分的競爭會帶給市場更便宜的商品。但隨着技朮的發展，人們最終認識到：充分的市場競爭帶給用戶的并不是更便宜的商品，而是更優質的商品。而更優質的產品才能切實的改善我們的生活。

商業的本質目的并不是「擊敗對手」，而是「獲利」，它并不像戰爭那般關系到國家的興亡、民眾的生死。也正因如此，在商業中不能隨意的照搬「兵法」。


**故經之以五事，校之以計，而索其情：一曰道，二曰天，三曰地，四曰將，五曰法。**

應該通過五個方面，進行統計分析，來瞭解具體的情況：一是「政治」，二是「氣候及其他不可測因素」，三是「地理條件」，四是「將領素質」，五是「政治及軍事組織法度」。

既然軍事「**不可不察**」，那麼從哪些方面來「察」呢？孫子給出了五方面的內容。

這裡首先要重點說明一下「計」。「計」本意是「計算、統計」

的意思。現在我們常說「計劃」，但事實上「計」和「劃」是兩個不同的步驟，只有根據「計」之後獲得的實際情況，才能進行合理的規劃，所以兵法要「始於計」。

讀者在閱讀、理解《孫子兵法》文意時要明確：各篇中出現的「計」字，都是「計算、統計」的意思，而不是代指「計謀、計劃」，否則對文意的理解就會出現偏差。


## 道者，令民於上同意，可與之死，可與之生，而弗詭也；

所謂「道」，就是使民眾與君主的意志相同，可以死生與共、患難相隨，而不違背指令。

「道」說的通俗點就是統治者是否得民心，讓民眾願意為國家、為高層決策付出犧牲。

〈論語·顏淵〉篇中記述了這樣一段對話：

子貢問政。子曰：「足食，足兵，民信之矣。」子貢曰：「必不得已而去，於斯三者何先？」曰：「去兵。」子貢曰：「必不得已而去，於斯二者何先？」曰：「去食。自古皆有死，民無信不立。」

子貢向孔子詢問政府的執政基礎。孔子回答說：「充足的糧食（以應對災荒），強力的軍隊（以應對戰爭），還有民眾對政府的信任。」子貢又問：「如果實在迫不得已，要從這三項裡面舍去其一，首先是哪個？」孔子回答說：「放棄軍隊。」子貢再問：「如果實在迫不得已，剩下的兩項裡面該舍去哪個？」孔子說：「放棄糧食儲備。人總會死去的，但是沒有民眾的信任，政府就無法存在。」

如果得不到民眾的信任，那麼國家的政令就無法推行。政令無法推行國家就會逐漸陷入混亂。所以在孔子看來，「民信」是當權者為政的最根本基礎。其後在加上「足食」，然後才有資格「足兵」。《孫子兵法》雖然主要「言兵」，但是其基本思想與孔子是一致的。〈始計〉

篇將「道」列在首位，而之後第二篇〈作戰〉則是圍繞「足食」進行論述，沒有這兩者國家是不可能贏得戰爭的。克勞塞維茲的《戰爭論》中也有這樣的話：「敵人的抵抗力是兩個不可分割的因數的乘積，這兩個因數即現有手段的多寡和意志力的強弱。」克勞塞維茲所說的「意志力的強弱」其實就是由「道」所決定的。

　　古人雲「得民心者得天下」。如果民眾支持國家的話，國家就有源源不斷的兵員投入戰爭。《過秦論》中這樣描述民眾對於陳涉反秦起義的支持：「斬木為兵，揭竿為旗，天下雲集回應，贏糧而景從」。不僅是封建或帝國時代，現代國家的信譽同樣決定着民眾對於戰爭的態度。法國大革命建立的法蘭西共和國在建立之初就遭到了周邊君主國的聯合進攻。為了應對戰爭的不利局面，雅各賓派政府於1793 年 8 月 23 日頒布了《全國總動員法令》：「徵召全國的愛國青年為保衛初生的共和國而戰鬥，直至將敵人完全趕出法國領土為止。」由於民眾支持新政權，法國短時間之內就募集了 42 萬大軍。同樣，在一戰和二戰參戰之前，美國陸軍只有很小的常備兵力，但是當美國政府決定參戰，無數的熱血青年就踴躍的報名參軍，投入到反對邪惡政權的戰爭當中。

## 天者，陰陽、寒暑、時制、順逆、兵勝也；

所謂「天」，就是陰陽、寒暑、四季、節氣、時令的更替規律、占卜結果等。

　　古代與「迷信」關聯性最高的就是天氣預報。古人并沒有足夠的技術手段來預判天氣，但是由於天氣對農業生產至關重要，古人又忍不住要去預測。雖然人們可以掌握某一地區的氣候秉性，但卻無從准確預知具體某日的天氣。而天氣卻經常會對戰爭產生一些微妙的影響。既然不能預測，那能不能在出征的時候趕上好天氣，就全憑「運氣」。

　　戰爭包含巨大的不確定因素。「運氣」不僅僅包含天氣，還包含各種不可測因素，比如特殊的天象（日食、月食、彗星）、突發瘟疫，

甚至將領會不會在出征途中意外去世。克勞塞維茲在他的《戰爭論》裡也有這樣的描述:「再沒有像戰爭如此經常而又普遍的同偶然性接觸的活動了」。

「運氣」與「天氣」是任何人無法預料掌握的,只能通過「超自然」方式去猜測,這種猜測就是求神問卦。有些現代注家將孫子視為「唯物主義者」,這顯然太過高估了先秦時代人的認知水准。人類總是將那些超出自身認知能力的事物賦予「神秘色彩」。對於那些超越於古人科學認知能力的自然現象,即便是最理性的人,也難免心生「迷信」,更別說去除普通大眾心中的「疑神疑鬼」了。孫子雖然不迷信鬼神,甚至主張「**禁祥去疑**」,但如果大部分民眾在內心深處都抱有「迷信」觀念的話,那麼「吉兆」或「凶兆」必將大幅影響部隊士氣,也會對戰爭的勝負產生影響。所以孫子仍將「天」作為戰爭中前必須要考慮的因素。

這種偶然性如果放到一場戰爭中的個別戰役裡,經常可以成為其中的重要因素,有時候我們甚至不得不承認「運氣」幾乎成為了決定勝敗的最主要因素。我認為最具典型性意義的例子就是「中途島海戰的5分鐘」了。

中途島海戰發生在日本空襲珍珠港半年之後。當時美國太平洋艦隊可以動用的全部兵力只有3艘大型航母以及若干巡洋艦驅逐艦而已。日本海軍則擁有6艘大型航母、11艘戰列艦、4艘輕型航母,還有眾多的巡洋艦驅逐艦。雙方整體實力差距懸殊。

日軍在開戰以來取得了節節勝利,海軍內部從士兵到將領都彌漫着強烈的驕傲自滿情緒。唯獨帶領日本海軍贏得這一系列勝利的聯合艦隊司令山本五十六始終憂心忡忡。於是他制定了奪取中途島的作戰計劃,希望以此迫使美國航母迎擊日軍主力,并借助優勢兵力一舉將其殲滅。在日軍看來,勝利是一種必然。即便是在中途島作戰的兵棋推演中出了「差錯」,也可以通過篡改數據將失敗變為勝利(而且還是由聯合艦隊參謀長親自作弊)。

毫無疑問，這樣的自滿必然會招致災禍。

其實早在 1942 年初，美軍就從一艘沉沒在澳大利亞淺海的日本潛艇「伊 -124」中，獲得了日本海軍的密碼本，從而順利破譯了極其複雜的日本海軍密碼。這讓美軍掌握了巨大的情報優勢。在中途島海戰中美國基本掌握了日軍的全部作戰計劃，讓美國的航母艦隊可以提前到達中途島海域，甚至知道日本航母的大概位置。

對於密碼失竊并不知情的日軍則認為：美軍艦隊最快也要在攻擊中途島三天之後才會抵達。不過思慮周密的山本五十六嚴令日本航母艦隊指揮官南雲忠一：至少要保證 1/3 到 1/2 的攻擊機可以隨時對不期而至的美國航母展開攻擊。

6 月 4 日清晨 4 時，日本航母編隊向中途島展開第一輪空襲。但是由於島上駐軍已經有所防備，機場上的飛機已經提前升空，空襲效果甚微。禍不單行，日軍航母編隊的一架偵察機因為機械故障提前返航——如果它繼續前進的話就可以發現美軍航母。於是，對危險毫無察覺的南雲忠一於 7 時 15 分決定對中途島發起第二次空襲。那些山本嚴令留作攻擊美國航母的飛機開始卸下攻擊艦船的魚雷換裝成轟炸機場用的炸彈。於此同時，中途島起飛的美軍偵察機已經掌握了日軍航母艦隊的位置，並將情報通知了美國航母。

上午 7 時 45 分，南雲忠一突然接到偵查機發現美國航母艦隊的報告！這句劇本之外的台詞隨即引發了日本航母艦隊內一系列的混亂。因為之前已經下令飛機取下魚雷換裝炸彈，所以當時只有少量未完成換裝的攻擊機能夠攻擊航母，如果等到重新換回魚雷再出發，正好會與空襲中途島返航的編隊產生衝突（當時的航母還不能同時進行起降作業）。而又由於中途島駐扎的美軍飛機不斷的騷擾，日軍負責艦隊防空的戰鬥機彈藥油料消耗嚴重，急需補給。而航母上待命的戰鬥機只能滿足艦隊防空或攻擊美軍航母其中一項任務。因此南雲決定暫緩攻擊美軍艦隊，剛剛換裝炸彈的飛機重新換裝魚雷，優先收回防空的戰鬥機與返航的轟炸機編隊，然後再組織進攻美軍航母。到上午 9 時，回收工作全部完成。

然而美軍卻不給日本艦隊喘息的時間。9時18分，從美軍航母上起飛的第一波魚雷機編隊向日軍航母發起攻擊。這批飛機被迅速擊落。可是沒過多久，又出現了第二批美軍魚雷機。日本戰鬥機剛擊潰這輪進攻，緊接着10時06分第三批美軍魚雷機展開了新一輪攻擊。很遺憾，這些攻擊機依舊被全部擊落，投放的魚雷也無一命中。在第一波魚雷機抵達大約1個小時以後，擔任防空任務的日本戰鬥機已經需要進行燃油和彈藥的補給。

　　10時20分，日軍航母突然發現艦隊上空出現了美軍的俯沖轟炸機編隊。然而此前被魚雷機吸引致低空的日軍戰鬥機根本來不及爬升阻擋這些攻擊。故而美軍的俯沖轟炸機可以在沒有干擾的情況下從容投彈。更不幸的是，日軍航母機庫內部一片混亂，來回換裝的魚雷和炸彈毫無防護的堆在戰機旁邊（正常程序是將卸下的彈藥放回有防護裝甲和防火設施的彈藥庫內），因此一旦機庫被炸彈擊中就會迅速的引發大火甚至是彈藥殉爆。「加賀號」被命中4枚炸彈，「蒼龍號」被命中3枚，「赤城號」僅被命中了一枚炸彈就造成了整艘航母的大火！短短5分鐘之內，日軍的4艘大型航母就有3艘徹底失去了戰鬥力。幾個小時之後，日本的最後一艘航母「飛龍號」也被擊沉，中途島海戰以日本的慘敗而告終。

　　如果仔細查看整個戰役的過程的話，會發現那「決定勝利的5分鐘」其實是由一系列「偶然」導致的。首先是美軍在戰前「偶然」從被擊沉的潛艇上獲得了日本海軍的密碼本，從而破獲了日本的幾乎全部作戰計劃。在作戰開始後，日本的偵察機又因為「偶然」的故障未能及時的發現美國航母。而美國艦載機部隊的分批抵達，也不是有意為之，而是因為「偶然」導航失誤，使得原本計劃的聯合進攻，變成了拖拖拉拉的多次進攻。而這一改變最終使美國的俯沖轟炸機「偶然」的出現在了日本航母艦隊最脆弱的時候。

　　這樣一些列的「偶然」讓人不得不稱其為「命運」——「天」意。

　　當然，「天」也不是完全不可測的，比如四季和寒暑的變化規律

就是明確的。比如古代會盡量避免春耕和秋收時期作戰，北方要考慮冬天的冰雪，南方要考慮夏季的洪水。

宋金兩國的交鋒更是存在明顯的「季節性」。金朝的女真人常居北方，不適南方溼熱氣候，加之其主力是重甲騎兵（甲冑裡面需要皮革或棉布襯裡，故尤其畏暑），所以通常都選擇在冬天大舉南侵。相反，南宋則會利用炎熱的夏季組織大規模的北伐。

## 地者，遠近、險易、廣狹、死生也；

所謂「地」就是指，行程的遠近，地勢的險峻或平坦，戰場是廣袤還是狹小，對於士兵是死地還是生地等。

與具體的地貌相比，孫子更關注「地」的戰略形態，有些論述還頗有些地緣政治先河的意味。《孫子兵法》中，〈行軍〉〈地形〉〈九地〉篇都是以「地」為主題，關於「地」的內容將在之後這些篇章中詳細講解。

## 將者，智、信、仁、勇、嚴也；

所謂「將」，就是指作為將領需要的五種素質：智、信、仁、勇、嚴。

與其他四項再次細分成幾個子項的方式不同，孫子對於「將」給出的是明確的素質要求。這些素質要求不僅僅局限在選將領域，對於所有行業的領導者、決策者而言也都是適用的。從這五方面進行分析，可以很全面的對一個團隊領導者的水准進行評判。

曹操注：「將宜五德備也」。五德兼備，不可偏廢，才稱得上真正優秀的領導者。但是人無完人，如果退而求其次，如何選擇將領呢？孫子給出的順序是「智信仁勇嚴」。

首先是「智」。「智」，包含「聰明」「知識」「智慧」三個維

度。大多數人對於「智」的標准只是擁有其中的一項。但其實三者兼得才能夠真正的稱為「智」。

「聰明」，指是天生的智商。高智商者，或思維敏捷，或擁有優秀的記憶力。然而如果孩子只停留在「聰明」的程度，等到長大成人，依然會一事無成。「傷仲永」的故事不就是對這種現象的告誡嗎？方仲永五歲就可以寫詩，身邊的人都嘖嘖稱奇，但是他的父親并沒有讓他去讀書，而是不斷讓方仲永繼續寫詩。等到成年以後，方仲永就和普通人沒有差別了。

所以「智」不僅是天生的「聰明」還必須要包括「知識」的積累。「知識」是前人智慧的結晶。我們可以通過學習「知識」使得一些複雜的問題迎刃而解。然而也不是「知識」多就一定是聰明人或是有智慧。「書呆子」「兩腳書櫥」這樣讀了很多書但是并不懂得應用到實際當中的人數不勝數。讀了同一本書，不同的人見識深淺也不一樣。導致這種差距的原因就是「智慧」。隨着人年齡的增長，腦力會有所下降；而知識浩如煙海，雖然可以不斷學習但沒有人可以窮盡；「智慧」則是讓人明是非、知對錯、權屬害、識善惡、見微知著、曉古通今。

沒有智慧，就無法作出合理的決策。如果任命的將領「沒腦子」，就很容易陷入對方的圈套，戰爭基本是穩輸。但是封建時代，以身份高貴者作為主將是極為常見的現象。那麼如果這些主將在「智」上有所不足怎麼辦？這就需要通過下屬彌補。〈六韜·龍韜·王翼〉篇專門介紹了作為輔助將領作戰的 17 類專業人員。即便是將領足夠優秀，同樣需要他人的輔助。比如曹操，他自己就以善於用兵著稱，也曾親自注解《孫子兵法》，但是他依然常常諮詢下屬意見。他的謀士班子也是豪華陣容：郭嘉、荀彧、荀攸、程昱、賈詡等等著名的智士都經常給他出謀劃策。

所以第二條是「信」。軍隊是龐大而複雜的多層級組織系統，沒有上下級之間的「信」軍隊的指揮系統就無法正常運行。不過「信」還是要排在「智」之後，畢竟沒有「智」的話，如何分辨該「信」誰、

「信」哪些建議呢？

「信」，主要指的是上下級的信任關系。對於古代等級社會而言，身份高貴的人通常會自帶威信，并可憑此來號令部下。如果沒有這種身份優勢，上級要獲得下級的信任，不但要言出必行、賞罰分明、以身作則，還要在判斷力（智）和價值觀（仁）上獲得下級的認可——讓下級相信你的決斷是正確的。

此外，與下級信任上級同樣重要的是上級對下級的信任。上級在制定計劃、發布命令時，要相信下級有能力完成他交給的任務，也要相信下級在危機時刻有能力作出自己的判斷，同時還要在道德上加以信任——比如相信下級不會謀反或作出有悖於組織整體價值觀的事。

當然，很少有將帥可以得到全面的人事任免權，以完全實現這種「信」的上下級關系。其實即便是擁有這種權力，由於個人素質的差異，團隊成員也不可能全部達到「完全信任」的程度。那麼這些下屬的能力不足或道德可疑就需要通過其他制度手段解決。比如先行制定突發情況的解決預案，以彌補屬下在決策上的不足；或者通過審計監察制度約束將領的個人行為等等。


第三點是「仁」，有了「智」和「信」雖然已經有資格成為一個優秀的團隊領導人了，但是如果沒有「仁」，給社會造成的損害反而可能會更大。比如說黑社會老大、恐怖組織領導人等等，他們雖然有「智」「信」「勇」「嚴」這四個品格，但卻會給社會甚至全人類帶來痛苦與混亂。

仁，并不是指個人的道德高尚或性情和藹，而是指正確的「價值觀」。在孫子看來，軍事就是「**兵者，國之大事，死生之地，存亡之道**」，反應到具體的「戰略原則」上就是「**以盡可能小的代價實現戰爭勝利**」——這就是最大的「仁」。這一點在後文的分析中還會反復強調。在此原則之下，即便是「詭道」甚至某些殘忍的行為都可以被視為「仁」。

這裡舉個最具爭議的例子——美國向日本投放核彈。這一行動雖

然結束了曠日持久的太平洋戰爭，但卻造成了數十萬日本平民的傷亡，以及廣島、長崎兩地之後漫長而痛苦的核污染後遺症（癌症、新生兒畸形等）。然而就當時的戰爭環境而言，這一行動卻避免了數十萬甚至上百萬的美軍士兵的傷亡。另一面，對於日本百姓而言，即便是沒有這兩顆核彈，難道他們就能夠在戰爭的末期過上太平日子嗎？很可惜，根本不可能！當時的日本軍國主義者們提出的口號是「一億國民總玉碎」──不僅僅是士兵，就連平民婦孺都要拉去和美軍的機槍、坦克拼命！而廣島和長崎的死難者，當然也在這「一億國民」之內。相較於軍國主義的這種瘋狂，兩顆核彈的破壞可以說是十分輕微的了。

　　人類往往嘗到了苦果才會認真反思。廣島和長崎的悲劇為之後的冷戰提供了警示。核威脅讓冷戰時代的許多人生活在恐懼與痛苦之中，但這個警示卻避免了核大戰，使人類文明得以延續到今日。無論是從當時的戰爭環境出發還是從之後的核競賽的角度，無論是有意為之還是機緣巧合，投放核彈都是一個代價十分低廉的戰略選擇。從這個意義上講，使用核彈轟炸廣島和長崎雖然殘暴，但也是一種以「以盡可能小的代價實現戰爭勝利」為目標的選擇。

　　但後人對廣島和長崎的核轟炸仍應該保持否定、反思、懺悔的態度，只有這樣我們才能避免之後發生同樣的、甚至更加無可挽回的悲劇。


　　「勇」是第四點，因為沒有「智」「信」「仁」的「勇」只是「匹夫之勇」，而不是「將帥之勇」。

　　「將帥之勇」，并不是說將領一定要沖鋒陷陣，而是說將帥要勇於擔責。處於上位之人，擁有常人所不能的權力，同時也肩負着更為巨大的責任──如果他們決策失誤，對國家造成的損失往往十分巨大。對於他們自身而言，錯誤的代價也是同樣沉重，或丟官棄爵，或自怨自責，或以身殉職，或亡家破國，或遺臭萬年。所以即便是擁有了權力，很多人反倒是更加謹慎不敢作為。而比決策時畏首畏尾更加嚴重的問題是沒有勇氣承擔自己錯誤帶來的責罰，而將失誤推諉給下級。

沒有人可以保證自己不會犯錯誤，所以對於領導者而言，勇於決斷、勇於擔責是一項重要而難能可貴的品質。「勇」可以讓將領無論是遇到危機還是時機，都可以當機立斷，而不是猶豫不決。如果決斷失誤也應反思自身過失，而非將責任推諉他人。尤其不應將自身的過錯推諉與下屬，否則就不會再得到下屬的信任。當上級的命令存在明顯的錯誤時，下級也要勇敢的提出反對意見，甚至拒不執行這些謬誤的命令。這種大勇之將無疑是「**國之寶也**」。

　　最後一點是「嚴」，相對而言是最容易做到的。

　　以信御人，以嚴律眾。對於可以直接接觸者，可以「信」為交；而對於無法直接接觸的眾多基層組織成員，則需要通過律法約束。如果有法不依，就無法以取信於眾。而上位者如果「執法犯法」則更是會成為禍亂之源。

　　「嚴」應該建立在「仁」的基礎之上。「仁」法嚴格執行才能真正服眾 ；如果嚴執惡法必然激起反抗。比如秦末的嚴刑峻法，就是不問緣由的對於基層官兵嚴格執法 ：即便是因為被洪水阻攔，依然是要「失期法皆斬」。這種毫不顧忌實際情況的嚴厲處罰，激起了陳涉吳廣的起義，最終葬送了整個秦帝國。

　　曹操「割髮代首」就很好的反例，這個故事充分體現了「嚴」的限度。曹操在一次出征途中看到麥田已經成熟，就下令：「士卒無敗麥，犯者死」。於是士兵們都下了馬行軍。可是曹操自己的馬卻突然受驚沖進麥田踏毀了大量成熟的作物。曹操找軍中的執法官來定罪。執法官認為曹操作為主帥不應當受刑。曹操則說：「制法而自犯之，何以帥下？」於是割下了自己的頭髮代替首級示眾。古代中國男女皆蓄髮，只有出家的僧侶或奴隸才削髮，所以「髡（kūn）刑」可以算是肉體傷害之外很重的精神懲罰。士卒見狀，就沒有人再敢違反軍令了。

　　不過也有許多後世讀者認為曹操的這種行為是一種「有法不依」的「奸詐」行為。且不說這個故事的真實性（故事出自《曹瞞傳》，史學家多認為此書可信度不高），就其本身記述而言，曹操雖然沒有

從「嚴」判自己死罪，但也給了自己相當的懲罰。犯了軍法就施加懲罰體現了軍法的「嚴」，而僅「割髮」不「斬首」則體現了「嚴」的限度：1.「無心之過」與「有意為之」二者是有本質區別的，即便是行為或結果上相同，前者也不應當受到後者相同的嚴重處罰，比如現代法律中對於「過失殺人」和「謀殺」就有根本的差別；2. 對於國家或軍隊有重要作用或素有軍功之人，不會因小過受大罰，亦如現代法律中的豁免、緩刑、保釋等制度。嚴而有度，是仁法的根本。

總結一下將領的「五德」。「智」是打贏戰爭的基礎，「信」則是組織管理的核心，有了這兩條其實就足以打勝一場戰爭了。但是這樣的勝利往往難以持久——也許可以連續贏得數次勝利，但是難以保證軍隊長期的戰鬥力。所以必須加上後面三項：有了向善的價值觀，還要有勇氣果敢作出決斷，最後才是通過「嚴」威束兵眾，讓他們將將領的「智信仁勇」落實到具體的行動之中。後三項首推「仁」，有了仁才能分清什麼時候應該「勇」，什麼地方應該「嚴」，從而避免暴政苛法。

此五者對於所有的組織管理者，都極為適用，并不只局限與軍隊。那些優秀的政治家、企業家往往也都具備「智信仁勇嚴」這五個素質。

## 法者，曲制、官道、主用也。

所謂「法」，就是指部隊的組織制度，軍官的職責范圍與選拔規則，軍需物資的供應管理制度等。

這裡的「法」主要指的是國家基本軍事制度，而不僅僅是軍營中的軍法。國家的軍事制度包括軍隊之兵員如何獲取、軍隊之組織形式、錢糧之徵集儲備、國內交通線之整修、軍官之選拔任命、武器裝備之研發制造儲備等等。

在古代中國，戰爭規模遠超過同時代的其他國家。在戰國時代就可以組織幾十萬人的大軍。想要組織這樣一只大軍，將領的組織管理

制度十分重要。

　　治兵者，「法」也；治人者，「信」也；治國者，「道」也。

　　對於企業而言，公司的價值觀和核心競爭優勢就是「道」；所屬經濟體系的整體經濟趨勢是「天」；所在行業的具體市場環境是「地」；公司的管理層是「將」；企業的內部組織管理結構是「法」。其中的每一項現今都是一門龐雜的學科。《孫子兵法》確實可以提高企業管理者的決策智慧，但是對於輔助這種智慧具體的專業知識，則還需另外進行專門學習。否則領導者的決策就只能停留在「紙上談兵」的程度。**《孫子兵法》蘊含「智慧」，但無法替代「知識」。**

## 凡此五者，將莫不聞。
## 知之者勝，不知之者不勝。
這五個方面資訊，將領不能不關注。
只有全面掌握了這些資訊才能取勝，沒有掌握則不能取勝。

　　在這裡孫子第一次提到「知」。《孫子兵法》中最著名的一句話就是〈謀攻〉篇的**「知彼知己，百戰不殆」**。其實《孫子兵法》中所有的「知」，都包含**「知彼知己」**兩方面。所以「計」不僅是要瞭解己方的「道天地將法」，同時也要瞭解敵方甚至是其他所有國家（潛在敵國或盟友）的「道天地將法」。掌握了敵我雙方的情況，才能正確的判斷雙方實力優劣，做出合理的決策。

　　清朝在第一次鴉片戰爭以前，對於歐洲國家幾乎一無所知，下至黎民百姓上至巡撫總督無不如此。他們既不清楚英國地處何方，又不知道其人口多寡，甚至對英國、法國、荷蘭這些歐洲國家都無法清晰區分，至於「日不落帝國」的工業文明與軍事力量發展到了何種程度，更是全無瞭解。就在這種「不聞不知」的基礎之上，清廷便稀裡糊塗同英國這樣一個現代化的軍事強國開戰了。而且在戰敗之後，清政府對自己的「無知」依然沒有悔改之意，始終沉醉與自己的「迷之自信」

當中，最終將整個國家拖入了百年深淵。

從以上的原文可見，孫子所說的「計」與我們現在常指的「計策、計謀、計劃」是不同的。「計」就是指「計算、統計」：通過以上那五大項及若干子項計算出敵我雙方在整體軍事實際中的對比。就像現代我們用 GDP 來衡量一個國家的經濟規模一樣。如果通過計算，我軍的戰鬥力高於敵軍，那就是勝，反之就是敗。但是這種計量其實并不十分精確，就像 GDP 只能反映經濟體的總量，而無法反映其健康程度。

## 故校之以計，而索其情，曰：
通過比較統計的資訊，來衡量敵我雙方的優勢劣勢等具體情況，它們是：
## 主孰有道 ？ 將孰有能 ？ 天地孰得 ？ 法令孰行 ？ 兵眾孰強 ？ 士卒孰練 ？ 賞罰孰明 ？ 吾以此知勝負矣。

孫子用了七個「孰」，意思就是比較敵我雙方誰更占優勢。

「主孰有道、將孰有能、天地孰得」可以參考之前的「五事」，這裡就不再重復。

「法令孰行」這一點是說：制度設計得好還不夠，還要能夠付諸實施。中國古代的很多軍事制度，在王朝剛剛建立時還可以維持，但是隨着承平日久，就逐漸的「武備廢弛」。比較典型的是清代。清朝建國之初（1616），「八旗兵」的戰鬥力極強。平定中原以後，為了讓八旗士兵專操軍事，於是就免除了他們的賦稅，甚至刻意禁止他們從事商業，但是長久的和平與鬆散的軍事訓練反而讓他們變成了游手好閑的紈絝子弟。到了平定三藩之亂時（1673），原本戰力強悍的「八旗兵」已經無力作戰，康熙皇帝不得不依仗漢族的「綠營兵」平息叛亂。可是「綠營兵」在制度上也與「八旗兵」一樣，同樣是父死子繼，絲毫沒有競爭、失業之憂，所以日久之後也失去了戰鬥能力。到了鎮

壓太平天國起義時（1851），地方鄉紳只能組織民兵與其對抗。

其實不僅是中國如此，就連歐洲軍事強國普魯士也難免這種「法令不行」的腐化。腓特烈大帝帶領的普魯士軍隊在 7 年戰爭（1756-1763）中贏得了「歐洲最強軍隊」的美譽。然而到了拿破崙戰爭時期，普魯士軍隊內部已經腐敗叢生。比如連長通過讓大量士兵放假務工的形式貪污軍餉；軍隊的軍服也越來越短，甚至只是給外套做個假領子佯裝裡面有襯衫的樣子；底層軍官虐待基層士兵的情況十分嚴重，嚴重削弱了部隊士氣；因為軍備經費被貪污，導致士兵們沒有足夠的實彈進行訓練。而拿破崙更是將普魯士的步槍評價為「能發到士兵手中最糟糕的武器」。

不過，除了不能嚴格執行既定的現有的法規外，更多的情況其實是軍事制度在設計之初就有先天的不足。當問題暴露之後，就要看後世政治家有沒有能力進行有效的改革。如果改革失敗就難免亡於兵禍。

「**兵眾孰強**」與「**士卒孰練**」這兩句的意思似乎差不多。通常情況之下，訓練更加有素的士兵戰鬥力也越強。不過訓練除了單兵技能訓練以外，還有集體訓練——陣法訓練。所以這兩句中「強」可能指的是單兵素質，「練」可能指的是軍隊整體對於陣法的熟練程度。如果只是士兵個人能力很強，但缺乏相互之間的配合的話，很有可能輸給團隊協作能力更強的軍隊。比如拿破崙評價馬穆魯克騎兵（鄂圖曼帝國的精銳騎兵）：「2 個馬穆魯克騎兵絕對能打贏 3 個法國騎兵；100 個法國騎兵與 100 個馬穆魯克騎兵勢均力敵；300 個法國騎兵大都能戰勝 300 個馬穆魯克騎兵，而 1000 個法國騎兵總能打敗 1500 個馬穆魯克騎兵。」其中的緣故就在於軍隊的組織配合。

在冷兵器時代，技術的進步極為緩慢。雖然武器裝備也在戰爭中發揮着重要作用，但很少起到決定性影響。而在進入了火器時代之後，技術進步迅速改變着戰爭的形態，同時越發成為決定戰爭勝負之關鍵影響。進入資訊科技時代之後，技術的決定性愈發明顯。現代戰爭的面貌已經與冷兵器時代截然不同，各種高科技的軍事裝備取代了人力

成為了戰場的主角。所以在原本的 7 項內容之上還需要增加一條「裝備熟精」：

| | 古代 | 火器時代 | 現代 |
|---|---|---|---|
| 兵眾孰強 | 士兵體能、力量與技巧 | 士兵的體能與裝彈速度、射擊精准度 | 士兵體能及相關作戰技巧的熟練程度 |
| 士卒孰練 | 軍陣熟練程度 | 軍陣熟練程度 | 多兵種協同配合 |
| 裝備孰精 | 可以在單兵對決中獲得優勢 | 可以在兵團對戰中獲得優勢 | 先進裝備對落後裝備存在壓倒性優勢 |

　　當「技术」成為影響戰爭勝負的決定性因素，「兵法」對現代戰爭的意義似乎越來越小。不可否認，在現代資訊化戰爭的背景下，精妙的戰术可能很快就會被強大的技術力量所瓦解。但其實這并不會讓作為競爭哲學的「兵法」在軍事上失去了意義，相反它的范疇反而變得更廣：**武器的設計本身就是「兵法」的體現**。對於這個問題，在後文再作詳細論述。

　　雖然「五事七計」已經基本囊括了國家自身軍事建設的全部方面，但是實際影響戰爭勝負的其實不止是這七種因素而已。比如，交戰雙方與別國的外交聯盟關系、國家兵糧物資的儲備多寡、政治決策集團內部是否存在矛盾，這些因素也極大的影響着戰爭的勝負。也許因為是後文對這幾點作出了比較詳細的論述，所以孫子在本篇并未列出。比如〈作戰〉篇就是在討論國家的持久作戰能力。


**將聽吾計，用之必勝，留之　；將不聽吾計，用之必敗，去之。**

如果將領瞭解我說的這五方面的情報，任用他就會勝利，所以留用；如果將領不瞭解我說的這五方面的情報，任用他必然會導致失敗，所以將他免職。

需要再次強調的是，對於「五事」的「察、聞、聽」是經常性的，而不是到臨戰之前才去「察、聞、聽」。美國總統每天都會聽取中央情報局的簡報，就是這種經常性「察、聞、聽」的一種表現。

## 計利以聽，乃為之勢，以佐其外。

如果統計的結果有利，就籌劃「勢」，以幫助軍隊在外作戰。

## 勢者，因利而制權也。

所謂「勢」，就是根據有利的條件來制定決策。

此處是《孫子兵法》中第一次提到「勢」這個概念。這個「勢」與之後〈勢〉篇中所講的「勢」是否意義相同，其具體含義是什麼，後文會有詳述。

「五事七計」比較過後，敵我雙方必各有長短，「以己之長攻彼之短」就是**因利而制權**。只有通過「計」明確了敵我雙方的優劣所在，才能發揮自身優勢并制衡對方的優勢。所以**因利而制權**是建立在「計」的基礎之上的——依「計」而「劃」。

不過這裡的「計劃」與後世的「軍事計劃」尚有區別，孫子這裡主要講的是「如何根據確定的優勢戰勝敵人」，是一種取勝的思路，而不是像現代軍事計劃那樣描述進行戰爭行動的具體實施步驟。

計算的戰鬥力有優勢，再出兵去構筑「勢」。如果計算的結果沒有優勢又該怎麼辦呢？這種情況肯定不能主動挑起戰端，如果是強勢敵人來進攻的話，孫子在〈九地〉篇給出的策略是：「**先奪其所愛，則聽矣。**」這一點留到之後〈九地〉篇再做分析。

## 兵者，詭道也。

1. 用兵，是以詭詐為原則的。
2. 用兵，是「隱藏」的藝術。

## 3. 用兵，就是要違反常規。

「詭」有「違反」和「隱藏」的意思，而在解釋這句話時，大多數人卻將其單純的解釋為「欺騙」。并憑此批判孫子是「為達目的不擇手段」、「推崇欺騙」、「毫無道德原則」。這種錯誤的解讀很常見，其中很多人根本就沒完整讀過《孫子兵法》。而那些讀過《孫子兵法》卻仍持這種見解的讀者，我只能說：他們根本沒能理解《孫子兵法》的內涵，甚至僅僅是把它當作名言警句合集而已——好像他們讀到這一句時，這本書的其他內容是不存在意義的。

**兵者，國之大事，死生之地，存亡之道，不可不察也。**

「**兵者，詭道也**」的前提還是為了實現他的至高目的：「**以盡可能小的代價實現戰爭勝利**」。忽略這一最高原則，而將「詭道」作為孫子軍事思想之最高原則，是一種嚴重的錯誤。

軍事情報對於各個國家都是重要機密，戰爭中的戰略欺騙、戰朮欺詐、隱藏己方真實意圖與目標等等做法，即便是現今依然是軍事行動的重要組成部分。

其實「詭道」就如同在對抗性比賽中使用「假動作」：只要在規則允許的范圍內，參賽者使用多麼花哨的假動作（詭道）都是被允許的，而且還能大幅增加比賽的精彩程度。但是，如果使用興奮劑、惡意犯規、黑哨、場外干擾等手段來換取比賽的勝利則會為人所不齒。

戰爭其實也是一樣，雖然原則上戰爭中不需要遵從任何規則，但是那些讓戰爭損失遠大於其勝利收益的手段——尤其是那些「使人而不人」的行為——是儘量避免使用的。諸如古代戰爭中「不斬來使」、「不殺降卒」；現代公約禁止使用「生化武器」、「不可濫殺平民」等等都是戰爭的底線。此等底線并不是能夠以「詭道」為藉口打破的。

## 故能而示之不能，用而示之不用，

所以要向敵人隱藏自己的能力，讓敵方誤以為我方無能；想要利用的東西讓敵人誤以為我不會利用。

## 近而示之遠，遠而示之近。

1. 我軍距離敵人很近，卻讓敵方誤以為距離尚遠；我軍距離敵方很遠，卻讓敵方誤以為十分接近。
2. 我軍想要接近敵人，反而讓敵方以為我要遠離；我軍想要遠離敵人，反而讓敵方以為我要接近。

## 利而誘之，亂而取之，

通過利益誘惑敵人前進；通過讓敵人陷入混亂戰勝敵人；

## 實而備之，強而避之，

敵方准備充分，就小心防備；敵方實力強大，就盡量避免與之接觸；

## 怒而撓之，卑而驕之，

敵人氣勢洶洶就騷擾他；敵人實力卑微反倒要讓其驕傲自滿；

## 佚而勞之，親而離之，

敵人安逸就要讓他變得疲勞；敵人團結就要從內部分化他。

## 攻其無備，出其不意。

攻擊敵人沒有防備的地方，出現在敵人意想不到的地方。

　　最後一句「攻其無備，出其不意」指出了「詭道」的目的。至於其他具體的策略，在後面的篇章中都有所涉及，在這裡就不詳述了。

## 此兵家之勝，不可先傳也。

這些是戰場上的制勝手段，不可能在實際作戰之前就給出指示。

　　從此句可以看出，這裡的「兵家之勝」和之前「五事七計」的「勝」并不一樣。廟堂上的「五事七計」只是「國家之勝」，在戰場上的「形勢」才是真正的「兵家之勝」。而戰場上的「形勢」常常瞬息萬變，種種具體情況是事先無法知曉的，所以具體的作戰方案也無法預先就確定——也不應該事先就確定。前文說**因利而制權**，如果一切的計劃都已經「先傳」了，那將領不就無「權（力）」了嗎？「兵家之勝」

不是君主可以決定的，需要靠將領根據戰場情況的變化隨時調整軍事策略──既然「計劃」隨時會變，「先傳」又有何用？

**夫未戰而廟算勝者，得算多也 ； 未戰而廟算不勝者，得算少也。**

開戰之前在「廟算」中被認爲可以取勝的，是因爲得到的「勝算」多；開戰之前在「廟算」中就被認爲不能勝利的，是因爲得到的「勝算」少。

**多算勝少算，而況於無算乎 ？**

「勝算」多的戰勝「勝算」少的，更何況一點「勝算」也沒有呢？

**吾以此觀之，勝負見矣。**

我從這裡就可以看出勝負的情況了！

　　「廟算」是古代出征之前占卜吉凶的一種儀式，在此處孫子所說的「廟算」是指爲計算、統計「五事七計」的具體過程。「算」是古代的一種計數工具，准確的稱呼是「算籌」──其實就是一些相同長短粗細的小木棒，張良在爲劉邦謀劃時，曾經用筷子替代過算籌。可以說「算籌」是算盤出現之前的原始「計算器」。

　　「多算」等同與「得算多」，簡而言之就是「得分高」。「七計」中的每一條，得算多的一方贏得一個「勝算」，「七計」全部判斷出勝負之後，一方的「勝算」數量多於對方就叫「多算」，反之就是「少算」。如果其中一方在「七計」的所有條目中都遜與對方，那麼就是「無算」──毫無勝算。

　　這段話的意思是說：「打仗的事情暫時不提，先在『五事七計』的軍隊戰鬥力計算上得了高分再說。得分多的勝率就高，得分少的勝率就小，何況是得零分呢？通過這些計算，我就可以預判勝負。」

孫子曰：

兵者，國之大事，死生之地，存亡之道，不可不察也。

故經之以五事，校之以計，而索其情：一曰道，二曰天，三曰地，四曰將，五曰法。道者，令民於上同意，可與之死，可與之生，而弗詭也；天者，陰陽、寒暑、時制、[順逆、兵勝]也；地者，遠近、險易、廣狹、死生也；將者，智、信、仁、勇、嚴也；法者，曲制、官道、主用也。凡此五者，將莫不聞。知之者勝，不知之者不勝。

故校之以計，而索其情，曰：主孰有道？將孰有能？天地孰得？法令孰行？兵眾孰強？士卒孰練？賞罰孰明？吾以此知勝負矣。將聽五計，用之必勝，留之；將不聽五計，用之必敗，去之。

計利以聽，乃為之勢，以佐其外。勢者，因利而制權也。兵者，詭道也。故能而示之不能，用而示之不用，近而示之遠，遠而示之近。利而誘之，亂而取之，實而備之，強而避之，怒而撓之，卑而驕之，佚而勞之，親而離之，攻其無備，出其不意。此兵家之勝，不可先傳也。

夫未戰而廟算勝者，得算多也；未戰而廟算不勝者，得算少也。多算勝少算，而況於無算乎？吾以此觀之，勝負見矣。

# 03 〈作戰〉篇注

　　篇題〈作戰〉和現代漢語中的「作戰」一詞并不相同。篇題中的「作」是「發起」的意思。所以本篇的主要內容實際上是圍繞着戰爭中的資源准備進行討論的。


**孫子曰：**
**凡用兵之法，馳車千駟，革車千乘，帶甲十萬，千里饋糧。**
**則內外之費，賓客之用，膠漆之材，車甲之奉，日費千金，然後十萬之師舉矣。**
戰爭的常規：需要出動戰車上千輛，運輸車上千乘，穿戴盔甲的士兵十萬人，還需要長途運送糧草。
這樣的話，國家內部和駐外軍隊的日常開支，使者和間諜往來的費用，維護修繕戰車和鎧甲的膠、漆消耗，每天需要花費千金鉅資。這樣十萬大軍才能出動啊！

　　孫子在第一篇裡對戰爭的態度是「生死」，本篇孫子介紹戰爭的第二個特點：「燒錢」。

　　首先是糧食。幾十萬士兵每日的食品消耗是十分巨大的，而由於從軍的絕大多數士兵是被徵召的農民，他們放下農務離家遠征，也會給國家造成巨大的經濟損失。

我們總是說「兵馬未動糧草先行」，但卻經常會忽略掉戰爭中的其他資源損耗，比如「賓客之用」是「用間」的金錢花費，「膠漆之材，車甲之奉」則是修繕各種受損軍事裝備的花銷。忽略掉這些消耗的話，同樣可能導致戰爭的失敗。

而對於後世的戰爭而言，金錢變得越來越重要，到了現代戰爭，兵糧基本已經不在考慮范圍之內了，取而代之的是國家軍費開支的多少或生產武器的能力。

**其用戰也，勝久則鈍兵挫銳，攻城則力屈，久暴師則國用不足。**

戰爭的消耗巨大，如果經過很長時間才取得勝利，那麼士卒就會十分疲憊，攻打城堡則會耗盡軍力，長期出兵國外則會導致國庫虧空。

**夫鈍兵挫銳，屈力殫貨，則諸侯乘其弊而起，雖有智者不能善其後矣。**

如果士兵疲憊、銳氣受挫、國力耗盡、財政枯竭，那麼其他諸侯就會趁這個困頓局面舉兵進攻，這樣即使睿智的人也難以收拾殘局。

**故兵聞拙速，未睹巧之久也。**

所以打仗只聽說過笨拙而快速的，沒有看到過有打了很久還能稱得上巧妙的戰爭。

**夫兵久而國利者，未之有也。**

「戰爭持續時間很長而對國家有利」這種情況，從來就沒有出現過。

戰爭規模越大消耗就越大，時間長了國家就會陷入財政危機，比較典型的例子就是「伯羅奔尼撒戰爭」、「英法百年戰爭」、「萬曆三大征」。長久的戰爭不但會消耗國家財富，也會導致國民身心疲憊——即便他們並沒有親身參與戰爭。比如在越南戰爭中，美國的實

際軍事損失其實并不大，但是長期的戰爭卻透支了公眾的精神。以至於美國政府最後不得不在國內高漲的反戰浪潮中承認越南戰爭的失敗。

「**故兵聞拙速，未睹巧之久也**」。一些注家認為此句是推崇「拙速」，并認定孫子是「貴拙厭巧」。但是從文義上「拙速」只是與「巧久」做對比，用於強調「貴速不貴久」。《孫子兵法》的主要內容就是如何實現「巧勝」，〈九地〉篇的最後總結為**「巧能成事」**。本篇最後總結為**「兵貴勝，不貴久」**。戰爭的首要目標是「勝」，然後才有「速、久」之分，而「巧」正是運用兵法實現「勝」的一種體現。如果可以實現「巧速」的話，顯然是優於「拙速」的，豈有「貴拙厭巧」之理？「拙速」之所以能夠實現勝利是因為敵人同樣是「拙」，而且是比我軍更「拙」。兵法始終是「巧」勝於「拙」，即便是擁有絕對的實力優勢同樣如此。因為「巧」與「拙」并不僅僅體現在戰朮上，也體現在軍隊管理、情報搜集、後勤保障等等方面上。「巧」根本上還是為了避免自身的力量損失，但是如果是「勝久」的話則難免消耗大量國力，所以「巧」和「久」從根本上是矛盾的，自然不會有「巧久」之說。

兵不貴久的原因，是因為「久」會導致**「鈍兵挫銳，屈力殫貨」**，所以最核心的問題其實不是「久」，而是如何避免**「鈍兵挫銳，屈力殫貨」**的情況出現。最典型的例子就是游牧民族遠比農耕文明更適應長期戰爭。游牧民族對於農耕文明國家的侵擾是長期而頻發的。成吉思汗鐵木真的大征服更是持續了數代人的時間。即便是沒有對農業文明造成侵襲，游牧民族內部的戰爭也是經常性的。游牧民族之所以可以保證長時間的戰爭，是因為戰爭對於他們而言不僅不會「屈力殫貨」，反而是獲得財富的重要手段。

而能夠導致「屈力殫貨」也不僅僅是戰爭，和平時代的軍備競賽也可能夠導致「屈力殫貨」——曾經強極一時的蘇聯就是被軍備競賽拖垮的。國防軍事支出并不直接創造財富，當社會的大量資源被消耗與軍備競賽，那麼用於社會經濟的發展的資源就必然受到限制。

同樣，如果將社會資源大量的消耗於其他低利潤甚至無利潤的投資，也必然會導致社會經濟活力的下降。而長期這樣無效的投資，則會導致經濟危機的爆發。日本泡沫經濟破裂後，政府為了拉動經濟，投入了巨額資金建設大型基礎設施。可惜其中很多工程因為經濟效益低，雖然短期刺激了經濟，但卻讓國家在長期陷入了債務泥沼——一些經濟學家認為，這正是日本長時間未能走出經濟低迷的原因。

對於企業而言，「屈力殫貨」對應的就是現金流枯竭，而現金流枯竭往往不是因為企業虧損，而是因為盲目的擴張。與之相比，「鈍兵挫銳」對於公司的影響往往更加被管理者忽視。經常性的加班和高強度的工作被視為常態甚至無法避免的情況，會導致員工的身體和精神陷入長期的疲憊，使得企業的實際效率下降，更別說創造力了。所以說作為企業的領導者，在做企業發展規劃時也應避免使企業陷入「鈍兵挫銳，屈力殫貨」的狀態。


## 故不盡知用兵之害者，則不能盡知用兵之利也。

因此，不能全面瞭解戰爭害處的話，也就不能真正瞭解如何從戰爭中獲利。

戰爭中，將領之過失往往會讓軍隊遭受十分巨大的損失，動輒尸橫遍野、身死國滅——「兵者，國之大事，死生之地，存亡之道也」。面對如此巨大的風險，將領在決策的過程之中必須慎之又慎，尤其是那些可能會導致戰爭失敗、國家疲敝的「高危風險」必須予以杜絕。故孫子告誡將領，首先要「盡知用兵之害」，然後才能去考慮「用兵之利」。而且孫子在這裡強調了「盡知」——對於所有的高危風險要全部瞭解。先排除掉所有高危風險之後，再去構想如何取得戰爭的勝利——或是說實質性的、有價值的勝利。這樣才能極可能的避免在決策中出現「一着不慎滿盤皆輸」的情況。當然，即便是忽略了某些高危風險，仍然有可能獲得戰爭的勝利，但這種勝利其實是僥倖得來的，如果沒意識到這一點，那麼這次僥倖的勝利很有可能就是下一次失敗的序幕。

日本自明治維新（1868）之後開始全面學習西方文明，內興工商修政治，外強軍備購武器，其改革力度遠超同時期的清國洋務運動。到了 1894 年時，日本「出乎意料」的擊敗了號稱亞洲最強的北洋水師，并在之後的和約中收獲了 2.3 億兩白銀的戰爭賠款，使其一躍而進入了世界強國的末席。十年之後，日本又難以置信的擊敗了歐洲強國俄羅斯！這兩場「不可思議」的勝利讓日本人確信，他們總是能夠憑藉「武士道精神」戰勝比自己龐大得多的敵人。可惜日本軍國主義分子并不清楚的是，這兩次戰陣其實都是日本壓上了自己的全部國運與國力進行的豪賭。雖然當時日本的經濟發展突飛猛進，但是為了維持高額的軍費開支，不得不徵收沉重的賦稅，底層民眾的生活比起幕府時期鮮有改善。一旦開戰，國庫的壓力更是雪上加霜。日清戰爭只有半年，日俄戰爭不滿兩年，但是這兩次戰爭都已將日本的財政推向了崩潰的邊緣。可惜日本民族主義與軍國主義分子們并沒有意識到自己的勝利只是在巨大的風險下僥幸獲得的，依然希望通過持續的窮兵黷武滿足自己的虛榮。最終在侵華戰爭與其後的太平洋戰爭中耗盡了自明治維新以來積攢的幾乎全部物質繁榮。日本軍國主義者就是典型的「只知用兵之利，不知用兵之害」。

將領瞭解了戰爭中的「利」與「害」，就能夠在戰爭中利用「利」與「害」去贏得戰爭。對於敵人有害的，通常就是對於自己有利的。然而，某些對敵人有害的情況對自己可能同樣是有害的。比如「兵久」之害就是對戰爭雙方相同有害的。但處於較大劣勢的一方，尤其是極有可能面臨戰敗的一方，可以通過將戰爭拖入長期化的方式，讓強勢方付出更大的代價，通過迫使其戰爭消耗大於其勝利收益，最後不得不通過外交手段與弱勢方達成和解。這一點在企業間的法律訴訟中也是相同的，因為雙方在長時間的法律訴訟中都會承受巨大損失，所以通常以「庭外和解」的方式達成妥協，而不是等待法庭的最終宣判。

需要注意的是，在國家與國家的戰爭中，「持久戰」并不會實現真正意義上的勝利。即便是達到的戰爭的最基本目的（比如將侵略者逐出國境），往往也要付出巨大的代價。正因如此，「持久戰」換來的只能說是「未被擊敗」，很難說是一種勝利。最為典型的當屬中國

應對日本侵略。雖然戰爭的局勢很快就進入了相持階段，但是如果沒有之後反法西斯同盟國的幫助，中國軍隊是根本不可能憑藉自己的實力在 1945 年時就將日軍驅逐出中國領土。而且在這漫長的過程中，中國在經濟與人口上都蒙受了巨大的損失。

**善用兵者，役不再籍，糧不三載。**

善於用兵，兵員不再次徵調，糧食不超過三次補給。

**取用於國，因糧於敵，故軍食可足也。**

各項軍需物資從國內取得後，糧草補給通過掠奪敵方來解決，所以軍隊的補給能夠保證充足。

　　一場戰爭中，兵員不應該再次被徵召（原有的部隊剛剛解散不久就重新進行徵召），就是要求將領在一次戰役中徹底擊敗敵人；糧食的遠途運輸成本極高，輸送的的次數多了國家的積蓄難以承受，而且我軍深入敵境的話也應該依靠掠奪敵方的糧食來滿足軍隊補給。如果結合後文〈九地〉的話，就是「輕地（敵國邊境）取用於國，重地（深入敵境）因糧於敵」。

**國之貧於師者遠輸，遠輸則百姓貧。**

國家之所以因為出征而貧困，主要是因為軍糧的遠途運輸，遠途運輸就會使小領主（封臣）貧窮。

**近師者貴賣，貴賣則百姓財竭，財竭則急於丘役。**

軍隊經過的地方，物價就會上漲，物價上漲小領主（封臣）的財富就會枯竭，他們的財富枯竭就會在領地內增加賦稅。

**屈力中原，內虛於家，百姓之費，十去其七。**

**公家之用，破車罷馬，甲冑矢弓，戟盾矛櫓，丘牛大車，十去其六。**

在中原地區的戰爭中耗盡了民力與財力，國內空虛，封臣的資財耗去了十分之七。

國家的資財，戰車的破損，馬匹的死傷，鎧甲、頭盔、弓弩箭矢、矛戟、盾牌、牛車等等，耗去了十分之六。

**故智將務食於敵，食敵一鐘，當吾二十鐘；忌杆一石，當吾二十石。**

所以，高明的將領從敵方掠奪糧草來解決自己的補給問題。從敵方奪取糧食一鐘，相當於自己從本國運輸二十鐘；奪取敵人飼料一石，相當於自己從本國運輸二十石。

「百姓」一詞就并非指今天人們常說的「老百姓」，而是指貴族領主──春秋時代只有貴族才擁有姓氏。貴族領主們擁有自己的土地，并或多或少的享有這片土地上的行政權、司法權，相應的他們也要向君主繳納賦稅，并在戰時徵召領地內的民眾隨軍出征。至於現在說的「老百姓」，《孫子兵法》中則稱為「民」。

國家的基本國防戰略也對軍隊的規模產生著重要影響。一支進攻型軍隊更傾向於精兵，而防禦性的軍隊則傾向於維持更大的規模。這其中的原因就在於長途運輸補給的消耗量及困難程度要遠高於駐防軍隊的後勤需求。是故，為了減少後勤補給，進攻敵國的最好是人數少但戰鬥力強的精銳部隊。

遠途運輸糧草的過程中，運輸車隊及負責護送的士兵在路途上也要消耗糧食，拉車馱物的牛馬也要消耗草料，所以陸路運輸對前線的有效補給比率很低。正因如此，古代的統治者往往不惜重金民力開鑿重要的運河，如邗溝、靈渠以及之後的大運河都是為了便於糧食運輸而修造的運河。

陸路運輸的有效補給率根據具體的距離、道路情況、是否受威脅等等條件的不同而存在較大差異。最糟糕的情況是不但沒有良好的道路供車輛行進，而且還需要派重兵保護補給線。漢武帝時期遠征匈奴就是這種情況，據說當時的極端情況是：運輸 30 鐘才有 1 石糧食是有效補給──從山東運到漠北前線，只有 1/192 的效率。古代波斯遠征希臘、隋煬帝遠征朝鮮，都是不折不扣的後勤災難。

**故殺敵者，怒也 ; 取敵之利者，貨也。**

奮勇殺敵是因為憤怒；從敵人那裡獲取利益，是通過繳獲財物。

**車戰得車十乘以上，賞其先得者而更其旌旗。**

**車雜而乘之，卒善而養之，是謂勝敵而益強。**

因此在車戰中，繳獲戰車十輛以上，就獎賞給立首功的將領，并且更換敵戰車上的旌旗。

將其混編入自己的車陣之中，（1. 對於投降的士卒進行優待以期收為己用；2. 用繳獲的敵方物資妥善供養己方士兵），這就是所謂戰勝敵人而使自己日益強大。

戰場，是「死生之地」。在戰陣中比肩接踵共患難的友誼是特殊而親密的，古代稱「同袍」。當這些生死與共的同袍兄弟在戰鬥中陣亡，那種「傷別離」的痛苦會激起人的極度憤怒，甚至會導致士兵對敵方降卒乃至敵國平民進行瘋狂的報復性殺戮。但孫子並不認可這種做法。

從《孫子兵法》中很多語句可以清晰的發現，孫子并不把「消滅敵人有生力量」作為戰爭的主要目的。比如〈謀攻〉篇講**「不戰而屈人之兵」**，〈軍爭〉篇有**「圍師必闕，窮寇勿迫」**，都是放敵人一條生路的意思。孫子對「怒」反而多持否定意見，比如〈始計〉篇有**「怒而撓之」**，〈行軍〉篇有**「吏怒者，倦也」**，〈火攻〉篇有**「主不可以怒而興師」**等等，都是說「怒」的害處。孫子在〈九地〉篇中講如何讓士兵奮勇作戰，也沒有說「利用賞罰或是讓士卒進入憤怒狀態」，而是主張讓士卒進入「除了執行命令而沒有其他選擇」狀態。

孫子所追求的勝利是擊敗「已敗者」（〈形〉），是「以破投卵」（〈虛實〉），取得沒有懸念的壓倒性勝利。同仇敵愾的憤怒可以讓士兵奮勇殺敵，但并不一定能夠促成最終的勝利，甚至可能導致最終的勝利失去意義。

**「取敵之利者，貨也」**表達的意思是「盡量多的繳獲和利用敵方的軍備財物」。前文說**「不盡知用兵之害者，則不能盡知用兵之利也」**，

既然「用兵之害者」是國家在資源上的巨大消耗，那麼和「因糧於敵」一樣，「盡量多的繳獲、利用敵方的軍備財物」同樣屬於「用兵之利」。〈謀攻〉篇的「**兵不頓而利可全**」，以及〈火攻〉篇的「**夫戰勝攻取，而不修其功者，凶**」，也與此句相呼應。


## 故兵貴勝，不貴久。
## 故知兵之將，民之司命，國家安危之主也。

最後孫子還是再次強調本篇的主題：戰爭「不貴久」。

不過需要注意的是，**戰爭的首要問題是「勝、敗」**，而不是「速、久」。如果實在無法「速勝」的話，退而求其次也要追求「久勝」。如果盲目追求「速」，結果成了「速敗」的話，「速」又有什麼意義呢？

此處還着重強調了將領（主帥）在戰爭中起到的決定性作用：「**兵者，國之大事，死生之地，存亡之道**」，將領就是「死生之司」、「存亡之主」。「**民之司命，國家安危之主**」這個說法并不存在褒義或貶義傾向，屬於「陳述事實」，只是在強調將領的重要性。


孫子曰：

凡用兵之法，馳車千駟，革車千乘，帶甲十萬，千里饋糧。則內外之費，賓客之用，膠漆之材，車甲之奉，日費千金，然後十萬之師舉矣。

其用戰也，勝久則鈍兵挫銳，攻城則力屈，久暴師則國用不足。國之貧於師者遠輸，遠輸則百姓貧；近師者貴賣，貴賣則百姓財竭，財竭則急於丘役。屈力中原，內

虛於家，百姓之費，十去其七。公家之用，破車罷馬，甲冑矢弓，戟盾矛櫓，丘牛大車，十去其六。夫鈍兵挫銳，屈力殫貨，則諸侯乘其弊而起，雖有智者不能善其後矣。

故兵聞拙速，未睹巧之久也。夫兵久而國利者，未之有也。故不盡知用兵之害者，則不能盡知用兵之利也。

善用兵者，役不再籍，糧不三載。取用於國，因糧於敵，故軍食可足也。故智將務食於敵，食敵一鐘，當吾二十鐘；忌杆一石，當吾二十石。故殺敵者，怒也；取敵之利者，貨也。車戰得車十乘以上，賞其先得者而更其旌旗。車雜而乘之，卒善而養之，是謂勝敵而益強。

故兵貴勝，不貴久。故知兵之將，民之司命，國家安危之主也。

# 04 〈謀攻〉篇注

「勝」是首要目標，「速」是第二目標，除此之外為了盡善盡美，還有第三個目標就是「全」。

**孫子曰：**
**夫用兵之法，全國為上，破國次之，全軍為上，破軍次之；全旅為上，破旅次之；全卒為上，破卒次之；全伍為上，破伍次之。**
**是故百戰百勝，非善之善者也；不戰而屈人之兵，善之善者也。**

用兵的守則是：保全國家為上，使國家受到破損就差一些；保全軍隊為上，使軍隊受到破損就差一些；保全整個師旅為上，使師旅受到破損就差一些；保全整個團營為上，使團營受到破損就差一些；保全排班為上，使排班受到破損就差一些。

所以說打了一百場會戰全部獲勝并不是最好的將領，能夠做到不與敵人交戰就使其屈服，才是兵法最高超的將領。

一些人片面的認為，孫子強調、甚至絕對追求「**不戰而屈人之兵**」，乃至認為孫子反對「**百戰百勝**」──因為每次戰爭都會有消耗，打多了就會「**鈍兵挫銳，屈力殫貨**」。這種說法的思路并沒有錯，但是對原文卻是做了過度解讀。孫子雖然說「百戰百勝」并不是最好的，但并沒有說「百戰百勝」是不好的。「百戰百勝」雖多有損失，肯定

也遠比「百戰百敗」要「善」得多。孫子說的「百戰百勝」只是在形容將領能征善戰（勝率接近 100%），并沒有貶損乃至反對的意思。

　　如果孫子真是絕對尋求「**不戰而屈人之兵**」話，那麼之後的〈虛實〉〈軍爭〉〈九地〉等等篇章實際上就不用寫了。「**不戰而屈人之兵**」只是兵法的「至善」狀態，是戰爭的最理想情況，但同時這也意味着「**不戰而屈人之兵**」只有在極少數的情況之下才有可能實現，在絕大多數情況下還是「不得不戰」。

　　戰爭中無論是人力還是物力都損失巨大，如果「不得不戰」就應該盡量把損失降到最低，比如上一篇〈作戰〉講的「速勝」就是要將己方的消耗降到最低。除了減少己方的消耗，戰勝後獲得敵方的戰利品自然也是越多越好，所以還應該盡量追求「全勝」。

　　需要注意的是，在這個「全勝」的理想之下，「**全國為上，破國次之**」所隱含的前提條件是「**全己為上，全敵次之**」。比如下文提到攻城時己方的部隊會損失巨大，在這種情況之下，將領首要考慮的是自己的士兵的死傷以及金錢糧草等物資的耗費情況，而不是對方城池能不能保全。攻城時，圍困、水攻、火攻、破壞城牆，乃至近現代的大規模炮擊、轟炸，甚至使用毒氣（在此對使用毒氣表示強烈譴責），都是為了盡可能減小己方的損失，但是這些手段無疑都會使敵人損失慘重。〈形〉篇中有「**自保而全勝**」的說法──先「自保」然後才能「全勝」。

　　古代戰爭實現「全勝」靠的是「兵法」，而現代戰爭的特點就是通過技術手段來盡可能的實現「全勝」的目的。1982 年 6 月以色列與敘利亞的貝卡谷地空戰就是最好的例子。以色列憑藉其電子戰的優勢，在 2 天之內擊落了敘利亞 84 架飛機，并摧毀了 26 個防空飛彈連，而且己方沒有一架戰機被擊落！（敘利亞的說法是 60：14 。）可見技術在戰爭勝負中起到的決定性影響。還有就是當代的各類飛彈以及無人機，都是為了防止出現人員傷亡而做出的技術替代。而武器的「精確打擊」屬性則是為了節省戰爭成本，同時也能盡量減小敵方的損失（尤

其是避免誤傷平民）。這些都是「兵法」直接融入現代武器裝備設計的體現。

## 故上兵伐謀，其次伐交，其次伐兵，其下攻城。

最高級的軍事手段，是通過打擊對方的國家戰略來抑制其發展；次之是通過外交手段讓敵人孤立無援，並使我方獲得更多盟友；再其次才是在戰場上擊敗敵人；最壞的情況是必須圍攻敵人的城池才能迫使敵人屈服。

按孫子的排序來講：先有「謀」，再有「交」，然後才是用「兵」，後文也有「**不知諸侯之謀者，不能預交**」的說法。因此，「謀」并不應該是指戰爭開始後所制定的戰略規劃或謀略，而應該指的是國家長期以來的整體發展戰略。比如這個國家是想稱霸天下還是安於太平？是首先集中資源發展軍事，還是提高民眾的生活水平？這個國家的戰略利益與我國的戰略目的會不會產生沖突？知道了這些才能恰當的展開與特定國家的外交聯合。古代的「合縱連橫」、「隆中對」，現代諸如中國的「一帶一路」、美國的「重返印太戰略」就是屬於「伐謀」，然後再按照戰略需求建立盟友關係。

放到商業領域，我覺得這句話可以改為：「上等企業做產品，其次研發，其次品牌，其下市場。」

最優秀的企業總是那些不斷向用戶提供優秀產品的企業。為了創造出更好的產品與服務，這些企業必然會在相關的技術領域具有獨到之處，其不可替代性也必然會為其帶來市場上的成功。次一等的企業雖然在技術上可以保持在行業內的領先地位，但卻不得不依賴於其他企業將自己的技術優勢轉化為實際產品。這樣一來，企業的利潤空間就受限於應用領域的市場成功。即便如此，技術上的成功也很難被輕易取代，所以這類的企業也能擁有較高的利潤空間。做品牌其實和做市場相似，只不過品牌關注的是長期的市場占有，他們會擁有自己的風格與特色，并因此而占有穩定的市場。但由於這些特色并不是不可

替代的，所以也就不能使它們在同類商品的競爭中產生壓倒性的優勢，以獲取更大的市場占有率或更高的利潤空間。最差的企業是做市場，他們只關心短期的盈利，而沒有任何長遠規劃。

所以企業家一定要認識到，企業的核心是產品，而不是市場。

### 攻城之法為不得已。

攻城是在不得已的情況下才采取的辦法。

### 修櫓轒輼（fén wēn），具器械，三月而後成，

為了攻城，修造望樓車、攻城車，准備各種攻城器械，三個月才能完成；

### 距堙（yīn），又三月而後已。

堆積攻城的土坡，填平壕溝，又需三個月才能完成。

### 將不勝其忿而蟻附之，殺士三分之一而城不拔者，此攻之災也。

將領如果無法抑制憤怒，驅趕着士兵像螞蟻一樣爬上城牆，士卒傷亡了三分之一，城池卻還不能攻下來，這是攻城的災難啊！

為什麼「攻城」是最下策？當然是因為「攻城」最困難，代價也最高——若不是為了增加敵方攻城戰的難度和代價，又何必耗費鉅資、勞民傷財的去修建堅固的城池堡壘呢？通常而言，進攻者至少要有三倍於城內守軍的兵力優勢才能夠進行攻城戰。否則既難以通過短時間內強攻取勝，又沒有足夠的兵力進行長時間的圍困。

這裡列舉了三種攻城方法。

第一種是「器械」：雲梯、投石車、破城錘、攻城塔等等。這些巨大而笨重的攻城器械，如果跟着軍隊一起行動，會嚴重拖慢軍隊的行進速度。進攻者更不會先在本國制造這些攻城設備，之後再千里迢迢的將其運到敵國的城下。這些攻城器械通常都是在圍城後再臨時制造，所以孫子說「三月而後成」。

第二種是「距堙」。大型的城市雖然大多數都是位於平原上，但是許多軍事要塞卻是位於地型複雜的山上，城下的地型崎嶇難行。雖然通往城門的道路還算良好，但是卻有重重布防。這時要想通過崎嶇的地型接近防禦相對薄弱的城牆，就要人工堆造一道通往城牆的土坡，這個土坡就是「距堙」，還是「三月而後已」。（可參考馬薩達圍攻戰）

如果將領等不了這麼長時間，就只能采取第三種手段：讓士兵憑藉簡單的梯子攀爬城牆——這種畫面在古代戰爭題材的電影中經常可以看到——遠遠望去，攀爬在梯子上的士兵就像螞蟻一樣，而這些士兵的生命也像螞蟻那樣脆弱。站在城牆上的防守方居高臨下，或用弓箭射、或用石頭砸、或用滾油燙，即便僥幸登上了城牆，也要面對遠多於己方的敵兵圍攻。所以這種進攻方式往往會付出慘重的傷亡。而不幸的是，即便付出了慘重的傷亡也不一定就能成功的攻陷城池。如果死傷了三分之一的士兵還沒有攻下敵城，對於攻城方而言就是一場不折不扣的災難。

總而言之，攻城要麼費時，要麼費力，更頭疼的是費盡了千辛萬苦之後，還是有可能功敗垂成。代價大，風險高，攻城戰自然只有在「不得已」的情況下才會選擇。


對於企業而言，如果與競爭對手陷入了價格戰，同樣是最不得以的手段。最後耗費了大量資金，但競爭對手卻依然堅守，這同樣是企業的災難，甚至對整個經濟體系都會造成負面的影響。就像國家的青年不應該因為愚蠢的戰爭而死在戰場上，社會的資本也不應該隨便的被浪費在同質化企業的惡性競爭當中。

如上文所述，企業之間的競爭應該着眼於技朮與產品的創新，為用戶提供更好的產品及服務，而不應該停留在現有市場的價格戰之中。新的技朮與產品可以大幅提高經濟體的勞動生產率，從而在本質上增加社會的財富。而簡單的價格競爭讓企業生產效率沒有明顯增長的情況下利潤空間大幅收窄，進而導致企業員工的工資水准出現下降甚至失業，最終造成社會消費水准的下降。而消費水准的降低進一步驅使

企業降價銷售。然後陷入惡性循環，引發經濟危機。

所以想要避免經濟危機造成的巨大社會災難，首先要以法律手段規範商業秩序，尤其是要防止企業間的惡性競爭和對勞工的剝削。

## 故善用兵者，屈人之兵而非戰也，拔人之城而非攻也，毀人之國而非久也。

因此善於用兵的將領，使敵軍屈服而不需用戰爭的方式，奪取敵人的城池不需用攻城的方式，消滅敵國而不需用長久用兵的方式。

## 必以全爭於天下。

一定本著盡量保全自己實力的原則爭奪天下。

## 故兵不頓而利可全，此謀攻之法也。

這樣就能保證軍隊的戰鬥力不受損失，戰爭獲得的利益才可以真正保全，這便是「謀攻」的原則。

這段話是對「謀攻」的總結。「謀攻」的目的就是尋求用盡可能小的代價收獲盡可能多的利益，從而做到「**兵不頓而利可全**」。

秦統一六國，其實就是「**以全爭於天下**」的典型案例，可惜卻歷來被人忽視。很多人僅僅是通過政治上對秦國在十年間統一六國給予解釋：秦國由於商鞅變法國力逐步強盛；軍功爵制讓秦軍奮勇作戰；秦始皇的雄才大略；六國政治腐朽等等。但事實上秦國之所以能夠迅速統一六國，最主要的原因還是軍事上的成功：在吞并六國的戰爭當中，秦國的軍隊基本沒有遭受重大損失。

秦國先是滅掉了弱小的韓國，之後就將目標轉向了趙國。秦王派王翦率大軍攻趙，而趙軍則由名將李牧統領。李牧在此前的戰爭中已經多次擊敗秦軍，王翦知道在野戰中與李牧對陣很有可能戰敗；即便勝利，秦軍也會損失巨大。所以他就建議秦王使用離間的手段讓李牧失去兵權。在李牧被趙王殺害後三個月，王翦就大破趙軍，攻滅了趙國。趙國滅亡之後，燕國十分緊張，於是就發生了太子丹主導的荊軻

刺秦王事件。秦王因此震怒，命令王翦直接北上攻打燕國，一年後攻克燕都薊，燕王逃到遼東。第二年，王翦的兒子王賁率領秦軍，采用水淹大梁（魏國首都）的方式，只用三個月就迫使魏國投降。

吞并了四個國家之後，秦王也有些飄飄然了。當青年將領李信說「20萬人就可以征服楚國」時，秦王十分高興。而對老將王翦「非六十萬不可」的建議僅僅視為老年人的謹慎，并未予以采納。結果李信被楚國大將項燕擊敗，秦王只得親自去請求王翦再次出山。王翦說：「我去可以，但是必須要60萬大軍，得勝之後還要有田產賞賜。」秦王答應了他。隨即王翦率領60萬大軍出征伐楚。

雖然此時的秦軍在兵力上擁有絕對優勢，但是王翦卻并不與楚將項燕決戰，而是反復派人跟秦王確定得勝後賜田的事。他的部下頗為不解，於是王翦解釋道：「秦王生性多疑，現在我指揮著秦國所有的部隊，只有向秦王表示除了財富別無所求，他才不會擔心我擁兵自重。」果然，王翦并未受到來自於宮廷的掣肘，在前線軍營中安然的搞起了「體育競賽」。如此對峙了近一年，楚王忍不住了，屢次催促項燕出戰，項燕無奈只得出擊。王翦坐擁優勢兵力卻堅守不出。楚軍攻不破秦軍營壘，久而久之士卒疲憊，項燕只得領兵撤退。王翦趁此機會率全軍迅速追擊，大破楚軍并斬殺項燕，緊接著揮師直搗楚國都城壽春，滅掉了楚國。五國既滅，齊國最後不戰而降。

當年長平之戰後，秦軍沒有能直取邯鄲，就是因為秦軍雖然在長平之戰中全殲了趙軍主力，但是自身也損失巨大，以至於秦昭襄王與丞相范雎都認為秦軍已經無力乘勝攻取邯鄲。秦滅六國，除了最為弱小的韓國以外，其余五國都是王翦王賁父子攻滅的。而他們用兵的特點就是盡量避免自己的損失，抓住機會擊敗對方主力部隊，然後直接攻破對方的都城，使得敵國失去再次組織反抗的能力。如此一來，每吞并一個國家時秦軍的損失都很小，所以可以連年持續征戰。

〈孟子·梁惠王上〉有言：「（梁惠王）問曰：『（天下）孰能一之？』（孟子）對曰：『不嗜殺人者能一之。』」王翦、王賁父子不正是這樣的「不嗜殺人者」嗎？

**故用兵之法，十則圍之，五則攻之，倍則分之，敵則能戰之，少則能逃之，不若則能避之。**

所以用兵的法則：有十倍於敵人的兵力就包圍敵人；有五倍於敵人的兵力就進攻敵人；兩倍於敵人的兵力，就分兵夾擊敵人；與敵人兵力相當的話還能夠奮力一戰；比敵人兵力少時就擺脫敵人；實力遠不如敵方就避免與敵軍接觸。

**故小敵之堅，大敵之擒也。**

兵力弱小的一方如果頑固抵抗，就會被強大的敵人俘獲。

即便是「謀攻」了也沒能做到「**不戰而屈人之兵**」怎麼辦？那至少該明白在雙方不同軍力對比之下的各種應對策略。這也屬於「謀攻」的范疇。

如果擁有十倍於敵人的優勢兵力，那麼把對方包圍起來，不用打，嚇唬嚇唬他可能就投降了。如果擁有五倍的兵力則需要進攻才能逼迫敵人屈服。在這種自己兵力佔絕對優勢的情況下，獲勝一般是全無壓力的。

「**倍則分之**」有兩種理解，一種是「將敵人兵力分散之後在予以各個擊破」；第二種是「讓自己的部隊分為兩部分前後夾擊敵人」。但從上下文的來看，這裡說的是已經和敵人接戰對陣的狀態。在兩軍已經照面的情況下，再實現「戰略分散敵軍兵力」的可能性已經很小。所以我認為「分兵從兩個方向夾擊敵軍」的解釋更為合理。

「**敵則能戰之**」就是雙方在兵力相當，這種情況之下如何保證必勝？這就要靠之後篇章中所介紹的「治氣」「治心」「治力」來實現。具體情況待後文再做介紹。

「**少則能逃之，不若則能避之**」也很好理解：打不過的時候，軍隊要有能力及時撤退；要是實力相差太大，就遠遠得避開，根本不要讓敵方的大部隊接近。其實小部隊也并不是全無抵抗大部隊的可能，不過要借助「地利」。如果既沒有地型優勢，還要在兵力絕對劣勢的

情況之下負隅頑抗，最終的結果只可能是被敵方的大部隊包圍殲滅。

**夫將者，國之輔也。輔周，則國必強 ; 輔隙，則國必弱。**
將帥是國家的輔佐。輔佐得周密，國家必然強盛；輔佐有疏忽，
國家必然衰弱。
**故君之所以患於軍者三 :**
君主對軍隊造成危害的做法有三種:
**不知軍之不可以進而謂之進，不知軍之不可以退而謂之
退，是謂縻軍 ;**
不知道軍隊不可以前進而命令他們前進，不知道軍隊不可以後退
而命令他們後退，這叫束縛軍隊；
**不知三軍之事，而同三軍之政者，則軍士惑矣 ;**
不知道軍隊中的事務卻干涉軍隊的管理，那麼將士就會產生迷
惑；
**不知三軍之權，而同三軍之任，則軍士疑矣。**
不知道軍隊中的權謀之變而參與軍隊人事任免，那麼將士就會產
生質疑。
**三軍既惑且疑，則諸侯之難至矣，是謂亂軍引勝。**
如果三軍將士既迷惑又心存疑慮，其他諸侯就會趁機發難。這就
叫君主惑亂軍事，而失去勝利的機會。

　　這段話首先強調了將領對於國家的重要作用。平時需要將領練兵
素令，戰時需要將領謀攻征戰。將領的能力強弱、負責與否直接關系
到國家軍事實力的強弱。

　　「兵者，國之大事」，作為國家領導的君主難免會關心戰事──
要是真的一點都不關心的話反倒是像昏君的做派。但是關心歸關心，
要是不瞭解實際情況，還忍不住指導一下，那就麻煩了。如果明明打
不過敵人，卻強令將領進攻，肯定最終會吃敗仗；如果本來可以乘勝
追擊卻要求軍隊後撤，就失去了徹底打垮敵人的機會；如果君主不瞭

解軍隊的管理方法，還要強制推行自己的軍政訓令，那軍隊的管理就會變得一團亂麻；如果君主不瞭解軍隊的指揮體系，卻要干預軍隊的人事任免，那軍士難免心有不甘；如果君主不瞭解軍隊的運作邏輯，還要派不懂軍事的監軍監管將領行為，那軍隊內部難免疑神疑鬼……對於「三軍之事」「三軍之權」的解釋注家們雖有所不同，但是孫子這段話想表達的核心內容是明確無誤的——**不懂的事就不要管！** 作為領導者一定要記住這句話。

　　國君既不通曉軍事，也不知道前線的具體情況，在這種情況之下給軍隊下達的指令多半是不切實際的。而不切實際的命令則會導致軍事失敗。小敗是國貧力衰，大敗則是身死國滅。這樣的例子古往今來可謂不勝枚舉。但是我覺得最突出也最典型的例子就是二戰時期希特勒對於戰爭的干預。希特勒曾經參加過一戰，但是只是獲得了下士軍銜。而在二戰期間他則利用自己「國家元首」的身份，在最高統帥部內越過德軍的高級將領們直接向前線部隊下達命令，而且越是在危急時刻，希特勒給前線的命令也就越多也越具體，有時候甚至可以詳細到某個營的部署。而德國的將軍們，可謂是名將輩出，歷來被認為是個能力十分優秀的團體。所以有人笑稱德國的最高統帥部是「下士指揮將軍」。這可謂是完完全全的背離了孫子「**將能而君不御**」的告誡。從這一點上來說，納粹德國在二戰中的失敗，是極權主義權力體系所導致的必然結果。

　　所謂「**亂軍引勝**」，歸根到底還是「**主孰有道**」的問題。


　　其實在企業管理中也一樣。如果管理者總是具體的指導下屬如何完成工作，那這個公司一定會出現混亂。管理者對於公司事務無論巨細都事必躬親，絲毫不留給下屬自行決斷的機會，對於自己不懂的專業問題也是指手畫腳，下屬的專業意見甚至會被其視為一種對自己管理權威的挑戰。這樣的企業，老闆越來越累，中層越來越煩，基層越來越亂。公司越擴張，效率就越低下，業績反而會越差。

## 故知勝有五：

預測勝負有五個角度：

## 知可以戰與不可以戰者勝，

知道什麼條件下可以交戰，什麼條件下不可以交戰的，能夠取勝；

## 識眾寡之用者勝，

知道「眾寡」的靈活運用的，能夠取勝；

## 上下同欲者勝，

上下一心目標相同的，能夠取勝；

## 以虞待不虞者勝，

有準備對陣無準備的，能夠取勝；

## 將能而君不御者勝。

將領才能出眾而君主又不加以干預的，能夠取勝。

## 此五者，知勝之道也。

這五條就是預知勝負的途徑。

「**可以戰與不可以戰**」與〈形〉〈軍爭〉〈地形〉等篇的內容相關。

「**眾寡之用**」有多種解釋，一個可能是指上面的「十則圍之…」一段；也可能是指〈虛實〉篇介紹的「以眾擊寡」；還有可能是作為軍隊指揮控制系統的旌旗金鼓等傳令手段——「**鬥眾如鬥寡，形名是也**」（〈勢〉）。

「**上下同欲**」除了〈始計〉篇中所說的「**道者，令民與上同意也**」（民眾與統治者目標一致），應該也包含其他幾個「**上下同欲**」：1.君主（文官政府）與將領同；2.主將與副將同；3.軍官與士兵同。

「**以虞待**」可以從不同角度理解：一個是和平時軍事準備充分的國家可以戰勝準備不充分的國家；一是事先考慮到出現風險的可能，進而有所準備，才能夠防患於未然。

「**將能而君不御者勝**」就是上段所說的「君主不要遙控將領作戰」。不過有人也會列舉出曹操、亞歷山大、拿破崙這些「君」來說事，但是這些人本身就是杰出的軍事家，正是由於他們本人的軍事能力才讓他們登上權力巔峰的，自然不能視為「三不知」的君主。

## 故曰：
知彼知己，百戰不殆；
不知彼，而知己，一勝一負；
不知彼，不知己，每戰必殆。

「**知彼知己**」現在常說「知己知彼」，不知道是從是麼時候開始產生的顛倒，不過這并沒有改變這四個字的意思。「**百戰不殆**」則常被人誤稱為「百戰百勝」。「百勝」和「不殆」的區別可就大了，千萬不能混淆。「殆」是「危機、困境」的意思，也可以通「怠」，理解為「倦怠」。「**百戰不殆**」是說「**肯定不會在戰爭中遇到重大危機與困境**」，也可以理解為不會出現「**鈍兵挫銳**」的情況。前文「**百戰百勝**」如果同時做到「**百戰不殆**」，雖不如「**不戰而屈人之兵**」但是應該也離「**善之善者**」相去不遠了。

打探敵人的情報畢竟比掌握己方的情況難得多，不過全面瞭解自身實力充分發揮自身優勢還是有很大勝算的。但是如果連自己的能力都無法瞭解，還談什麼瞭解對方？如果連自己能做到什麼不能做到什麼都不清楚的話，就算全面瞭解對方又有何用？所以這種情況下基本就是輸定了，即便僥倖勝利也必然付出巨大的代價。

其實《孫子兵法》中所有涉及資訊情報的「知」都需要「**知彼知己**」。這句話也可以算作是對於第一部分（前三篇）的提點。從〈始計〉篇的國防建設，到〈作戰〉篇的「求速」，再到本篇的「求全」，都是為了實現「**百戰不殆**」。而為了實現「速」與「全」，就要「**知彼知己**」，因為「**知彼知己**」是一切兵法運用的基礎。

現代資訊戰、電子戰其實就是在謀求掌握「制知權」——己方在盡力實現「知彼」的同時，儘量讓敵方無法「知彼」，甚至通過破壞敵方的通訊系統讓敵方「不知己」。1991 年的波灣戰爭就向世人展現了資訊化戰爭的驚人威力。在真正發起空襲之前，美軍每天都派遣大量戰機在空中遊弋，以麻痹伊拉克的防空預警雷達。1 月 17 日凌晨 2:38 分，分別由 1 架 MH-53 電戰旋翼機和 4 架 AH-64 攻擊旋翼機組成的兩個分隊，採用超低空飛行悄悄越過邊境，成功的摧毀了伊拉克的兩座預警雷達。隨後在 2:43 分，24 架戰機從這個缺口突入，2 架 EF-111 電戰機負責全方位的壓制雷達訊號，22 架 F-15E 則負責襲擊邊境附近的空軍基地。凌晨 3 點整，早已埋伏在巴格達上空許久的 F-117 匿縱戰機用精確導引炸彈攻擊了伊拉克空軍指揮所、政府大樓、電視臺、幾場、電廠等多個高價值目標，隨後幾分鐘內這些目標又被從轟炸機和軍艦上發射的巡弋飛彈再次攻擊。在此之後，數以百計的多國戰機在電戰機的保護下，對伊拉克的防空體系進行了全面的打擊。在開戰的第一天內，就幾乎摧毀了伊拉克的所有雷達，防空飛彈失去了導引，戰機也不敢起飛。美軍之所以可以實現大勝，就是因為完全掌握了「制知權」：先通過電子干擾，讓敵方雷達失靈，進而將其消滅。美軍不僅是摧毀了敵方用來「知彼」的雷達，還動用雷達無法發現的匿縱戰機深入敵軍腹地，摧毀了敵軍的防空指揮所和通訊中心，讓敵人陷入「不知己」的絕境。

　　當然，那些無法誠實面對自己的人，是根本不可能做到「知己」的。

孫子曰：

夫用兵之法，全國為上，破國次之，全軍為上，破軍次之；全旅為上，破旅次之；全卒為上，破卒次之；全伍為上，破伍次之。

是故百戰百勝，非善之善者也；不戰而屈人之兵，善之善者也。故上兵伐謀，其次伐交，其次伐兵，其下攻城。攻城之法為不得已。修櫓轒輼，具器械，三月而後成，距闉，又三月而後已。將不勝其忿而蟻附之，殺士三分之一而城不拔者，此攻之災也。故善用兵者，屈人之兵而非戰也，拔人之城而非攻也，毀人之國而非久也。必以全爭於天下。故兵不頓而利可全，此謀攻之法也。

故用兵之法，十則圍之，五則攻之，倍則分之，敵則能戰之，少則能逃之，不若則能避之。故小敵之堅，大敵之擒也。

夫將者，國之輔也。輔周，則國必強；輔隙，則國必弱。故君之所以患於軍者三：不知軍之不可以進而謂之進，不知軍之不可以退而謂之退，是謂縻軍；不知三軍之事，而同三軍之政者，則軍士惑矣；不知三軍之權，而同三軍之任，則軍士疑矣。三軍既惑且疑，則諸侯之難至矣，是謂亂軍引勝。

故知勝有五：知可以戰與不可以戰者勝，識眾寡之用者勝，上下同欲者勝，以虞待不虞者勝，將能而君不禦者勝。此五者，知勝之道也。


故曰：知彼知己，百戰不殆；不知彼而知己，一勝一負，不知彼，不知己，每戰必殆。

# 05 孫子的戰略原則

　　歷來，《孫子兵法》的前三篇都被分為一組，全書中這三篇之視角最為宏觀。

　　從唐代李筌開始，歷代注家都很強調《孫子兵法》的篇目次序，對於這前三篇他們這樣詮釋：〈始計〉是講廟算，〈作戰〉是講作戰准備，〈謀攻〉是講謀劃進攻；這三篇是按國家組織軍事行動的時間順序進行排列的。這種說法雖確有一定道理，然而《孫子兵法》這前三篇的內涵似乎遠不止如此。

　　在我看來這三篇是《孫子兵法》價值觀——戰略原則的表述。夫制定政治、軍事、企業之策略，必以「價值觀」為指引，否則難免會事與願違。

　　**在孫子看來「以盡可能小的代價實現戰爭勝利」，這就是「善」。**
　　典型的反面教材就是宋襄公。在泓水之戰中，面對楚軍的優勢兵力，大臣子魚向宋襄公建議說：「趁楚軍渡河渡到一半時攻擊他們。」宋襄公說不行。等楚軍都渡過了泓水，子魚又建議：「趁楚軍沒有完成列陣攻擊」。宋襄公還是說不行。等楚軍列陣完畢，宋襄公才下令進攻。結果宋軍被楚軍打得大敗，宋襄公的護衛被殺，他自己也大腿中箭負傷。面對臣民的責難，宋襄公辯解說：「君子不能乘人之危，不能攻打未列好陣勢的軍隊。」

　　後人對宋襄公的評價呈現出兩極分化：一種觀點認為宋襄公是「仁義」的典范，雖然最終失敗但是其努力捍衛「禮義」（周朝傳統價值觀）

的行為值得贊許；另一種觀點認為，宋襄公的決策是一種拘泥於道德的迂腐，是一種不知道時代變化的愚蠢，甚至有人認為宋襄公僅僅是為了謀取「仁者」的美名。宋襄公是真正的「道德高尚」還是「沽名釣譽」暫且不論，難道像宋襄公說的「不使用謀略、不趁人之危、單純的堂堂正正的與敵人正面決戰」就是「仁義」（高尚的、符合道德的）嗎？想想那些在戰場上死傷的宋國士兵，想想那些因為親人離去而悲痛的宋國民眾，各位還會認為宋襄公這種行為是在踐行「仁義」嗎？

歷史上，有很多人看不起「謀略」或是「詭道」——他們或是因為自恃勇武視之為怯懦，或是因為自命高尚視之為奸詐。只可惜他們的勇武或高尚并不能換來戰爭的勝利，反而會將國家拖入災難之中，擲士兵橫死沙場，累黎民遭戰火塗炭。因此，**切不可按「個人道德」制定或評判「公共決策」**。「兵法」中的「謀略」「詭道」，其目的是保證國泰民安，而不是為了個人私利的「不擇手段」。

何況即便是在戰爭中，孫子也并不認為可以「不擇手段」。雖然《孫子兵法》中并沒有這樣明確的表述，但為了實現「全勝」，顯然很多手段并不可以隨便使用。比如，不能欺騙或傷害自己的盟友——否則到下次戰爭不會有國家願意結盟了，甚至會與原本的盟友反目成仇。比如，不可以殺害投降的俘虜——否則以後的戰爭中敵人就會死拼到底。比如，不能肆意毀壞佔領的土地——否則會加深當地人的抵抗情緒，即便沒有造成民眾變亂，新佔領的土地也需要很長時間才能恢復經濟生產。以上等等這些「不擇手段」即便是在萬不得已的時候被迫使用，在勝利後的和平中也會在政治上或是經濟上讓國家遭受損失，甚至得不償失。

**「兵者，國之大事，死生之地，存亡之道」** 這是孫子對於戰爭的定義，也是孫子創作兵法之基礎所在。中國古代的史官文吏們總是喜歡從「大義」的層面去討論戰爭，但是如若過於強調戰爭的「道德」屬性，反而容易讓人忽略戰爭本身對於國家的影響。不同於儒家喜歡給戰爭進行道德定性；也不像吳子、約米尼那樣從發生戰爭的原因進行分類；甚至不像克勞塞維茲明確作出「戰爭是政治的延續」的闡釋；孫子看待戰爭的角度是極為純粹的：戰爭無論是正義還是邪惡、是以

何種原因發動、甚至過程結果如何，其對於國家民眾而言都是「**死生之地，存亡之道**」，如果不審慎對待，都有可能使國家與國民陷入困頓與災難之中。正因如此，國家對於軍事「**不可不察**」。

等到真正發生戰爭的時候還要注意兩點，一個是避免長時間的戰爭拖垮國內經濟──「**兵久而國利者，未之有也**」；一是盡量在戰爭中減少自己的損失保存實力──「**全國為上，破國次之，全軍為上，破軍次之**」。

孫子看待戰爭的視角也遠超戰爭本身：和平時期要為可能發生的戰爭做准備；出外作戰的同時還要考慮國內經濟；在交戰時就要想到戰後的和平與經濟復蘇。

對於這幾點，孫子也給出了相應的戰略目標：

〈始計〉：保持對「道天地將法」的經營，從而保證「**未戰而廟算勝**」。

〈作戰〉：爭取「速勝」、「因糧於敵」，以免國家陷入「**鈍兵挫銳，屈力殫貨**」的危機。

〈謀攻〉：盡量減少損失，保證「**兵不頓而利可全**」，這樣才有可能在未來「**以全爭於天下**」。

總結而言，孫子對於戰爭的基本要求有三點：勝利、時間短、損失小。而之後圍繞「如何用兵」展開的討論，都是為了實現這三個戰略目標展開的。這三個就是孫子對於戰爭的最基本「戰略原則」。

德國著名軍事理論家克勞塞維茲曾講到：「戰爭是政治的延續」。克勞塞維茲的《戰爭論》是西方現代軍事理論的開山之作，可惜的是《戰爭論》并不是一部完善的作品。1827 年時，他已經完成了前六章的內容與最後兩章的初稿。但是他卻發現自己的理論存在容易被人誤解的缺陷，於是決定大幅修改。然而，當他不急不緩的通過研究戰史整理其理論時，不幸降臨。1831 年 11 月 16 日，他因感染霍亂疫情猝然離世，享年 51 歲。死前他坦言，《戰爭論》足以定稿只有第

一篇第一章而已，其他部分未及整理修改，之後會遭到不斷的誤解和批評。很遺憾的是，克勞塞維茲的預言不幸言中。後世很多軍事指揮者只關心克勞塞維茲「將軍事力量最大化」的思想，卻忘記了他第一章時強調的戰爭的性質：「作為戰爭最初動機的政治目的，既成為衡量戰爭行為應該達到何種目標的尺度，又成為衡量應使用多少力量的尺度。」這種對戰爭本質的忽略讓歐洲人在第一次世界大戰中吃盡了苦頭。

進入 20 世紀的歐洲，幾乎所有人都認為各大國間遲早會爆發一場大戰。但是在「一戰」爆發前，沒有人想到戰爭的過程竟然會如此慘烈，對於之後人類歷史的影響又是如此巨大。

起初，各國都認為自己可以擊敗對手，而且勝利可以在短時間內輕易實現。這種天真的想法很大程度上來自於各國國內膨脹的民族主義情緒所帶來的自負。甚至各國軍隊的高層都沒有意識到技術的進步為戰爭形式帶來的徹底變化（這種情況同樣出現在第二次世界大戰）。即便排除掉這些技術因素，歷史上雙方勢均力敵的戰爭中，也極少有可以輕易取勝的情況。兩個強國的戰爭往往要持續數年甚至數十年斷斷續續的爭鋒，而歐洲的將領們卻妄想在幾個月之內取得決定性勝利。更為可悲且可怕的是：雖然加入了戰爭，但是各國卻都沒有明確的政治目的，致使各國唯一的目標就是軍事上的勝利：除非一方徹底失敗，否則雙方都缺乏恢復和平的意願。換句話說，只有在其中一方無力維持戰爭時，才會展開真正的政治談判。這樣一來，無論勝利者的「和平條件」如何苛刻，戰敗者都不得不接受。俄國、奧匈帝國、鄂图曼帝國無不如此。最為屈辱的還要數德國。

通過戰爭的勝利，法國徹底洗刷了她從 1871 年普法戰爭失敗以來長達半個世紀的屈辱，所以在「巴黎和會」上，法國的要求顯得尤為盛氣凌人——法國總理克里蒙梭甚至希望將德國分解為多個邦國！在英國和美國的強力阻攔之下，這種企圖并未實現，但法國還是通過和會最後的成果《凡爾賽和約》盡可能的報復了德國。條約的主要內容有三點 ： 1. 承認波蘭的獨立； 2. 限制陸軍規模不得超過 10 萬人、海

軍 1.5 萬人，同時限制武器制造； 3. 賠款 2260 億金馬克，雖然隨後被削減為 1320 億金馬克，但是這一天文數字還是遠遠超出了德國的現實經濟能力。這樣苛刻的條約讓法國的福煦元帥也驚呼：「這不是和平，只是 20 年的休戰！」

果然，經歷了慘痛的長期經濟危機之後，德國人選擇了納粹主義與希特勒，并在 1939 年重開戰端。德國軍國主義的重新崛起讓後世一些好事者認為這是《凡爾賽和約》還不夠嚴苛的緣故。這種觀點顯然是荒謬的，因為仇恨的種子必然會結下復仇的果實。

到了第二次世界大戰時，這種「你死我活」的戰爭形態依然沒有改變。「無條件投降」原則的提出，雖然彰顯了盟軍對於德國法西斯和日本軍國主義絕不妥協的態度，但是也勾起了德國與日本普通民眾對於《凡爾賽和約》——失敗者只能任人宰割——的恐懼。這種恐懼反而被極權政府利用於鼓動國內民眾進行殊死抵抗。

經歷了兩次慘痛的世界大戰之後，英國的著名戰略家李德·哈特在他的《戰略論：間接路線》中有這樣一句話：「大戰略的視線必須超越戰爭而看到戰後的和平……戰略目的為獲得更美好的和平。」其實「戰後的和平」不僅是在戰爭的過程中就應該考慮的，而且應該是在開戰之前就清晰的設定出希望實現的戰後和平——政治目標。

克勞塞維茲雖然明確的定義了了戰爭的性質，但是卻并未提及「戰爭對於國家、經濟的影響」。戰爭對於社會、民眾的影響往往是屬於文學家關注的話題，但軍事家及將領們卻幾乎從不對此進行研究。李德哈特曾在格里菲斯翻譯的《孫子兵法》（1963 英文譯本）序言中這樣寫道：「在第一次世界大戰之前的時代中，歐洲軍事思想深受克勞塞維茲巨著《戰爭論》的影響。假使此種影響能夠受到孫子思想的調和與平衡，則人類文明在本世紀兩次世界大戰中所受到的重大災難也就一定可以免除不少……任何西方政治家和軍人都不曾注意他的警告：『**兵久而國利者，未之有也**』。」雖然在 2500 多年前孫子的時代，還沒有明確的軍事與政治、戰爭與和平的劃分，但是他對於戰爭的認識即便置於現代依然適用。

1945 年 8 月 6 日和 9 日，美國分別對廣島和長崎投放了原子彈，兩座城市被瞬間摧毀。人們驚訝於這種武器的巨大威力，就連美國人自己都感到震驚。也許是已經預感到戰爭的毀滅性將脫離人類的控制，美國向聯合國提出限制核子武器擴散。然而這一提議卻因為美蘇兩國的互不信任無果而終。隨着 1949 年 8 月 29 日蘇聯第一顆原子彈的爆炸，美蘇兩國迅速的卷入了瘋狂的核軍備競賽。

　　這就是戰後新的國際秩序：以聯合國爲代表的國際仲裁機制和以美國、蘇聯爲首的兩大陣營的軍事對峙。前者限制戰爭，後者意味着雙方之間本質上的敵對，兩者交織就形成了「冷戰」。

　　在開始時，大力發展核子武器的主要原因其實是因為它們遠比維持常規軍隊更加便宜。然而這一狀態沒過多久就朝着相反的方向一路狂奔。氫彈和洲際彈道飛彈的出現，讓美蘇兩國乃至整個世界驟然降於核大戰的陰雲之下——相互毀滅保證（Mutually Assured Destruction，簡稱 M.A.D. 或共同毀滅原則）。 M.A.D. 要求國家「在遭遇敵人核打擊的情況之下依然擁有核反擊能力」。制定 M.A.D. 策略的專家們認為：如果美蘇兩國都能保證自己在被對方毀滅之後依然擁有毀滅對方的能力的話，雙方就不會爆發核戰爭。然而令人惶恐的是，雙方都不知道究竟需要多少核子武器才能保證自己擁有「二次打擊能力」。於是為了避免爆發核戰爭，雙方都在無休止的擴大自身核武庫的規模，陸海空「三位一體」的核打擊力量也維持着每一分鐘的警備狀態。在這種毀滅對峙的高峰期，美蘇兩國的領導人——擁有「核按鈕」的兩個人——不得不處在一種巨大的精神焦慮之中。因為他們可能在任何時間任何地點被緊急電話通知：他需要在 20 分鐘之內決定，是任由自己這半個世界被毀滅，還是毀滅整個世界。 1962 年的古巴飛彈危機，着實讓美蘇兩國領導層深切的體驗了一把這種讓人崩潰的巨大心理壓力。

　　為了避免今後再「到鬼門關門口遛彎兒」，美蘇兩國嘗試以外交途徑限制核軍備競賽的升級。 1963 年，蘇、英、美簽署《部分禁止核子試驗條約》以限制大氣層內的核子試驗。 1969 年美蘇兩國首次展開

了限制戰略武器談判（Strategic Arms Limitation Talks，SALT），之後又進行了多輪談判，雖然極大的緩解了雙方的緊張關系，但并沒有實質性的阻止核子武器規模的擴張。 1966 年，美國的核彈頭數量達到峰值的 32000 ，威力總計大約相當於 1360000 顆廣島原子彈。此時蘇聯僅擁有大約 5000 枚，但增長速度驚人，到 1978 年後就反超美國，并保持着持續增長。

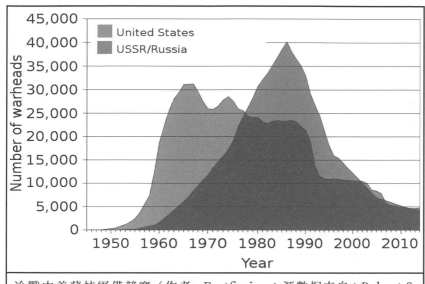

冷戰中美蘇核軍備競賽（作者: Fastfission；源數据來自：Robert S. Norris 和 Hans M. Kristensen，「全球核庫存，1945-2006 年」，《原子科學家公報》62，第 1 期。（2006 年 7 月 / 8 月），64-66）

雙方的博弈并不是僅在核彈的數量上，在技术上也是你追我趕。最初，一顆原子彈就擁有毀滅一座城市的威力，但是許多人仍然可以在這樣的災難中幸存——可惜這些幸存者還要面對核污染的長久折磨。不過隨着核子武器威力的越來越大，在核爆中幸存幾乎變得毫無可能。所幸，核彈必須通過特殊改造的重型轟炸機投放，只要掌握了己方領土的制空權，就不會遭遇廣島長崎的悲劇。然而洲際彈道飛彈的出現，讓本可以寄希望於通過防空力量避免核打擊的安全感驟然消失。洲際彈道飛彈可以從容的在己方腹地對敵國進行毀滅性打擊，不但無法攔截，而且預警時間極短。如果不想讓對方的核飛彈打擊自己，就需要

先發制人的摧毀深處敵方腹地的核飛彈發射井，而擁有此種能力的也只有核飛彈而已。而當時的飛彈精准度還很低，只能通過更大的殺傷面積來保證打擊效果——「准星不夠當量湊」，這進一步推高了核子彈頭的威力。

之後，隨着飛彈技术的進步，飛彈越打越准，彈頭的當量逐漸減小，但是核飛彈的數量卻在不斷增加。為了保證可以在先發制人的核打擊中完全摧毀對方的核飛彈，那麼就至少要保證自己核飛彈的數量不少於對方，反之要保證自身的核飛彈不會在第一輪核打擊中被完全摧毀，同樣需要更多的核飛彈……彈道飛彈本身也在不斷進化：發射准備時間越來越短，飛得也越來越快；還裝上了火車、卡車保證它們可以四處亂跑；一枚飛彈可以攜帶多個分飛彈頭以打擊多個目標；最終發展到了一艘核子潛艦就足以在「核報復」中毀滅對方的程度！原有的「相互毀滅保證」游戲可謂是已經玩到了極致，沿着原有的發展路徑繼續前進意義已經不大。

然而只有經濟和科技實力更強的一方才有能力改變游戲規則——美國開始了「彈道飛彈防御計劃」，俗稱「星球大戰」。1983 年 3 月，美國總統雷根在演講中宣布展開代號為「星球大戰」的彈道飛彈防御計劃。同年年底，科學家根據對火星大氣的研究，預言 100 枚核子武器就足以導致「核冬天」的出現——地球目前的生態系統會遭到徹底的毀滅，沒有人可以幸存。既然核打擊可能導致世界毀滅，那就用常規飛彈在敵方核飛彈飛行的過程中將其摧毀不就好了？不過這項技术的研發難度極大，能否真正實現誰也沒底。（很多人認為「星球大戰」只是用軍備競賽實現拖垮蘇聯的一個謊言。然而事實證明「星球大戰」并不僅僅是一個「謀略」。雖然絕大多數的專案因為種種原因被終止，但仍有諸如愛國者飛彈、宙斯盾系統、薩德系統等被投入實際部署。）

如果美國的這項黑科技真的能夠實現的話，缺乏這種彈道飛彈防御能力的蘇聯無疑會在核戰略上處於絕對的下風。可惜此時蘇聯的經濟實力已經無力跟進，只能繼續擴充自己的核武庫，意圖用超過「彈道飛彈防御系統」極限攔截能力的「超飽和攻擊」挽回「戰略平衡」。

1988 年時，美國的核頭數量下降到大約 22000 枚，蘇聯則大約有 45000 枚核彈頭可以隨時投入戰鬥。雙方都意識到自己的核武庫早已大大超過了毀滅世界的極限，而「核競賽」相應的經濟負擔也越來越沉重。

**「兵久而國利者，未之有也」**，「熱戰」如此，「冷戰」也是如此。1991 年 7 月 31 日，美國總統老布希與蘇聯總統戈巴契夫於莫斯科簽署具有歷史意義的《削減戰略武器條約》，計劃將雙方的核彈頭數量削減到 6000 枚以下（蘇聯解體後，1992 年條約被俄羅斯、烏克蘭等國重新簽署）。2010 年俄羅斯和美國簽署了最新版的《新削減戰略武器條約》，承諾將自身的核力量限制在 1550 枚核彈頭與相應的 700 套運載系統。雖然這個數量仍然足以毀滅世界數次，但仍是一個巨大的歷史進步。回顧冷戰那段歷史，站在旁觀者的角度，我們總是習慣稱其為「美蘇爭霸」，但是對於美蘇兩國的領導層而言，他們可能僅僅是在「相互毀滅保證」下艱難求生而已。

〈孫子兵法·火攻〉篇有言：「**夫戰勝攻取，而不修其功者，凶**」；〈謀攻〉篇有「**故善用兵者，屈人之兵而非戰也，拔人之城而非攻也，毀人之國而非久也**」。克勞塞維茲明確表示「**戰爭是政治的延續**」——戰爭是實現那些無法通過和平途徑獲取的政治經濟利益的手段，而不是單純為了擊敗對手乃至消滅對手。戰爭的首要目的是盡量

廣島核爆後的廢墟

減小自身的損失或提高自身的收益，而不是破壞和毀滅對手。

由此看來，核戰爭以及核軍備競賽從其戰略原則取捨的起始點上就是錯誤的。當然，這個錯誤與當時資本主義與共產主義之間不共戴天的互相敵視有關，然而現今依然有很多人仍舊抱持着這種「誓要毀滅對手」的心態——他們也同樣堅信「敵對勢力亡我之心不死」。

**「主不可以怒而興師，將不可以慍而致戰」**（〈火攻〉），據說流亡到荷蘭的威廉二世在晚年讀到這句話時，老淚縱橫，深悔曾經的自己沒有明白這個道理。孫子早在 2500 年前就告誡我們，個人的憤怒乃至國家民族的仇恨都不是發動戰爭的理由。

發動戰爭的唯一理由就是「利」——**「合於利而動，不合於利而止」**。看到這個「利」字，大概又會有許多人准備責難孫子了。其中很多人估計會引用〈孟子·梁惠王上〉的句子：「王曰：『叟不遠千里而來，亦將有以利吾國乎？』孟子對曰：『王何必曰利？亦有仁義而已矣。』」然而梁惠王說的「利」是物質私欲之利，所以才會「上下交爭利而國危矣」。而孫子指的「利」是什麼？是「國利」——保民生、節公費、安國全軍，這些難道不符合儒家的「仁義」嗎？孫子的「利」用現代的話說，就是「社會利益」，即李德·哈特所說的「更美好的和平」。而基於仇恨的戰爭則只是「冤冤相報」，對社會利益有損無增，注定是無法換來「更美好的和平」的。

**「不戰而屈人之兵，善之善者也」**。**「故上兵伐謀，其次伐交，其次伐兵，其下攻城」**。現代的國際爭端越來越少的訴諸戰爭，而更多的依靠外交或經濟制裁等手段，如果能用和平手段實現「利」為什麼要去發動戰爭呢？如果可以通過有限戰爭實現「利」為什麼要擴大的全面戰爭呢？如果能用常規武器贏得戰爭，為什麼還要去使用大規模殺傷性武器呢？以美國為例，作為全世界最富裕的國家之一，美國會冒着毀滅世界的風險發動核戰爭嗎？顯然不會。就算美國使用戰朮核子武器——即便是在絕對必要的情況之下——也會受到國際社會和國內民眾在道義上的長久譴責。

核子武器不僅會在戰爭中屠殺大量平民，而且會造成長久的核污染，使得當地的民眾永遠無法享受真正的和平生活──「更美好的和平」。正因如此，雖然我在前文中表示美國在二戰中使用核子武器是必要的，但我同樣認為應當保持對這一行為的反思和批判。只有這樣才能時刻提醒我們「更美好的和平才是戰爭的目的」。而為政者與軍事將領則必須肩負起「**生民之司命，國家安危之主**」的責任。

「自古知兵非好戰」這是武侯祠〈攻心聯〉中的一句。真正瞭解戰爭的人，其實都并不喜歡戰爭。因為戰爭極為殘酷，對於那些深陷戰爭中的戰士是如此，對於身處戰爭之外的民眾往往更是如此。 所以「慎戰」一直是中國兵書重要主題。

〈吳子·圖國〉篇有：「天下戰國，五勝者禍，四勝者弊，三勝者霸，兩勝者王，一勝者帝。是以數勝得天下者稀，以亡者眾。」

〈尉繚子·兵談〉：「土廣而任則國富，民眾而治則國治。富治者，車不發軔（固定車輪的楔子），甲不出櫜（gāo，包盔甲的袋子），而威制天下。故曰：兵勝於朝廷。不暴甲而勝者（「暴」通「曝」，晾曬的意思，引申為「從倉庫中取出來使用」），主勝也；陳（陣）而勝者將勝也。兵起非可以忿也（**不能因為憤怒而發動戰爭**），見勝則興，不見勝則止。」

《道德經》中的「兵者不祥之器，非君子之器，不得已而用之，恬淡為上」則為《六韜》《三略》所引用。

然而即便在先秦時代「慎戰」就為兵家所共識，但是兩千多年來，中國這片土地上發生過的殘酷而具有災難性的戰亂依然罄竹難書。「慎戰」不能阻止戰爭，也不等同於「不戰」的絕對和平主義。為德軍贏得普奧戰爭與普法戰爭的著名軍事家老毛奇（赫爾穆特·卡爾·貝恩哈特·馮·毛奇）有這樣一句名言：「永久的和平──這只是幻想。戰爭卻是人類生活中必不可少的組成部分，在戰爭中可以表現出人的崇高……沒有戰爭，世界將陷入自私自利之中去。」

這樣歌頌殘酷的戰爭，大概會讓愛好和平的人士發自本能的心生厭惡吧？如果說「戰爭不可避免」還算情有可原，但若是說「殘酷的戰爭是崇高的」，那簡直就是好勇鬥狠的戰爭狂魔了！戰爭如此殘酷，親人朋友的生離死別，身體殘疾的折磨，還有揮之不去的心理陰影；兵不厭詐，欺騙、憎恨、暴虐這些戰爭中的表現都是惡行！戰爭何來「崇高」可言？

「戰爭的崇高」，并不是指戰爭本身崇高。戰爭中的「崇高」體現在那些為了信念與正義而不顧個人安危參加到軍隊當中的個人，以及他們所展現出的智慧、勇氣、團結、堅韌與責任感。戰爭雖然殘酷（在物質生活愈發丰富的現代生活中，這一點也愈發明顯），但是我們依然需要瞭解甚至堅持：**仍然有些事業與信念值得我們放棄優越的生活甚至生命而為之奮鬥，這個事業就是「創造更美好的和平」**。

戰爭是殘酷的，會帶來巨大的傷痛與悲哀。但是同時我們也需要認識到：**和平也可能是殘酷的，甚至比戰爭更加殘酷**。商紂王在傳說中是著名的暴君，而發動戰爭的周文王周武王則被稱為聖君。「伐無道」——反抗暴政、維護正義——就是儒家所最為推崇的「王者義兵」。王朝初年的開國君主多勵精圖治，但後世繼承者多坐享其成、安於享樂，以致積弊層出、民不聊生。「朱門酒肉臭，路有凍死骨」，面對官宦權貴的肆意盤剝，百姓唯有選擇群起反抗，從陳勝吳廣到辛亥革命莫不如是。所以這些自社會底層發動的反抗暴政的戰爭，也被稱為「起義」。西方的曆史同樣如此，從古羅馬的角鬥士斯巴達克斯不甘為奴，到 1789 年巴黎市民則將怒火對准了路易十六，從波士頓的傾茶，到二戰中有無數青年加入反對法西斯主義和軍國主義的戰爭……

**「正義」也是一種「利益」，如果放在曆史的長遠尺度來看，「正義」就是最大的「利益」，因為「正義」就是那個通往「更美好的和平」的路標。**

描繪法國大革命的著名油畫〈自由引導人民〉

# 06 〈形〉篇注

**孫子曰：**
**昔之善戰者，先為不可勝以待敵之可勝。**
歷史上那些善於指揮作戰的將領，是先讓自己處於不可戰勝的狀態，然後等待敵人可以被戰勝的時機。
**不可勝在己，可勝在敵。**
不可被戰勝，關鍵在於自己；可以戰勝，關鍵在於敵人。

平庸的將領總是想着如何擊敗敵人，而真正有見地的戰略家，則時刻讓自己立於不敗之地。但是，在現實中真的能夠做到「不可勝」嗎？又如何才能做到「不可勝」呢？

很多注家認為，**「先為不可勝」** 指的是「穩固的防守」；也有很多注家認為 **「先為不可勝」** 是指「在『五事七計』上增強自身軍事實力」。這兩種解釋都有合理之處──都能降低自身戰敗的概率。但是要說這兩點能夠保證己方「不可勝」，卻又未必。無論是嚴密的防守，還是強橫的軍力，都有可能被擊敗。

所謂「不可勝」就是讓己方在自身的軍事管理與作戰決策中不要出現失誤。古人雲「千里之堤潰於蟻穴」、「一着不慎滿盤皆輸」，都是講一個小小的過失就可能造成嚴重的損失。在戰爭中同樣如此，稍不小心就有可能功敗垂成。如果在戰爭中僅僅是絞盡腦汁的謀劃怎樣戰勝敵人，卻忽略了自身的某些缺陷的話，反倒很有可能被敵方擊敗──即便獲勝也很有可能遭受重大損失或讓國家陷入危機之中。所

以孫子在〈作戰〉篇講要「**盡知用兵之害**」。不過「知害」只是理論，想要真正用到實際還要「知己」。知道了管理的目標，知道了實際情況，還要能夠制定可行的具體措施，三者合一才叫完善的管理。

**「知己」+「盡知用兵之害」+「先為」=「不可勝」**

在這個基礎之上，想要勝敵，就要知道「敵方的哪些失誤漏洞是我方可以利用的」——並不是敵方的所有漏洞都可以利用——這就需要「知彼」。又因為敵方的失誤存在不確定性，所以還要「待」。總結一下就是：

**「不可勝」+「盡知用兵之利」+「待」+「知彼」=「敵之可勝」**

做企業其實也是一樣，先保證自己盈利，然後再去想如何擴張、如何與對手競爭。許多企業在進入市場初期，就希望快速的擴大自身的市場份額，甚至以犧牲自身利潤的方式以低價擴展市場。殊不知對於企業而言，通過一款符合市場預期的產品來實現盈利才是經營的本質。「低價競爭」（甚至價格戰）的最大問題就是「扭曲了市場需求」。如果一款產品不能在其能夠獲得利潤的價格上受到市場歡迎，那麼它通過低價「贏得」的市場份額必然無法持續。這個道理其實很簡單：如果不能實現盈利，那麼擴大了市場份額後不是同樣不賺錢嗎？而一個產品能夠創造利潤，就說明這個產品為經濟體創造了效益，以此為基礎的商業競爭才能使國家經濟良性增長。所以國家為避免陷入經濟危機，在對市場的管理中會盡量避免「無利潤」競爭的情況出現，比如《反壟斷法》《反傾銷法》等都是為此而制定的。「盈利」就是企業的「**先為不可勝**」，「維護經濟秩序」就是國家發展中的「**先為不可勝**」。「**先為不可勝**」是兵法運用的基礎；而「盈利」則是企業市場競爭的基礎；「市場秩序」則是國家經濟發展的基礎。

## 故善戰者，能為不可勝，不能使敵之必可勝。

因而善於作戰的將領，能做到不可戰勝，但不能使敵人必然可以被戰勝。

## 故曰：勝可知，而不可為。

*所以說：勝利可以預測，但不可強求。*

通過〈始計〉篇中「五事七計」的分析，可以對雙方誰的勝算更高作出初步的判斷。可惜這種勝利還僅僅是一個模糊的概率而已。等到了戰場上，將領可以控制的事就只有讓己方時刻保持自身的優勢，掩護自己的劣勢——敵人同樣也會這樣。故而想要實現真正的勝利，甚至是「全利之勝」，就不得不等待時機——一個可以發揮我方優勢攻擊敵方劣勢的時機。但這個時機不是來源於己方保持的優勢，而是來源於敵人的失誤。

所以雖然「**勝可知**」——知道敵人一定會出現失誤，甚至對於敵人會出現那類失誤都能猜個大概；但是敵人什麼時候出現失誤、在什麼地方出現失誤、有多大的失誤，都不是我方可以確定的——「**不可為**」。在敵方出現失誤之前，我方能做的就是自己不出現失誤——「**能為不可勝**」。

名將用兵往往都是十分謹慎的，雙方都在保證自己不犯錯的的情況之下，等待對方犯錯誤。兩軍長期的對峙實則就是孫子說的「**先為不可勝，以待敵之可勝**」。正是因為「**能為不可勝，不能使敵之必可勝**」，所以只能等待。

對峙、等待也是一種博弈，既是將領之間心理素質的博弈，也是對軍隊組織管理能力的博弈，還是國家後勤供應體系與國力的博弈，甚至是國家政治清明與權力結構之間的博弈。

高手過招，往往是對峙多於硬拼。之前提到過秦滅六國，其中最主要也最棘手的兩場戰役就是滅趙和滅楚。這兩戰秦國的將領都是王翦，并且都是以長時間的對峙開始，最後也都是因為趙、楚的內部自己出了問題：因為奸臣居高位而君主昏庸，所以秦國才能用離間計殺掉李牧；因為楚國的國君急於取勝（也可能是因為楚國的國力不支），導致項燕不得不強攻秦軍營壘，在「鈍兵挫銳」之後，被王翦擊敗。

**不可勝者，守也 ； 可勝者，攻也。**

面對不可戰勝的敵人，就防守；面對可以取勝的敵人，就進攻。

**守則不足，攻則有餘。**

防守是因為力量不足，進攻是因為力量有餘。

　　人們常說「進攻是最好的防守」。不過，孫子其實既不強調進攻也不強調防守，進攻與防守只不過是在不同的戰局演變中，為了取得勝利的兩種不同行動方式而已。「攻」「守」是不斷根據戰場的需要而相互轉化的，〈虛實〉篇所謂**「因敵變化而取勝」**。孫子對於攻防兩種手段并沒有偏好。進攻或防守只是根據敵方是否「可勝」來進行選擇的。

**善守者，藏於九地之下，善攻者，動於九天之上，故能自保而全勝也。**

優秀的防守就如同深藏於地底；優秀的進攻就如同在天上行動。因而，能有效保全自己，從而獲取獲取全面的勝利。

　　「善守」的要點在於「藏」，「善攻」的要點在於「動」；「藏」能「自保」，「動」能「全勝」；「藏」意味着隱秘，「動」意味着迅捷；「九地之下」是形容隱藏得深，「九天之上」是形容行動快。〈軍爭〉篇有：**「難知如陰，動如雷震」**，與這兩句所表達的意思相同。

　　不過究竟如何「藏」，如何「動」孫子在這裡沒有講，後面的篇章會有所涉及。現代軍事中的「藏」與「動」則是通過高科技軍事裝備實現的。比如戰機或飛彈會採用「超低空突防」以躲避敵方的雷達偵搜；又如美國的 F-22「猛禽」戰鬥機，其最主要的特徵「匿蹤」（其設計最小雷達反射面積只有 0.005-0.01 平方米左右，實際數據未知）其實就是「藏」，而另一項重要指標「超音速巡航」就是「動」的體現。而「地下指揮所」、「彈道飛彈」更是對於「九地之下」、「九天之上」的完美演繹。

**見勝不過眾人之所知，非善之善者也 ；戰勝而天下曰善，非善之善者也。**

預見勝利沒有超過大多數人都已經知道的，不是最好的；通過戰場拼殺取得勝利而且天下人也都說好，也不是最好的。

**故舉秋毫不為多力，見日月不為明目，聞雷霆不為聰耳。**

就像舉起動物的毛不算力氣大，看見太陽月亮不算眼力好，聽見雷鳴不算耳朵好使一樣。

《孫子兵法》只有 6000 餘字，且涉及的內容廣泛而深刻，可謂字字如金，但是這裡的兩句話怎麼看都像是一句稀鬆平常的「廢話」。至少在很長一段時間我都是這樣認為的，直到在註解的過程中，我才理解了這句話的作用，以及上一句中兩個「非善之善者也」的真正含義。不過在此先不表，還是放到後文再做詳細的分析。

**古之所謂善戰者，勝於易勝者也。**

古代被稱為善戰的將領，是戰勝容易被戰勝的敵人。

**故善戰者之勝也，無智名，無勇功。**

所以這些善戰者的勝利，既沒有智謀的名聲，也沒有勇武的功勞。

「易勝者」的直接理解是「容易被戰勝的敵人」。獲勝者所贏得的是一場簡單的勝利，自然也就**「無智名，無勇功」**。可惜的是，因為既沒有「智名」又沒有「勇功」，所以這樣的「善戰者」的故事幾乎沒有流傳。

**「無智名，無勇功」**的另一種可能就是「看不懂」。〈鶡冠子世賢〉中記載了這樣一個故事：

魏文侯問名醫扁鵲：「你們兄弟三人中誰的醫術最好？」扁鵲回答說：「我大哥最好，二哥次之，我是最差的。」魏文侯很詫異，就

問他原因。扁鵲答道：「我大哥治病，在病症還未出現之前就將其治好了，所以大家還以為他不會治病；我二哥在疾病剛出現的時候就把病治好了，所以人們以為他只會治小病；而我治療的都是重症患者，治好了之後大家都說我是神醫。」

不是扁鵲的兩個哥哥不會治病，他們沒有名氣只是因為世人看不懂他們高明在何處而已。兵法其實也是一樣，勝負的結果雖然是所有人都看得到的，但實現勝利的過程卻只有少數人才看的明白。

細想下來，「不懂戰爭」是中國歷代史家的通病，後世更由於小說家的影響，在很多文人眼中兩軍沙場對壘不過是街頭混混打群架的放大版而已，贏得戰爭要麼是用奸詐詭計的小聰明，要麼就是靠力大無窮的猛將力挽狂瀾。這樣的「智名」「勇功」的確通過小說「千古傳誦」，但卻讓後世連古代戰爭本來的面目都不清楚了。文人筆下的「千古佳話」不但沒有成為後世之師，反倒讓中國在軍事思想上產生了嚴重的倒退。

**故其戰勝不忒。不忒者，其所措必勝，勝已敗者也。**
所以善戰者的勝利從不出現差錯。之所以沒有差錯，是因為他們只投入必勝的戰鬥，擊敗已經失敗的敵人。

**故善戰者，立於不敗之地，而不失敵之敗也。**
所以善於作戰的將領，總是自己先立於不敗之地，而不放過敵人的任何失誤。

**是故勝兵先勝而後求戰，敗兵先戰而後求勝。**
因此，獲得勝利的一方是先具備必勝條件然後再去與敵人交戰，失敗的一方是先同敵人交戰，然後再看能不能取勝。

「已敗者」可以說是「易勝者」的更進一步說法，「易勝者」似乎還有一些掙扎的的機會，但「已敗者」就毫無反抗的可能了。二者對於善戰者的區別在於勝利的代價尚有所差別。如果可以進一步削弱對手，讓「易勝者」變成「已敗者」，就能取得更加全面的勝利——

「全勝」。波灣戰爭中，以美國為首的多國部隊就是通過38天（1月17日-2月24日）的大規模空襲之後，先將伊拉克從「易勝者」變成「已敗者」，然後才開始地面進攻的。

到此為止，孫子對於勝者和敗者使用了數種不同的稱謂，值得梳理一下：

**「先勝而後求戰」**不可能真的是說「獲得勝利之後才去打仗」，而是知道「此戰必勝才去開戰」，那麼為什麼可以「先勝」呢？是因為**「勝可知」**呢？還是說我方**「先為不可勝」**？孫子給出的答案是**「立於不敗之地，而不失敵之敗也」**。**「立於不敗之地」**的說法和**「先為不可勝」**是相同的，而**「不失敵之敗」**的意思也與**「待敵之可勝」**相同。那麼**「所措必勝」**的含義應該就是**「立於不敗之地，而不失敵之敗也」**這兩條的結合。

在敵方尚「不可勝」的時候，我方當然不能進攻，不進攻就要好好防守，我方在防守時同樣要做到「不可勝」——此時雙方都保持在「不可勝」的狀態。而「不可勝」的要點在於「藏」，在於**「難知如陰」**——站在敵人的角度就是不讓敵人「知彼」。而與此同時，我方卻要盡量「知彼」，這樣才能發現對方的漏洞。一旦發現敵方出現「可乘之機」就要迅速轉入進攻——**「動如雷震」**，因為只有行動足夠迅速才能做到「不失」。

很多人都會有一種誤解，認為「進攻」與「防守」是完全對立的兩個概念，這種看法是不正確的。軍事行動雖然確實只有「進攻」和「防守」兩種形態，但是還存在「戰略」與「戰術」之分。在戰術上，軍隊不在「進攻」就是轉化為「防守」，即便是行軍、宿營、吃飯，即便是表面上敵軍遠在天邊，軍隊也要時刻保持警惕，防范對方偷襲——隨時准備防守。

一支在戰略上進攻的部隊，在會戰中（戰術上）很可能是處於防守的狀態。同樣，在戰略上處在防守的部隊，也可能會在采用戰術上

的進攻行動。孫子的時代，或是說他自己，是否已經對「戰略」「戰术」上的攻防做出了這種詳細的區分，我們并不知道。也可能在他們看來，這種詳細的區分并無必要，畢竟進攻與防守就像硬幣的兩面。不過無論在何時，防守的目的都是為了不被擊敗，而進攻的目的在於謀求勝利。

進攻也不一定只能在自己兵力具有優勢的情況下才能發動。有時恰恰是兵力不足以防守，所以選擇進攻。如〈九地〉篇有：「『敵眾整而將來，待之若何？』曰：『先奪其所愛，則聽矣。』」進攻與否并不是取決於實力強弱，而是取決於敵方的疏漏是否足以讓我方取勝——漏洞「不足」的時候就維持防守，漏洞「有余」的情況下就發動進攻。

在孫子看來，防守的主要目的是為了「不可勝」，其主要方式是「藏」，而不是獲得防守的戰术優勢後與敵人硬拼。所謂「善守者，敵不知其所攻」，之所以敵人會「不知其所攻」是因為找不到我方弱點——無論是人還是軍隊都無法做到「完全沒有弱點」，既然如此只能將自己的弱點「藏」起來，使得敵人「不知彼」。

同樣，進攻取勝的原因也不在於軍力的強大，而在於敵方自身出了問題。軍事實力的強弱不僅僅是依據兵力的多少來進行衡量的，諸如士兵的訓練水准、將領的管理能力、後勤供應等等都是影響軍事實力的重要因素。即便是在敵我雙方兵力不變的情況下，雙方的力量對比也有可能出現此消彼長的情況——這就是《孫子兵法》的核心思想之一「虛實」。如何通過「藏」與「動」使敵人變「虛」，讓自己變「實」，從而實現「以實擊虛」，這些都是後文〈虛實〉篇介紹的內容，在此先不詳述。不過讀者在此要明確的是，「可勝」與否雖然在正常情況下與雙方軍事實力的大小直接相關，但是通過兵法的運用也可以使其失去關聯。

「先戰而後求勝」就是跟敵人拼蠻力，在戰鬥結束之前，勝負始終是未知之數。這種作戰方式可以說就是在賭博——賭敵人不會運用兵法，賭敵人不會發現己方存在的問題，甚至賭自己的部隊沒有任何

疏漏。不可否認,歷史上賭贏的人并不在少數,但孫子顯然并不贊同這樣的做法。他認為「善戰者」應該做到「先勝」:在保證我方始終處在「不可勝」狀態的基礎上,等待着敵人的「不可勝」在對峙過程裡出現「可勝」的時機,然後繼續運用兵法讓敵人從「易勝者」變成「已敗者」,這樣就可以做到**先勝而後求戰**。這正是兵法運用的奧義所在,也只有能夠做到如此的將領才有資格真正被稱為「善戰者」。

對於合格的企業而言,是將市場需求分析徹底之後才開發產品——「**先勝而後求戰**」;而失敗的企業是生產出產品才開始找市場——「**先戰而後求勝**」。一件產品之所以能為企業帶來利潤,并不是因為其先進程度、物美價廉或良好的用戶體驗,其根本在於這個產品能夠滿足消費者的需求。這個需求不是現成的,而是需要企業家去發現的。當企業家發現了這些「未被滿足的市場需求」後,再通過技術或商業手段將其變為現實。優秀的企業在研發的過程中會不斷的邀請用戶去考核他們未成形的產品,直到產品通過測試之後才將其推向市場。相對於推出產品後直接投入市場的產品而言,這些在研發過程中就接受過客戶檢驗的產品自然有更大的概率讓市場消費者滿意。

讓消費者滿意確實可以贏得利潤,但僅僅如此的話還不足以讓企業出類拔萃。經濟學中有一條基本的定律:市場競爭會壓縮企業的利潤。矽谷的創投教父級人物彼得·蒂爾在他的《從 0 到 1》中曾提出這樣的觀點:企業要獲得更高的利潤就要避免競爭,實現「壟斷」。「壟斷」其實就是在商業競爭企業追求「**立於不敗之地**」的方式。

彼得·蒂爾所說的「壟斷」只是「相對壟斷」,而非通過權力或惡性競爭實現的傳統意義上「絕對壟斷」。傳統的壟斷通常必須借助一定的權力才能維持,比如用法令或高關稅阻止他國企業進入本國或本國殖民地市場。「傾銷」則往往是毀滅競爭對手的有力武器:先用不合理的低價將競爭對手擠出市場,然後壟斷企業就可以肆意操縱價格,謀取高額利潤。一旦形成了壟斷,生產效率就變得不再重要了,換而言之雖然壟斷企業自身可以獲得高額利潤,但社會總體財富和經濟效益卻沒有明顯增長,甚至還會下降。

但是，由於當代市場競爭規則的建立以及科技發展，企業實現長期的壟斷已經變得愈發不可能。如果想不斷地獲得「壟斷利潤」，企業就要持續不斷的提高自己的效率或為用戶提供更有價值的產品。比如微軟，表面上在個人電腦操作系統中，微軟一直維持着壓倒性的市場占有率，但是讓它能夠維持這一市場「壟斷」的卻是保持不斷的產品迭代與創新。因為一旦止步不前，公司的「壟斷」地位極有可能被能為用戶提供更高價值的競爭者所取代，只有能夠持續為用戶提供不可替代的價值，「壟斷」才能保持。所以微軟只能不斷的進行創新，不但要投入巨大的研發經費，更要頻繁面臨新的風險。同時，新技術、新趨勢還會對企業的原有市場造成不可預測的沖擊。微軟在智能手機操作系統上的失敗就是典型案例。所以說與「權力型壟斷」不同的是，「創新型壟斷」是市場競爭的產物而非阻止市場競爭的結果。

而「創新」同樣要注意「藏」與「動」。所謂「藏」就是對於自身的產品規劃和新技術對外保密，所謂「動」就是發現了市場空白後迅速的研發產品使其可以盡早投入市場。「藏」與「動」就是為了在跟風的競爭者推出類似產品之前盡量長時間的維持自己的「壟斷期」。

除此之外，企業還可以通過「避實擊虛」獲得壟斷，這一點在之後〈虛實〉篇再做討論。

本篇內容從開頭至此，可以說都是在進行邏輯推導，以論證「想取得勝利就要先做到不被敵人擊敗」這個道理。「老一輩軍事家」雖然沒有使用任何巧妙的戰術，但是僅憑其優秀的治軍能力讓己方**「立於不敗之地」**，就足以戰勝那些還不懂得如何治軍的敵方將領——「已敗者」。後世的戰爭雖然越來越倚重兵法的運用，但是切不可忘記「治軍」就是最基礎的兵法，而**「立於不敗之地」**才是運用謀略的原點。

## 善用兵者，修道而保法，故能為勝敗正。

善於用兵的將領，（和平時）總是注意政治清明、確保法度公正，所以（戰爭中）能夠左右戰爭勝負。

本篇的主要內容是論證「**立於不敗之地**」的重要性，并由此進而決定進攻或防守。然而不可忽略的是，「**立於不敗之地**」也是有前提條件的，那就是己方在軍事實力上不能與敵方相差太遠。若是雙方實力過於懸殊，那麼無論治軍如何嚴整，兵法運用得如何巧妙，都不可能反敗為勝。所以孫子在論證完如何運用兵法「**為勝敗正**」後，還要提醒將領與主政者：一切兵法運用的前提還是〈始計〉篇中的「道天地將法」，所以要「**修道而保法**」。

## 兵法 ：「一曰度，二曰量，三曰數，四曰稱，五曰勝。地生度，度生量，量生數，數生稱，稱生勝。」

《兵法》：一是土地幅員，二是糧食物資，三是部隊數量，四是雙方力量對比，五是勝負優劣。度量土地幅員的廣狹，土地幅員決定糧食物資的多少，糧食的多少決定兵員的數量，兵員數量決定部隊的戰鬥力，部隊的戰鬥力決定勝負優劣。

　　此處的《兵法》應該是引用的某部更古老的兵書。〈始計〉篇的「五事七計」中，并沒有明確的包含「士卒數量」這一項。這一段很可能是一個補充。按封建時代的規則，小領主率領的軍隊規模直接與受封的土地面積或糧食產量正相關。如果說一個國家的土地面積不發生大的變化的話，一個國家可以動員的兵員數量也是相對穩定的。故而與「五事七計」中的那些條目不同，兵員數量這一條很難通過有效的治理產生明顯變化。這可能就是孫子在「五事七計」中并未包含軍隊規模的原因之一。

## 故勝兵若以鎰稱銖，敗兵若以銖稱鎰。

所以勝利的一方如同以鎰稱量銖（1：576），失敗的一方如同以銖稱量鎰（576：1）。

「鎰」和「銖」都是古代的金屬重量單位，常用於計算金錢的重量，1 鎰 =576 銖。這句話的意思很好理解，就是說在巨大的實力差距面前，勝負是沒有任何懸念的，正如前文所說「舉秋毫不為多力」。

　　不過仔細推敲一下，這句話又頗為值得玩味。「576：1」的差距在現實戰爭中是沒有可能達到的，即便是 10 倍的優勢也是需要通過兵法來實現，用「以鎰稱銖」來體現必然的勝利，是否過於誇張了呢？前文說「勝兵先勝而後求戰，敗兵先戰而後求勝」，既然這兩句話都是在說「勝兵」「敗兵」，那麼這兩句話之間有聯系嗎？

　　古代稱重使用何物？桿秤。那麼「以鎰稱銖」就應該是用「鎰」做秤砣來稱「銖」。桿秤依靠的是「槓桿原理」：重量越大，力臂也就越短。所以用重量大的秤砣來稱重量小的物品時，只要將秤砣稍稍挪開平衡點就可以了。相反，如果用小秤砣去稱大重量，則需要很長的力臂，這樣就需要極大幅度的移動秤砣，這就是「以銖稱鎰」。

　　秤砣在古代稱作什麼？就是「權」。這個挪動秤砣的過程叫什麼？「制權」！而這個「因利而制權」的過程指的就是「運用兵法」：如果實力遠大於對方，就幾乎可以不用「兵法」——只需小幅挪動秤砣就可以達到桿秤平衡；相反，實力遠遜於對方，即便是將秤砣移動到秤杆的末端，怕是也無法平衡雙方實力的差距。

　　所以，與其說這句話是在說明需要通過巨大的實力優勢來謀取勝利，不如說是在重復之前「修道而保法，故能為勝敗正」的觀點：**在實力差距過大的情況下，再高超的兵法家也無法逆轉戰局。**

## 勝者之戰民也，若決積水於千仞之谿者，形也。

高明的將領指揮作戰，就像決開千仞深谷中的水壩一樣，這就是「形」。

　　「決積水於千仞之谿者」的氣勢很容易想像，這絕不是人力可以對抗的。

如何實現這一點？就是通過「形」。本篇雖以〈形〉為題，然而本篇卻在最後才提到「形」。那之前討論「攻」「守」的部分也是在說「形」嗎？「形」這個概念又該如何解釋？這句話究竟表達的是什麼意思？這些問題在此還難以說明，待瞭解了〈勢〉與〈虛實〉篇之後，再做詳細討論。


　　孫子曰：

　　昔之善戰者，先為不可勝，以待敵之必可勝。不可勝在己，可勝在敵。故善戰者，能為不可勝，不能使敵之可勝。故曰：勝可知，而不可為。

　　不可勝者，守也；可勝者，攻也。守則不足，攻則有餘。善守者，藏於九地之下，善攻者，動於九天之上，故能自保而全勝也。見勝不過眾人之所知，非善之善者也；戰勝而天下曰善，非善之善者也。故舉秋毫不為多力，見日月不為明目，聞雷霆不為聰耳。

　　古之所謂善戰者，勝於易勝者也。故善戰者之勝也，無智名，無勇功。故其戰勝不忒。不忒者，其所措必勝，勝已敗者也。故善戰者，立於不敗之地，而不失敵之敗也。是故勝兵先勝而後求戰，敗兵先戰而後求勝。

　　善用兵者，修道而保法，故能為勝敗正。兵法：「一曰度，二曰量，三曰數，四曰稱，五曰勝。地生度，度生量，量生數，數生稱，稱生勝。」故勝兵若以鎰稱銖，敗兵若以銖稱鎰。

　　勝者之戰民也，若決、積水於千仞之谿者，形也。

# 07 〈勢〉篇注

**孫子曰：**
**凡治眾如治寡，分數是也；**
治理人數眾多的大部隊就像管理幾個人一樣，是依靠合理的組織
編制；
**鬥眾如鬥寡，形名是也；**
指揮大軍團作戰就像指揮小部隊一樣高效，是依靠旗幟、金鼓的
指揮系統；
**三軍之眾，可使必受敵而無敗者，奇正是也；**
全軍將士與敵交戰而不會失敗，是依靠運用「奇正」的變化：
**兵之所加，如以碬投卵者，虛實是也。**
進攻敵軍，如同用石頭砸雞蛋一樣容易，是因為以實擊虛。

這一章涉及到的概念比較多，所以也稍顯雜亂。一開篇，孫子便
列出了四個概念：「分數」、「形名」、「奇正」、「虛實」。

「奇正」是本章的主要內容，「虛實」是下一章的內容。「分數」
與「形名」都是屬於「軍法」的基礎知識。「分數」是軍隊的組織管
理形式，而「形名」則是指揮作戰體系。由此可以看出，對於軍隊而
言，組織管理與作戰指揮是兩套不同的系統，而且兩套系統同樣重要。
很多人只關心戰場上的交鋒對決，卻忽略了占戰爭絕大多數時間的戰
場以外的軍事問題。

「治眾如治寡，分數是也」就是指戰場外的軍隊管理。比如行軍

調度的先後如何、如何安排各部隊駐扎、每個帳篷住多少人、帳篷相距多遠、軍馬如何安置、軍糧如何發放、軍隊如何從各處營帳集結到戰場上，等等。

以上是軍營裡的管理方法，到了戰場上情況又不一樣了。幾萬人擠在一起，怎麼分清楚誰是誰，某支部隊在什麼地方？在嘈雜的戰場上怎麼知曉將領的命令？這些就要靠旗幟和金鼓。每支部隊給一只旗幟，舉得高高的，遠遠望過去就可以知道那支部隊在什麼位置。區域內旗幟數量的多少就能大致判斷那裡部隊數量的多少。戰場上喊殺震天，就需要通過金（一塊大金屬板）、鼓、號角發出巨大的聲音傳達指令，比如擊鼓就是命令部隊前進，敲金屬板就是讓部隊撤退。這就是「鬥眾如鬥寡，形名是也」。

「形名」其實不僅僅是一種指揮部隊的手段，它更是在思維上將實際在戰場上拼殺的部隊抽象化了。這種抽象直接反映在將領的培養過程中：在地圖上用不同顏色的旗幟分別代表敵我，從而進行形勢分析，并通過移動旗幟來模擬指揮部隊。久而久之，這種模擬演變成了各種各樣的戰棋類游戲。現代軍事中，也經常使用電腦模擬的「兵棋推演」來直接演練指揮官的實戰能力。


**凡戰者，以正合，以奇勝。**
但凡作戰，都是以「正」去應對，以「奇」實現勝利。
**故善出奇者，無窮如天地，不竭如江河。**
**終而復始，日月是也。死而更生，四時是也。**
**聲不過五，五聲之變，不可勝聽也；**
**色不過五，五色之變，不可勝觀也；**
**味不過五，五味之變，不可勝嘗也；**
**戰勢不過奇正，奇正之變，不可勝窮也。**
善於出「奇」，就像天地運行一樣無窮無盡，像江海一樣永不枯竭。

終而復始，是日月運行的規律；冬去春來，是四季變化的規律。
聲音只有五種，然而五音通過組合變化，樂曲永遠聽不完；
顏色只有五種，然而五色通過組合變化，圖畫永遠看不完；
味道只有五種，然而五味通過組合變化，美味永遠嘗不完。
戰爭不過「奇」「正」兩種形式，而「奇」「正」的變化，永遠
無窮無盡。

## 奇正相生，如循環之無端，孰能窮之哉？

「奇」「正」相互轉化，就好比圓圈的循環無始無終，誰能窮盡
這種變化呢？

　　按照〈形〉篇中所介紹的兵法運用邏輯，「**以正合**」應該就是指
雙方都處於「不可勝」狀態的階段，在這個階段首先要通過兵法常規
進行穩健的應對即可。相應的「**以奇勝**」應該是說我方以敵人意想不
到的「奇兵」行動來奪取勝利。為什麼一定要用「不同尋常」的方法
取得勝利？因為「不同尋常」就會讓敵人難以預料——不知；難以
預料就會缺乏應對措施——不虞；缺乏應對措施就會產生慌亂；而慌
亂就會出現「漏洞」；有了「漏洞」就可以贏得簡單的勝利。

　　所以，「奇兵」不僅僅是將領手中伺機而動的預備隊，也不僅僅
是從側後對敵人進行包圍，更重要的是「奇兵」一定要給敵人一個「驚
喜」——讓對手意想不到的事才會令其手忙腳亂甚至驚慌失措。那麼
如何讓人意想不到呢？就是要打破常規，就是「不尋常」——就是「詭
道」。

　　而所謂「**奇正相生，如循環之無端**」就是說：可以用創新去打破
常規，而當創新逐漸成為常規事物的時候，又需要進一步的創新去打
破之前的創新，在這種不斷地變化中有時候會回到原點，亦或是不斷
的革新下去。不僅是具體的陣法、戰朮的運用、戰略的部署、乃至國
防的建設、武器的設計都可以納入到「奇正」的范疇之中。

　　這裡需要注意的是，「正常戰法」也是「可以實現勝利的戰
法」——而且還是通常都能夠取得勝利的戰法，至少也是「輸得最不

慘」的戰法——只有這樣的戰法才會被寫進教科書作為「正常戰法」。既然如此，為什麼孫子還要說「**以奇勝**」呢？因為敵人知道你這種戰法可以擊敗他，他難道會毫無作為的任你擊敗嗎？肯定不會，所以他的戰法也會相應調整，直到不再會被這種戰法輕易擊敗。如此一來，便出現了另一種「正常戰法」，而這兩種「正常戰法」的勝率接近相等。在這種情況下，想要獲得「易勝」就沒那麼簡單了，於是就要「出奇」，打破原有的「正合」平衡。但是，這種「出奇」還要正確才行，大多數「不尋常」的戰法反而會導致失敗。那麼如何正確的「出奇」就是兵法所需要闡述的另一個重要內容了。對於這一問題，《孫子兵法》并沒有給出單獨的論述，而是在後面的篇章中零散給出了諸多原則上的注意事項，以及不同行動相應的利害得失。至於如何通過這些原則「出奇」，就需要後世將領自己運用智慧得出結論了。更何況寫下來的戰法都會變成「正常戰法」，如何「出奇」怎能寫得出來呢——**「奇正相生，如循環之無端，孰能窮之哉！」**

**激水之疾，至於漂石者，勢也 ；**
湍急的流水之所以能移動石頭，是因為「勢」的緣故；
**鷙鳥之擊，至於毀折者，節也。**
猛禽高速俯沖攻擊，可以將獵物的骨頭折斷，是因為發力迅猛。
**故善戰者，其勢險，其節短。**
所以善於作戰的將領，他所擁有的「勢」是險峻的，「節」是短促的。
**勢如擴弩，節如發機。**
「勢」就像張滿的弩，「節」就像弩的扳機。

　　**「激水之疾，至於漂石者」**，是用洪水為喻凸顯「勢」不可擋的力量——就連石頭也無法抵抗這種力量。

　　將「勢」與「節」融為一體的就是弩。如果想要將弓保持在滿弦狀態的話，必須要通過人力維持。弩則不同，弩在拉滿弦之後可以通

84

過機關維持在待發狀態。然後等待合適的時機扣下扳機——「節」，將積蓄這能量的弩箭發射出去。「勢險」是說「勢」兩邊的「落差大」，所以其釋放的能量也就大；「節短」是指釋放的時間短，兩者合在一起就是要求一種具有破壞性的、不可阻擋的爆發力。弩是「蓄勢待發」，「節」是「伺機而動」。

上弩圖　　　　　　　　　　　　發弩圖

〈古今图书集成‧经济汇编‧戎政典‧第二百八十四卷〉

## 紛紛紜紜，鬥亂而不可亂；

戰場上雙方的旗幟紛亂飛舞，戰鬥雖然混亂，但是將領的內心卻不能亂；

## 渾渾沌沌，形圓而不可敗。

看似渾沌不清，但是陣型卻是圓滿沒有破綻的，所以就不會被打敗。

　　「紛紛紜紜，鬥亂而不可亂」講的是戰場上兩軍廝殺的狀況，也是在講「形名」。「紛紛紜紜」就是旌旗交雜飛舞的樣子。之前說過，

古代打仗每支部隊都會有一面相應的旗幟，交戰之前這些旗幟都整齊的樹立飄揚着，等到陷入混戰雙方的旗幟就變得交雜不清了。現代人可以從影視作品中瞭解一些戰場上的實際狀態——尤其是現代很多電影對於古代戰爭的描繪已經十分考究：敵我交雜，人馬混同，塵土飛揚，喊殺震天，以及螢幕所無法提供的是鮮血的味道和死亡的惡臭，這就是「鬥亂」。

「形圓」是指「陣型圓滿沒有缺口」，所以即便看上去有些混亂，但是敵人也找不到突破口將我方擊敗。


## 亂生於治，弱生於強，怯生於勇。

（如果將領管理不善或決策失誤），原本秩序井然的軍隊就會變得混亂，原本強盛的戰鬥力就會變得羸弱，原本勇敢的士兵就會變得怯懦。

## 故善動敵者，形之，敵必從之；予之，敵必取之。

善於調動敵軍的將領，敵人就會不得不服從他的安排；給予誘餌，敵軍必然上鉤。

## 以利動之，以卒待之。

用利益引誘對方，讓士兵等待敵人落入圈套。

## 治亂，數也；強弱，形也；勇怯，勢也。

軍隊治理有序或者混亂，是組織能力決定的；軍力強大或者弱小，是「形」決定的；士兵勇敢或者膽怯，是「勢」決定的。


本以為能撈到好處卻突然遭到伏擊的軍隊會出現什麼狀況？本來整齊的陣型開始變得混亂；本來氣勢洶洶轉而魂飛魄散；本來是強悍的獵人瞬間變成了弱小的獵物。「形之，敵必從之；予之，敵必取之」這兩句話就是通過實例給出一種強弱轉變的方法（但并不是說強弱轉變只能通過這一種方法）。

這裡又提到了「形」。不過這個「形」應該是個動詞。然而上一章中，我們并沒有具體說明「形」的概念。這裡說「形之，敵必從之」，

又有「**強弱，形也**」，這兩個「形」感覺意思好像不太一樣。那麼「形」到底是什麼意思呢？

到此，除了下一篇的主題「虛實」，開頭的四個概念都已經或略或詳的討論過了。但「形」「勢」這兩個概念，似乎依然不甚明確。

## 故善戰者，求之於勢，不責於人，故能釋人而任勢。

*所以，善於作戰的將領依靠「勢」來求取勝利，而不是苛求人性。因而能夠排除人的不確定性而依靠「勢」取得勝利。*

## 任勢者，其戰民也，如轉木石。

## 木石之性，安則靜，危則動，方則止，圓則行。

*依靠「勢」，就是讓部隊在作戰時，像轉動木頭和石頭一樣。*
*木頭石頭的性質是：處於安穩平坦的地方就靜止，處於危險陡峭的地方就滾動；做成方形就容易停止，做成圓形就容易推動。*

## 故善戰者之勢，如轉圓石於千仞之山者，勢也。

*所以，善於作戰的將領所構築的「勢」，就像讓圓石從極高的山上滾下來一樣。這就是「勢」。*

上文說道「本來氣勢洶洶的軍隊在突然遭受伏擊後就變得魂飛魄散」。是什麼因素讓士兵們出現這種變化呢？「勢」！

善戰者「求勢不求人」，因為人的狀態會因為「勢」的不同而變化──「**勇怯，勢也**」。而「勢」則是可以被善戰者人為制造出來的。

什麼叫「任勢」？「**如轉圓石於千仞之山者**」。結合之前的比喻，「**激水之疾，至於漂石者，勢也**」，「**勢如擴弩，節如發機**」，「勢」的最大特點就是能量巨大、不可阻擋。

那什麼叫做「釋人而任勢」呢？「**如轉木石，木石之性，安則靜，危則動，方則止，圓則行**」。圓形的東西容易轉動，尤其是處在斜坡上，一旦釋放就會自行滾落；而想要移動方形的東西就比較困難。所以想要真正的「任勢」，不但要處在高山上，木頭石頭的形狀還要是

「圓」的。那麼既然「**其戰民也，如轉木石**」，那麼「任勢」時，人的「形狀」是不是也要「圓」呢？當然！上文不是就說「**形圓而不可敗**」嗎？

　　但是如果讓人的形狀是「圓」的，是否就與「**不責於人**」、「**釋人**」的說法相衝突了呢？不衝突。無論是「圓」還是「方」都是木石的自然性質，只不過是在不同環境之下，選擇其中一種更便於利用而已，靜尚方，動尚圓。木石的形狀不是他們自己決定的，同樣士兵的「形狀」也不是他們自己決定的。為了更好地理解「**釋人而任勢**」，需要提前介紹一些〈九地〉篇的內容。

# 〈九地〉

**投之無所往，死且不北。死焉不得 ？ 士人盡力。**
把士兵扔到無處可去的地方（與敵人交戰），就算死也不能逃跑。怎麼才能夠不死呢？就是盡力拼殺。
**兵士甚陷則不懼，無所往則固。深入則拘，不得已則鬥。**
士兵深陷困境之中，反而不再恐懼；如果無處可逃，就只能堅守陣地。深入敵方領土，士兵就會拘謹而容易約束，如果迫不得已就會拼命戰鬥。
**是故其兵不修而戒，不求而得，不約而親，不令而信。**
所以在這樣的狀態下，將領不需要強調管理，士兵自己就會小心戒備，不去主動要求也可以得到士兵的奮力效命，沒有誓言的約束也能相互團結，不需要三令五申也能夠建立威信。

　　「北」古時同「背」，是「逃跑」的一種委婉說法。「**死且不北**」的意思就是說「要麼戰死，要麼被俘，反正已經是無路可逃了。」對於士兵而言，當然是希望既不被俘也不要戰死，想要避免這兩種情況就只能奮力拼殺。

　　「**無所往**」并不一定是無路可逃，可能僅僅是因為深入敵軍境內，

士兵們人生地不熟，甚至與當地居民語言都不通，即便想開小差逃回家怕是也找不到回家的路，半道上還有可能被敵人抓獲，其中的風險重重，可能反而不如跟隨部隊前進安全，所以是「**無所往則固**」。

在敵人的地盤上，必然危機四伏，稍有不慎就會暴露己方部隊行蹤，導致自己被敵人包圍。那麼士兵自己就會加倍提防，不敢再肆意妄為，故而「**深入則拘**」。「拘」直譯就是「拘謹」的意思。比如說點火，火對於古代人而言就和現代的電力一樣重要，甚至更重要。火可以帶來光，可以取暖，可以煮飯，更重要的是可以驅散內心的恐懼。但是深入敵境的話，士兵就不敢隨意生火了，因為煙會在白天顯示自己的行蹤，火光會在夜裡暴露自己的位置。現代戰爭也是一樣，夜晚一根放縱的香煙就可能成為敵人子彈的目標。

正是因為危機四伏，所以士兵才能夠「**不修而戒，不求而得，不約而親，不令而信**」。那些平日裡用盡各種手段都難以讓士兵100%遵守的軍規，到了「甚陷」「深入」的境地士兵們反而會自覺執行。

另一個值得注意的地方是「甚陷」的「甚」字。這也許就是現代心理學所說的「應激反應」：人在極度緊張的狀態下，反而會因為自身激素的刺激變得異常興奮。「甚陷」正是希望製造強烈的緊張感從而激發出人本能的應激反應。


## 禁祥去疑，至死無所災。

禁止迷信的言論，去除士兵的疑慮，到死也不會遇到預言中的災禍。


古代人無疑很迷信，其實人越是知識匱乏越容易迷信，現代依然如此。（「迷信」和「信仰」是不同的。「信仰」是一種精神追求，而「迷信」則會讓人作出非理性行為。）「迷信」經常會左右人的行為，動搖人心，所謂「妖言惑眾」。這些「妖言」絕大多數都是用來騙人的──准確的說是「并無任何科學根據」。但也有很多所謂的「預兆」是反映了大眾當時的心理狀態或期望，比如當民不聊生的時候，

「王朝將要滅亡」的預言就會大行其道。假口神諭也常常可以讓「吉兆」成為困境下士兵的心理支柱，歷史上不乏這樣的實例。所以對於「凶兆」，君主、將領通常會嚴厲禁止，但是對於「吉兆」往往則是加以利用。

這裡比較奇怪的是要「禁祥」。現代漢語用「祥」字通常都是表達「好的兆頭」。其實古文中「祥」只是「預兆」的意思，既代表「吉祥」也代表「凶祥」，比如這句活古代注家多注為「妖祥」。只是現代人已經不再使用這種說法而已。不過順着「祥」字「吉祥」的含義理解的話，這句活就有意思了。為什麼要禁止「吉祥」的言論呢？就是要破除士兵的僥幸心理：「不要以為會有神仙來救援，或是死了可以上天堂。不想死就只有打敗敵人一條路！」吉利的預言很可能讓士兵們放鬆警惕，比如說相信「天意是讓我們勝利」，所以不再保持精神緊張狀態，精神一鬆懈就容易出現各種錯誤，甚至低級錯誤。就像〈塞翁失馬〉裡說的「福之為禍，禍之為福」，好運反而可能會帶來不幸。所以「禁祥」不僅僅要禁「凶祥」，也要禁「吉祥」，甚至更加要禁止「吉祥」。

**吾士無余財，非惡貨也 ; 無余命，非惡壽也。**
我們的士兵沒有多余財物，并不是因為討厭富有；捨身忘死，并不是討厭長壽。

**令發之日，士卒坐者涕沾襟，偃臥者涕交頤，投之無所往者，諸、劌之勇也。**
命令出征的當天，士兵們無論坐着還是躺着都淚流滿面，但是當他們到了無處可逃的境地時，就能爆發出像專諸、曹劌那樣（不要命）的勇氣。

專諸是中國古代最著名的幾個刺客之一，可惜他刺殺吳王僚時所用之魚腸劍反而比他本人更加有名。吳國當時的傳位方式是「兄終弟及」，闔閭（公子光）的父親最小，排第四。在老三臨死時，按理應該由他這個老四繼位，然而他卻不肯接受，於是老三就傳位給了自己

的兒子吳王僚。歷史讀多了，對當時的情況應該能大致猜個一二：這種事多半不是自願的。老四的兒子闔閭心裡當然不服，幾年之後他開始謀劃刺殺吳王僚。於是伍子胥就幫他找來了專諸。在一次宴會上，雖然吳王僚戒備森嚴，但是專諸將一把匕首藏在了魚肚子裡，利用端魚上桌的機會接近到吳王僚的身邊，迅速的掏出魚腹內的匕首當場刺死吳王僚。隨後專諸也被旁邊的侍衛砍成了肉醬。但這已經不能妨礙政變成功了。繼位之後，闔閭封專諸的兒子做了貴族，以示感激。

至於曹劌〈史記·刺客列傳〉有這樣的記載：魯國在一次戰爭中敗於齊國，不得不割地求和；在這場魯國國君與齊桓公的停戰談判中，曹劌（曹沫）突然用匕首挾持齊桓公，脅迫齊國放棄割地的要求；齊桓公雖然勉強同意，但心中怒火難平，回到軍中後就想背棄剛剛在脅迫下簽的條約，然而他的宰相管仲勸阻了他，說：「如果背棄了盟約，未來就不會有諸侯願意與我們結盟了」；於是齊桓公最終如約歸還了佔領的土地。

專諸和曹劌的共同特點就是「不怕死」。這種「勇」顯然不同於「將之五德」中的「勇」，這種「勇」其實就是常說的「匹夫之勇」，對於個人而言其實是一種值得讚許的品質。「匹夫之勇」之所以常被用來作為「貶義詞」，就是因為個人的道德准則與作為領導者需要擁有的能力素質并不相同——「道德潔癖」的人，往往做不了好領導。

這裡再說一個刺客的故事，荊軻刺秦。荊軻借獻地圖為名近身行刺秦王，無論成功與否必然是有去無回。臨行拜別太子丹、高漸離等人時，荊軻唱到：「風蕭蕭兮易水寒，壯士一去兮不復還。」在場每個人都是淚流滿面。這個場景就像孫子所描述的：「**令發之日，士卒坐者涕沾襟，偃臥者涕交頤**」。誰都怕死，一聽說要上戰場了，是坐着也哭躺着也哭，但真正要面對死亡了反倒坦蕩了，這叫「勇」。相比之下，荊軻的隨行秦舞陽十三歲就殺過人，人見人怕，但是跟荊軻走到秦王宮殿門口時反而慫了，嚇得瑟瑟發抖。秦舞陽其實就是惡霸無賴的典型：只敢在比自己弱小的人面前要要威風，遇到比自己強的人就低三下四委曲求全。這種人只能叫勢利小人而已，連「匹夫之勇」都算不上，更不要說「擔當責任」這樣的大勇了。

不懼艱險，不畏強權，才是真正的「勇」。

**故善用兵者，譬如率然 ; 率然者，常山之蛇也。擊其首則尾至，擊其尾則首至，擊其中則首尾俱至。**

所以善於用兵的將領，指揮部隊就像「率然」一樣。「率然」是常山上的一種怪蛇，攻擊它的頭，尾巴就會來救援；攻擊它的尾巴，頭就會來救援；如果攻擊它的中間，頭和尾都會來救援。

**敢問 :「兵可使如率然乎 ?」曰 :「可。夫吳人與越人相惡也，當其同舟而濟，遇風，其相救也如左右手。」**

有人會問 :「真的能讓士兵像『率然』一樣嗎 ?」答案是可以。吳國人與越國人是世仇，但是當他們一同坐在一艘遭遇風暴的船上時，就會像左右手一樣互相幫助。

**是故方馬埋輪，未足恃也 ;**

所以把馬拴在一起，把車輪埋起來，也并不足以讓士兵堅守陣地。

**齊勇若一，政之道也 ; 剛柔皆得，地之理也。**

士兵齊心協力奮勇拼搏像一個人一樣，是因為將領治軍得當，士兵們既勇敢又謹慎，是因為將領善於利用戰地環境。

**故善用兵者，攜手若使一人，不得已也。**

所以善於用兵的將領，指揮眾多士兵就像手把手操控一個人一樣，是因為環境讓士兵們不得不聽從指揮。

「率然」是一種傳說中的怪蛇，現實中并不存在，具體的形象也并不清楚。

**「剛柔皆得」**:「剛」就是指「勇猛」、「諸、劌之勇」;「柔」則是與之相對是「柔弱、溫和」的意思，這種「柔」應該指的就是之前講的「士兵自我管理」。「**地之理**」指的就是〈九地〉篇的內容，具體到這段文字的話就是「無所往」「甚陷」「深入」使士兵可以自我管理同時勇猛作戰。

軍隊是由一個個擁有獨立意志的個人所組成的，每個人都有自己的欲望，如何整合這些欲望使得「**上下同欲**」、「**齊勇若一**」，就是將領的重要責任。「無所往」「甚陷」「深入」都是為了讓士兵進入「同舟共濟」、如同「率然」的狀態。如果士兵們同心協力像一個人一樣，那麼即便是表面看上去「**渾渾沌沌**」，仍能夠「**形圓而不可敗**」，甚至像「**如轉圓石於千仞之山者**」一樣勢不可擋。這些是如何實現的？環境逼出來的，正所謂「形勢所迫」──「**勇怯，勢也**」。

　　瞭解了本篇與〈九地〉篇的這些內容之後，「勢」的概念就比較清晰了。

　　「**激水之疾，至於漂石者，勢也。**」

　　「**勢如擴弩，節如發機。**」

　　「**勇怯，勢也。**」

　　「**故善戰人之勢，如轉圓石於千仞之山者，勢也。**」

　　其實「勢」的概念與現今常用的「趨勢」「局勢」「勢能」等辭匯中「勢」的含義并無太大不同，都是表示一種趨向性。只不過孫子所講的「勢」是特定的戰爭中的「勢」。

　　戰爭中的「勢」，就是根據戰爭雙方臨戰時的實力對比、士兵身心情況等因素疊加形成的一種狀態或是說趨向性。「勢」可以極大的影響軍隊的士氣（勇怯），從而進一步決定戰爭勝負。對於善戰的將領而言，人為制造出的巨大優「勢」，是取得戰爭勝利的決定性因素。一旦在戰場上取得了這種壓倒性的優勢，就可以做到「**戰勝不忒**」。

　　「無所往」「甚陷」「深入」等等危險的環境可以迫使士兵團結自律，甚至可以激發出士兵超常的潛能。不過孫子用兵追求的是以「全」為上，是「**先為不可勝，以待敵之可勝**」，這種「置之死地而後生」的戰法似乎風險太大，與孫子之前的思想大相徑庭。為什麼會出現這種前後矛盾呢？

　　因為，即便是在「無所往」「甚陷」「深入」之地，也并不一定

就是以寡擊眾。甚至在孫子看來了，善戰者反而可以在這些地方做到以眾擊寡。這是如何做到的呢？答案就在下一章〈虛實〉。

孫子曰：

凡治眾如治寡，分數是也；鬥眾如鬥寡，形名是也；三軍之眾，可使必受敵而無敗者，奇正是也；兵之所加，如以碬投卵者，虛實是也。

凡戰者，以正合，以奇勝。故善出奇者，無窮如天地，不竭如江河。終而複始，日月是也。死而更生，四時是也。聲不過五，五聲之變，不可勝聽也；色不過五，五色之變，不可勝觀也；味不過五，五味之變，不可勝嘗也；戰勢不過奇正，奇正之變，不可勝窮也。奇正相生，如迴圈之無端，孰能窮之哉？

激水之疾，至於漂石者，勢也；鷙鳥之擊，至於毀折者，節也。故善戰者，其勢險，其節短。勢如擴弩，節如發機。

紛紛紜紜，鬥亂而不可亂；渾渾沌沌，形圓而不可敗。亂生於治，弱生於強，怯生於勇。故善動敵者，形之，敵必從之；予之，敵必取之。以利動之，故以卒待之。治亂，數也；強弱，形也；勇怯，勢也。

故善戰者，求之於勢，不責於人，故能釋人而任勢。任勢者，其戰民也，如轉木石。木石之性，安則靜，危則動，方則止，圓則行。故善戰者之勢，如轉圓石於千仞之山者，勢也。

# 08 〈虛實〉篇注

「虛」直觀的解釋就是密度小，相對「實」就是密度大，所以「虛」就是代表「脆而弱」，而「實」代表「堅而強」。

**孫子曰：**
**凡先處戰地而待敵者佚，**
**後處戰地而趨戰者勞。**
凡是先到達作戰地點等待敵人進攻的，精力會更加充沛；
後到達作戰地點追趕對手的，就疲勞被動。
**故善戰者，致人而不致於人。**
所以善於作戰的將領，調動敵人而不被敵人所調動。

「戰地」就是指兩軍廝殺會戰之地，這是一個戰略層面的概念，其範圍比「戰場」要大。冷兵器時代，士兵的戰鬥力和體力直接相關，所以體力充足的一方在戰場上也就更占優勢。

**能使敵人自至者，利之也；**
**能使敵人不得至者，害之也。**
能夠使敵人主動前往，是因為用利益誘惑敵人。
能夠不使敵人前往，是因為讓敵人看到禍患。
**故敵佚能勞之，飽能飢之，安能動之。**

所以能夠使精力充沛的敵軍變得疲憊，能夠使糧食充足的敵軍變得飢餓，能夠使已經安營扎寨的敵軍重新調動。

**出其所必趨，趨其所不意。**

出現在敵人必須救援的地方，從敵人意想不到的地方下接近他們。

能夠靈活的運用利益與禍患去誘導敵人，就能調動敵人部隊使其疲於奔命。甚至讓其前往我方希望其前往的地方，這就叫「致人」。

後最一句話要表達的基本原則還是〈始計〉篇中所說的 ：「**攻其無備，出其不意**」。

## 行千里而不畏者，行於無人之地也。

行軍千里并不感覺害怕，是因為在沒有敵軍的地方行軍。

行軍千里，必然已經深入敵境，深入敵境但并不感覺恐懼，是因為周圍沒有敵人。前一章提到過部分〈九地〉篇的內容，其中有「**兵士甚陷則不懼**」。危機四伏確實可以讓士兵保持警惕，「應激反應」也可以臨時一用。但如果在自己的行進過程中經常有敵方的部隊跟隨，甚至時常交戰的話，士兵的心裡就該打鼓了：「孤軍深入，會不會被敵軍包圍啊？在人家的地盤被包圍就死定了！」能不害怕嗎？但是如果是「**行於無人之地**」，敵人不知道我在何處，自然無法包圍我。士兵雖然同樣會精神緊張，但心中卻不會有恐懼感。

當然，深入敵境時想要完全消除士兵的恐懼感，并不僅僅是要「隱身」而已，攻必克戰必取，「**以碬投卵**」，才能真正消除士兵的恐懼。

## 攻而必取者，攻其所不守也 ；
## 守而必固者，守其所不攻也。

進攻必然取得勝利，是因為攻擊敵人沒有防守的地方；

防守必然穩固不敗，是因為防守敵人不來攻擊的地方。

**故善攻者，敵不知其所守；**
**善守者，敵不知其所攻。**

善於進攻的將領，敵人不知道該如何防守；
善於防守的將領，敵人不知道該如何進攻。

敵人不知道該防守哪裡，該怎麼防守，所以我方可以通過進攻對方沒有防守的地方取得勝利。

需要注意的是，「不防守」和「使用少量兵力依託工事或地型防守」是兩個完全不同的概念。常言道「一夫當關萬夫莫開」，有些險要地點只要很少的兵力就可以阻礙大量敵軍，但如果毫不設防的話，敵人則可輕易通過。即便是沒有地型的依託，小股的警戒部隊也可以阻止敵人小規模偷襲或將敵方大部隊的到來報告給己方將領。所以無論是和平時期還是戰爭時期，無論是邊境還是內陸腹地，都會駐守一定量的軍隊。至於哪裡需要部署的兵力多，哪裡部署的兵力可以少，才是將領需要解決的問題。

戰爭中任意一方的利益都不可能集中在一個點目標上，利益的分散就必然產生多個有價值的目標。目標的價值并不平均，且真正毫無價值的目標幾乎不存在：城市擁有財富，農村擁有糧食，道路上有來往的貨物，即便是曠野或山林也可以用來行軍或埋伏。對進攻者而言，只要發動進攻的耗費低於獲得的收益的話，就能夠從中獲取價值。既然如此，又如何作出敵人不進攻哪些目標，或必然進攻哪些目標的結論呢？

「不攻」，有三種可能性：沒能力進攻、沒意願進攻、沒時間進攻。沒能力進攻就是說進攻方的實力不足以擊敗防禦方；沒意願進攻就是說進攻方害怕付出過大的損失與代價所以不願意進攻；沒時間進攻就是進攻方不具備長期作戰的物資儲備或需要趕往其他戰略目標。這三種可能性的共同目的就是讓敵人「失利」——讓進攻得不償失，故而敵人就不會進攻了。

如果能讓敵人感覺無論進攻哪裡都是得不償失，就能做到「**敵不知其所攻**」。敵人「不攻」自然能夠「**守而必固**」。況且孫子在〈形〉篇中曾經提到過：「**善守者，藏於九地之下**」。既然我方已經「**藏於九地之下**」，敵人又要如何進攻呢？

**微乎微乎，至於無形。**
**神乎神乎，至於無聲。**
**故能為敵之司命。**
微妙啊微妙，以至於無影無形。
神秘啊神秘，以至於無聲無息。
所以可以成為敵人生命的主宰。

「微乎微乎」和「神乎神乎」想要強調的都是「隱」。只要「藏」得足夠隱祕就可以做到「無形」；「動」得足夠迅捷就可以做到「無聲」。做到「無形」「無聲」敵人就無法獲得我軍的動向，自然也就無法預判我方的行動，這樣我軍就可以掌握戰爭的主動權。掌握了主動權就意味着掌握了敵人的生命。

**進而不可御者，沖其虛也；**
**退而不可追者，速而不可及也。**
進攻無法防禦，是因為沖擊敵人虛弱的地方。
撤退時敵人無法追擊，是因為撤退迅速令敵人追趕不上。

如果要在成功「**沖其虛**」之後安全撤退，撤退的速度就要足夠快，那麼等敵人的「實」來救援「虛」的時候我軍已經跑遠了，跑遠之後就可以再次進入「微、神」（隱形）狀態。假使萬一沒能做到「無形」「無聲」，結果被敵軍發現了，而自己的兵力又遠遜於敵軍的話，就要按照〈謀攻〉篇所講的原則「**少則能逃之，不若則能避之**」──也是要保證「**速而不可及**」才能成功「逃、避」。

**故我欲戰，敵雖高壘深溝，不得不與我戰者，攻其所必救也；**

**我不欲戰，畫地而守之，敵不得與我戰者，乖其所之也。**

我希望進行野戰，敵人即便是依仗着擁有高牆深溝的堅固堡壘，仍然不得不走出來與我方交戰，是因為我們進攻了他們必須要出兵救援的地方。

我不希望開戰，即便是在地上畫條線來防守，敵人也不能與我交戰，是因為敵人的行動受到了牽制。

如果我方可以做到「微、神」再加上快速的機動，那麼戰與不戰，就都在我方掌握之中。

怎麼讓敵人從防禦良好的營寨裡主動出來與我方交戰？僅僅是通過利益誘惑敵人，并不能保證敵人一定上當；必然奏效的策略是攻擊他必需要救援的地方。為什麼敵人必須救援？就是因為敵人沒有在這個具有重大價值的目標上部署足夠的防禦兵力──這是敵人的失誤，也就是〈形〉篇中講的「**可勝在敵**」。

「**畫地**」根據李零先生的考證是一種仙朮家的朮語，用於驅邪避凶，在兵法上也常是陣法的代稱，如「太公畫地之法」。「畫地」與「高壘深溝」相對，是說即便在沒有防禦工事的情況之下，敵人也不能與我交戰。如何做到的呢？

「**乖**」在古漢語中是背離、違背、反常等等意思，這與現代的「乖」意思完全相反。「**乖其所之也**」，意思就是「背離敵方意圖」，讓敵人打不到。

**故形人而我無形，則我專而敵分。**

這裡又出現了「形」。之前在〈形〉篇和〈勢〉篇當中，并沒有給出「形」的具體解釋。不過在這裡「形」的概念就比較明確了。「形」

就是「部署」的意思。「兵力布置」在戰術上叫「陣法」，在戰略上就是「部署」。《孫子兵法》中的「形」顯然更偏近於後者。

「形人」就是「控制、操縱敵方的兵力部署」，整句話翻譯過來就是「所以，要儘量控制敵方的兵力部署，而防止我方的兵力部署被敵方控制，這樣我方就可以集中兵力，而讓敵方兵力分散」。

古代注家通常將「形人」解釋為「我方用虛假的部署情況誤導敵人」；「我無形」就是「隱藏我方真實的部署」。這種理解可以對照〈始計〉篇中「**能而示之不能，用而示之不用，近而示之遠，遠而示之近**」，即利用「詭道」隱藏自己欺騙敵人。不過這種通過欺騙來「形人」的做法，必須要建立在敵人受騙的基礎之上。如果虛假的情報被對方識破了，我方反而有可能陷於被動。孫子在〈形〉篇曾講到：「**先為不可勝，以待敵之可勝**」。其中很關鍵的一個字是「待」。「待」顯然是被動的。「**能而示之不能，用而示之不用，近而示之遠，遠而示之近**」更准確的說是先隱藏後欺騙，隱藏是「**不可勝在己**」，但能不能達到欺騙敵人的效果則猶未可知，所謂「**可勝在敵**」。

所以，我認為「形人」并不是建立在「欺騙敵人」之上，而是建立在「利用敵人的兵力部署失誤」之上的（廣義上「受騙」其實也屬於一種失誤）。敵人出現失誤，防線就會出現漏洞——「虛」；敵方出現漏洞，我方才能加以利用，從而「**攻其所必救**」；進而實現「**致人而不致於人**」的「形人」目的。


**我專為一，敵分為十，是以十攻其一也，則我眾而敵寡；**
我方將兵力集中在一起，敵方分為十支部隊，那麼對陣時就是十倍的兵力優勢，這樣就是以眾擊寡。
**能以眾擊寡者，則吾之所與戰者，約矣。**
能用眾多兵力攻擊敵人少量兵力，那麼這場戰鬥的勝利就手到擒來了。
**吾所與戰之地不可知，不可知則敵所備者多；**

**敵所備者多，則吾所與戰者，寡矣。**

敵人不知道我將要進攻的地點，所以敵人就要在多個方向布防，敵人在多個地方布防，那麼我進攻時遭遇的敵軍就少。

**故備前則後寡，備後則前寡，備左則右寡，備右則左寡，無所不備，則無所不寡。**

所以注意防守前面，後面的防守就會薄弱；注意防守後面，前面的防守就會薄弱；注意防守左面，右面的防守就會薄弱；注意防守右面，左面的防守就會薄弱；所有方向都要佈防，那麼所有方向的防守就都很薄弱。

**寡者，備人者也；眾者，使人備己者也。**

兵力分散，是因為要防備敵人；能夠兵力集中，是因為讓敵人需要防備我方。

這一段是在說明集中兵力的好處，如果我方可以集中兵力，而讓對方兵力分散，這樣的好處就是能夠實現以多打少。如何做到讓敵人兵力分散呢？就是讓敵人不知道我要進攻哪裡，那麼敵人就不知道該防守哪裡，所以總會顧此失彼。

不過這些都是建立在一個重要的前提之下的，就是「**不可知**」。敵人不知道我方的動向，所以才能做到「**使人備己**」。當我方集中部隊投入進攻，讓敵人忙於防守，敵方就不再有能力進攻我方了——這就是所謂「最好的防守就是進攻」。

**故知戰之地，知戰之日，則可千里而會戰。**

如果知道將要會戰的地點，知道將要會戰的日期，就可以長途行軍去與敵人交戰。

**不知戰地，不知戰日，則左不能救右，右不能救左，前不能救後，後不能救前，而況遠者數十里，近者數里乎？**

如果不知道將要會戰的地點，不知道將要會戰的日期，那麼左翼

部隊不能救援右翼部隊，右翼部隊不能救援左翼部隊，前鋒部隊不能救援後衛部隊，後衛部隊不能救援前鋒部隊，更何況各支部隊遠的相距數十里，近的也要數里遠，如何相互救援呢？

這裡有個問題，「遠者數十里」無法互相救援比較好理解，「近者數里」前去救援也需要一定時間，那連數里都不到的「前後左右」為什麼也不能相救？一種猜測是：敵軍完全被打傻了，眼看着身邊的兄弟挨揍自己該不該幫忙都不知道了。另一種可能性是：旁邊的友軍也沒有足夠的兵力提供救援，比如「我專為一，敵分為十」，我方攻擊敵方其中一支部隊就是「以十攻其一」，即便是左右敵軍前來救援，也是 10：3 的優勢！還有一種可能性就是受到了突擊，甚至是在行軍途中遭到了埋伏——這都是「不知戰地，不知戰日」的惡果。

## 以吾度之，越人之兵雖多，亦奚益於勝敗哉？
依我之見，越國雖然兵力眾多，又能對勝敗起到什麼作用呢？
## 故曰：勝可為也。
## 敵雖眾，可使無鬥。
所以說：勝利是可以創造的。
敵人雖然人數眾多，但是可以讓他們無法投入作戰。

這裡說「勝可為也」，但是之前〈形〉篇卻說：「勝可知，而不可為」。為什麼會出現這樣的矛盾呢？

「勝可知」是因為通過「五事七計」確定了雙方各自的實力以及優勢劣勢，并可以大致計算出雙方勝率。但是這種硬實力是和平時期積累的結果，故在開戰時是「可知而不可為」。然而在開戰之後，我方仍有機會運用智謀隱藏自身的劣勢發揮自身優勢，并讓敵方暴露自己的劣勢，從而掌握戰爭的主動權。如果在每次接戰中都能做到以逸待勞、以實擊虛，那麼就可以逐漸削弱敵人的戰鬥力，直到對方優勢喪盡——「敵雖眾，可使無鬥」，乃至最後贏得勝利。

因此，即便是實力相對弱小的一方也有可能通過兵法的運用戰勝強大的敵人。

## 故計之而知得失之算，
## 作之而知動靜之理，
## 形之而知死生之地，
## 角之而知有余不足之處。

所以，通過周密的計算分析，從而知道雙方的優勢和劣勢。
通過主動試探，來知道敵軍的具體動向。
通過控制敵方部署，來決定將要開戰的地點。
通過比較，來知道雙方有余或不足之處。

　　這裡孫子要求將領用「計、作、形、角」四種方式來瞭解敵我雙方的戰場局勢，本質上還是屬於「知彼知己」的范疇。

## 故形兵之極，至於無形。
## 無形，則深間不能窺，智者不能謀。

兵力部署的極致，甚至可以達到「無形」的境界。
達到了「無形」的境界，即便是深入我方的間諜也無法弄清我方的動向，對方的智謀之士也無從出謀劃策。

　　上一句講「計、作、形、角」四項勘察敵軍的方法，這裡就提醒將領盡量不要讓敵軍瞭解我方的真實情況。

　　假若我軍的行動可以完全掌握戰爭的主動權，讓敵人疲於奔命、無暇還擊的話，那麼我方就不用詳加考慮用於防守的兵力部署了。而如果我方的主力部隊同時也保持「微、神」的「匿蹤」狀態，敵人就會因為看不到我軍的任何部隊而感到疑惑，甚至不知所措。這就是兵法運用的極致——「無形」。

想要保證我方軍隊的行動隱密，就要清除敵方潛入我軍的間諜，至少要讓其處於「失能」狀態。如果敵方的「深間」（深入我方內部的間諜）無法偵察到我方的真實部署與戰略意圖，敵方的「智者」自然也就缺乏足夠的情報進行具體的謀劃了。不過很難確定我方內部絕對沒有奸細。如果疑心過重導致己方內部監察過嚴，反而容易導致軍心浮動人心惶惶。

所以說「要騙過敵人，先得騙過自己人。」

## 孫子在〈九地〉篇有言

**將軍之事：靜以幽，正以治；**
**能愚士卒之耳目，使之無知；**
**易其事，革其謀，使民無識；**
**易其居，迂其途，使民不得慮。**

指揮軍隊作戰的原則：（在謀略計劃上）要盡量保持靜默以至於隱晦，（在軍隊管理上則）要用嚴正的法規使軍心安定；
能夠蒙蔽士卒的耳目，使他們不知道行動計劃；
變更己有的行動，更改原定的計劃，使我方士兵無法瞭解我軍意圖；
改變軍隊的駐扎地點，故意繞道而行，使我方士兵不會想要逃回家鄉。

「**將軍之事**」在就是指「**統率軍隊**」，也可以理解為「**指揮官們制定的行動計劃**」。我方真實的作戰計劃要盡量隱瞞，知道的人越少越好，這是戰爭的常理，現代依然如此。比如說核潛艦，船員們上艦之前根本就不知道要去往哪裡，具體的作戰計劃只有少數幾個高層軍官知道。這樣的保密工作就是盡可能的防止潛艦的動向泄露。軍隊在沒有任務的情況之下就是保持日常的訓練，維持良好的身體與精神狀態，命令一旦下達就迅速的投入到行動之中。而任務的各種細節，只

是在行動之前軍官們提供的必要內容，在此之前以及「必要」之外的其他內容則是保密的。二戰中，即便是美國副總統杜魯門也是直到意外接任總統後才知曉研發核武器的「曼哈頓計劃」！可見核心軍事情報對於己方人員保密之深。

如果就連我方的士兵也「無知、無識」，那麼混進軍中的敵方間諜自然也無法從士兵口中得知我方實際的作戰意圖。不過，要是敵方已經滲透進了我方高級領導層，可以從核心決策層瞭解軍事計劃，那再善戰的將領，怕是也無法取得勝利。

## 回到本篇

**因形而錯勝於眾，眾不能知。**
憑藉控制敵方的部署實現勝利，旁觀者無法看明白。
**人皆知我所以勝之形，而莫知吾所以制勝之形。**
**故其戰勝不復，而應形於無窮。**
人們都知道我是通過什麼樣的部署取得勝利的，但不知道我是如何去籌劃這種部署的。
所以這場戰爭的勝利無法復制，只能根據戰場上的變化來不斷調整部署。
**五行無常勝，四時無常位，日有短長，月有死生。**
五行之間相生相克，一年四季交替輪換，白天的時間長短變化，月亮有陰晴圓缺。

在最後，孫子依然是通過當時常用的「五行」「四時」「日月」等概念以說明為什麼一定要「**因敵變化**」才能取勝。另一層含義就是要說明：軍隊的戰鬥力并不是固定不變的，而是像四季一樣在不斷變化的，所以要耐心等待敵人的實力由強變弱、由實轉虛——「**待敵之可勝**」——再對敵人進行致命的打擊。

後人回顧戰史，回顧一場戰爭是如何獲得勝利的，往往給人一種

顯而易見的感覺，所謂「事後諸葛」。不過對於戰爭史料的記載通常也像其他歷史記載一樣，雖然記載了戰爭過程的諸多要點，但在細節上常常語焉不詳。這造成的後果就是，人們容易將獲勝歸結於某些片面的要點，進而將「**我所以勝之形**」公式化。「公式化」的弊病就是讓效仿者容易忽略掉當初成功的戰例中關鍵性的細節因素。這些細節因素是什麼？就是「**先為不可勝，待敵之可勝**」。而曾經贏得勝利的戰朮或謀略，只是「**待敵之可勝**」之後的具體方案而已。因為在不同的情景之下，敵方的「形」不盡相同，所以曾經的勝利并不會以完全相同的形式出現，必須要根據敵方部署的變化作出相應的調整。

　　「**所以勝之形**」和「**所以制勝之形**」之間的差距在哪裡？我認為，「**所以制勝之形**」的斷句并不是強調最後的「形」-「**所以制勝之／形**」，而是強調「制」，故而斷句應該是「**所以制／勝之形**」。翻譯成現代漢語就是：「人們知道我是用這種謀略取得勝利的，但是并不知道我是如何制定出這種謀略的。」所以這句話的意思其實非常重要，可以說是孫子著述兵法的原因所在。常言道「授人以魚不如授人以漁」，「知其然」更要「知其所以然」。**只有真正掌握了兵法的思維方式，才能真正的做到「應形於無窮」，實現「形人而我無形」的高超謀略。**


**夫兵形象水，水之行，避高而趨下，**
**兵之勝，避實而擊虛。**
**故水因地而制行，兵因敵而制勝。**
**故兵無成勢，無恆形，能因敵變化而取勝者，謂之神。**

兵力部署就像水一樣。水的流向不是固定的，它會從高處往低處流；兵力部署則是避開敵人軍力強盛的地方，攻擊敵人防守疏忽的地方。水因為地勢的走向而流動，用兵要根據敵人的具體情況而調整策略。
所以在戰爭中沒有一成不變的「勢」，也沒有恆定必勝的「形」；能夠根據敵人變化而取得勝利的將領，就是被稱為「用兵如神」的將領。

以水喻兵，用水「避高趨下」的特點來說明進攻要「避實擊虛」，更強調了「要根據實際情況不斷改變策略」的重要性。

市場環境與用戶需求也同樣是變化無常。一種時尚風潮過幾年之後可能就會變得「陳舊」。而這些變化的時尚與始終存在於大眾中的偏好差異，可以為企業提供源源不斷的「市場機遇」——未被滿足的用戶需求。街市上的眾多餐館和小吃店，雖然他們彼此間顯然是存在競爭關係——都是為了滿足人們的飲食需求；但是他們也同樣擁有着自身特別的「壟斷」地位——有的經營中餐、有的經營西餐；有的口味火辣、有的口味清淡；有的提供大餐宴席，有的兜售甜點零食。即便是相同的菜肴，不同的廚師也能帶給其不同的風味。

在商業上，人們常將競爭激烈的行業稱為「紅海」，而將那些市場潛力尚未不充分發掘的稱為「藍海」。「紅海」就相當於「實」，「藍海」就相當於「虛」，在商業中同樣要「避實擊虛」。當然，企業也不是隨隨便便就可以「擊虛」的，自身必須要有相應的實力才能付諸實施——**「計利以聽，乃為之勢」**：或是先進的技術，或是雄厚的資金，或是完善的管理，或是對該領域的獨到創新。戰爭中如果在「五事七計」上不合格，那麼敵方的「虛」對於你而言可能同樣是高攀不起的「實」，商業競爭中同樣如此。


孫子曰：

凡先處戰地而待敵者佚，後處戰地而趨戰者勞。故善戰者，致人而不致於人。能使敵人自至者，利之也；能使敵人不得至者，害之也。故敵佚能勞之，飽能饑之，安能動之。出其所必趨，趨其所不意。

行千里而不畏者，行於無人之地也。攻而必取者，攻其所不守也；守而必固者，守其所不攻也。故善攻者，敵不知其所守；善守者，敵不知其所攻。微乎微乎，至於

無形。神乎神乎，至於無聲。故能為敵之司命。

進而不可禦者，沖其虛也；退而不可追者，速而不可及也。故我欲戰，敵雖高壘深溝，不得不與我戰者，攻其所必救也；我不欲戰，畫地而守之，敵不得與我戰者，乖其所之也。

故形人而我無形，則我專而敵分。我專為一，敵分為十，是以十攻其一也，則我眾而敵寡；能以眾擊寡者，則吾之所與戰者，約矣。吾所與戰之地不可知，不可知則敵所備者多；敵所備者多，則吾所與戰者，寡矣。故備前則後寡，備後則前寡，備左則右寡，備右則左寡，無所不備，則無所不寡。寡者，備人者也；眾者，使人備己者也。

故知戰之地，知戰之日，則可千里而會戰。不知戰地，不知戰日，則左不能救右，右不能救左，前不能救後，後不能救前，而況遠者數十里，近者數里乎？以吾度之，越人之兵雖多，亦奚益於勝敗哉？故曰：勝可為也。敵雖眾，可使無鬥。

故計之而知得失之算，作之而知動靜之理，形之而知死生之地，角之而知有餘不足之處。故形兵之極，至於無形。無形，則深間不能窺，智者不能謀。

因形而錯勝於眾，眾不能知。人皆知我所以勝之形，而莫知吾所以制勝之形，故其戰勝不復，而應形於無窮。五行無常勝，四時無常位，日有短長，月有死生。

夫兵形象水，水之行，避高而趨下，兵之勝，避實而擊虛。故水因地而制行，兵因敵而制勝。故兵無成勢，無恒形，能因敵變化而取勝者，謂之神。

# 09 孫子兵法的思維方式

　　〈始計〉〈作戰〉〈謀攻〉是《孫子兵法》的第一組，〈形〉〈勢〉〈虛實〉被分為第二組。這三篇的講述內容與角度，既不同於前三篇，也不同於之後各篇，可以說是《孫子兵法》中最難理解也是自古以來注釋歧義最多的部分。這三篇也是相互聯系最緊密的三篇，甚至可以說少了其中任意一篇，「形」「勢」這兩個主要概念的含義就無法徹底明瞭。

　　在這三篇中，孫子提出了三組抽象概念：「形、勢」；「奇、正」；「虛、實」。

　　許多注家并未對這些概念進行深究，因此也就無法對這些概念之間的關系作出分析，故而也無法進一步的理解這三篇的內涵。

　　對於「形」「勢」的理解，各家觀點歷來有所歧義。

　　銀雀山漢簡《奇正》說：「有余有不足，形勢是也。」

　　〈漢書·文藝志〉言：「形勢者，雷動風舉，後發而先至，離合背向，變化無常，以輕疾制敵者也。」

　　司馬光在《資治通鑒》裡引漢代荀悅言：「形者，言其大體得失之數也；勢者，言其臨時之宜、進退之機也。」

　　辛棄疾〈美芹十論·審勢〉：「何謂形？小大是也。何謂勢？虛實是也。」

當代對於「形」「勢」的理解也多有不同。

很多人認為，「形」是指「硬實力」，「勢」是指「軟實力」。

也有人認為，「形」是靜態的「勢」，「勢」是動態的「形」。

或者是認為，「形」是潛在的「勢」，「勢」是變化的「形」。

還有觀點指出，「形」與「勢」相反，而又「我中有你，你中有我」，兩個概念的邊界比較模糊。

以上這些說法，看似都有一定的道理，但是總給人一種霧裡看花的感覺。


先秦著作中，諸如《管子》《荀子》等等也都大量使用「形勢」的概念，但「形勢」明顯是將「形」「勢」合在一起作為一個概念來表述的，這個「形勢」與《孫子兵法》中的「形、勢」并無對等關係。

明代茅元儀匯集了當時他能搜集到的各種兵書，編輯成了《武備志》一書，對於《孫子兵法》他這樣總結道：「前孫子者，孫子不遺；後孫子者，不遺孫子。」在〈漢書·文藝志〉中，從書名看來確可能有一些是比《孫子兵法》更加古老的兵書，但是這些兵書都沒有流傳下來。所以我們並不能確定，在孫子之前，「形」與「勢」是否就已經成為兵家所常用的概念，或是「形、勢」這兩個概念首先由孫子使用并定義。不過，無論是哪種情況，想要理解《孫子兵法》中「形」與「勢」的含義，必須通過《孫子兵法》本身的文意進行分析理解。同時代或之後時代的文本，即便是也使用了「形」「勢」二字，雖然可以作為參考，但是其含義并不一定是與《孫子兵法》中「形、勢」的含義相同，若不加辨析也不免產生混淆，造成錯誤理解。


那麼，根據〈形〉〈勢〉〈虛實〉這三章的內容，在此先羅列一下出現「形」與「勢」的語句。

**＊勝者之戰民也，若決積水於千仞之谿者，形也。**

強弱，形也。

渾渾沌沌，形圓而不可敗。

故善動敵者，形之，敵必從之。

微乎微乎，至於無形。

故形人而我無形，則我專而敵分。

形之而知死生之地。

故形兵之極，至於無形。無形，則深間不能窺，智者不能謀。

因形而錯勝於眾，眾不能知；人皆知我所以勝之形，而莫知吾所以制勝之形。故其戰勝不復，而應形於無窮。

夫兵形象水，水之行避高而走下，兵之勝，避實而擊虛。

「形」就是「部署」的意思。「形」在《孫子兵法》中有時候作為名詞，有時候又作為動詞。作為名詞時是指「**其中一方的兵力部署情況**」，或「**雙方不同兵力部署形成的狀態**」。作為動詞是指「**兵力部署**」的動作，或是其被動用法「**控制、操縱敵方的兵力部署**」。這樣的解釋放在以上各句中，都可以解釋的通。唯一的例外卻是孫子定義「形」的第一句話：「**勝者之戰民也，若決積水於千仞之谿者，形也**」，這種形容像是在說「勢」而不是「形」。


既然如此，再來看一下「勢」的含義。

＊**計利以聽，乃為之勢，以佐其外。勢者，因利而制權也。**

＊**戰勢不過奇正。**

激水之疾，至於漂石者，勢也。

故善戰者，其勢險，其節短。勢如彍弩，節如發機。

勇怯，勢也。

故善戰者，求之於勢，不責於人，故能釋人而任勢。任勢者，其

**戰民也，如轉木石。**

**故善戰者之勢，如轉圓石於千仞之山者，勢也。**

「勢」簡單的說就是「**在具體交戰時雙方的實力差**」，如果說的詳細一些就是「**根據戰爭雙方臨戰時的實力對比、士兵身心情況、等因素疊加形成的一種狀態或勝負趨向性**」，這與現今常用的「趨勢」「局勢」「勢能」等辭彙并無太大不同。但是仍有兩句話似乎并不適用於這種解釋。

一句是「**計利以聽，乃為之勢，以佐其外。勢者，因利而制權也**」：孫子在〈始計〉篇中給「勢」的定義是「**因利而制權**」，帶有動詞的性質，但是之後的「勢」基本都是名詞性質。雖然「狀態」也可以動詞化，理解為「達到某種狀態」，但是還是有些牽強。

另一句是「**戰勢不過奇正**」：既然「勢」是一種戰爭中的狀態，那麼這種狀態又為什麼是「不過奇正」呢？

下面來說一下我的理解：

〈虛實〉篇最後說：「**兵無成勢，無恆形**」。能夠「**如轉圓石於千仞之山**」的「勢」并不是現成的，而是要在使用時臨時製造的。換句話說，在戰爭當中，雙方「勢」的大小是在不斷變化的。兵力多、秩序好、體力強、士氣旺、准備充分的一方就處在「強勢」地位，相反則是「弱勢」。其實「強勢」與「弱勢」就是孫子所說的「虛實」。許多人單純的認為「虛實」就是指的兵力多寡而已，但是兵力的多寡孫子用的是「眾」「寡」（或表示兵力集中與分散的「專」「分」）來表述，如果「虛實」僅表示兵力的話，這章的篇名就不用叫〈虛實〉直接叫〈寡眾〉就好了。

「虛實」是由綜合因素決定的，眾寡、治亂、佚勞、勇怯、備怠、都是造成「虛實」的因素。但并不是需要在所有方面都處於「實」狀態，才能在總體上獲得「強勢」地位：比如少數（虛）體力充沛（實）的部隊，可能擊敗人數眾多（實）但疲憊不堪（虛）的軍隊；數量眾

多（實）且體力充沛（實）的部隊，也不一定能夠擊敗數量少、吃不飽、但決心拼死一戰的軍隊。

「以實擊虛」就是「以碬投卵」，這其間的「虛」「實」差距就是「勢」。

**「勢」＝「實」-「虛」**

由此看來「勢」是和「虛」「實」兩種狀態有關，那為什麼孫子卻說「戰勢不過奇正」呢？因為「奇正」是造成「虛實」狀態的手段——正是由於「奇正」的運用，所以才能做到**「致人而不致於人」**、**「我專而敵分」**、**「形人而我無形」**。

如果想要擊敗敵軍，而且最好是快速、盡量避免自身損失的擊敗敵軍，則必須營造出「我實敵虛」的態勢：或是以逸待勞——**「致人而不致於人」**；或是以眾擊寡——**「我專而敵分」**。想要實現這兩點，就要**「形人而我無形」**。那麼如何做到**「形人而我無形」**呢？**「善出奇」**。

「出奇」并不是隨便出的，而是建立在我方「超能」，或對方「失正」的基礎之上的。

之前曾經提到過；戰爭中任意一方的利益都不可能集中在一個目標點上，利益的分散就必然產生多個有價值的目標。在對這些目標的價值進行評估，并根據遭受攻擊的可能性作出分析之後，將帥會作出最初的兵力部署：對於那些戰略價值不高，或者不易受到敵軍進攻的後方地區，以及易守難攻的堡壘或天險，就會盡量縮減兵力部署，將多余的兵力納入到准備與敵人進行決戰的主力部隊當中。然後，通過分析對方的目標戰略價值的判斷與兵力部署的變化情況，進而制定相應的作戰計劃。

在戰爭進行的過程當中，目標的價值也會產生變化。比如，由於軍隊的推進，之前價值很小的村鎮可能變成了運輸糧草的必經之路。那麼顯然這個目標的價值就會提高，這樣的話就需要重新進行兵力分配。在這個不斷運動的過程當中，將領首先要考慮如何去保護那些對

於己方而言至關重要的戰略目標，避免這些目標被敵方奪取——「**先為不可勝**」，然後再去考慮如何奪取敵方有價值的目標。不過敵方將領同樣會對本方有價值的戰略目標進行預先設防。如果對方沒有及時調整自己的部署，防線就會產生「漏洞」，這就是「失正」。

當然，敵人的「形」（部署）也可能并沒有漏洞——至少按照慣常「正」的標准而言，應該是處於「實」的狀態（至少不是「虛」）。但是，我方通過突破現有的「正」而采用「奇形」（超常規部署）的話，原本的「實」可能成為了「虛」。比如，進攻方利用隱密的小徑，繞過敵人的關隘，然後再從背後偷襲敵人。或是主動違背「正」，故意設置一個「虛」引誘敵方主動進攻，然後隱藏自己的主力部隊進行伏擊。這些做法通常需要我方將領和部隊，在智謀或是能力上超過當時軍隊的常規水平，這就是「超能」。

所以「出奇」要麼是想到了敵人沒想到的手段——「**攻其無備，出其不意**」；要麼是發現了敵人沒察覺的疏漏——「**可勝在敵**」。如果想到了敵人沒預料到的手段，就可以進攻敵方本以為風險較小的目標——原本符合「正」的目標；如果能發現敵人沒察覺到的疏漏——由於對目標價值或風險的錯判，導致沒有安排足夠的守備力量（兵力少或精神疏忽，陷入圈套則屬於情報與偵查疏失）——則可獲得佔領或消滅敵方戰略目標的機會。這就是孫子所說的「**能因敵變化而取勝者，謂之神**」。

「**出其所必趨，趨其所不意**」就是「奇」的主要表現形式——因為不同尋常，所以敵人意想不到。「**出其不意**」「**攻其必救**」之後，則可轉為「正」——明明白白的讓敵人看到我的軍隊在你必須救援的地方，從而讓敵軍不得不班師回救。同時我方則「**并氣積力**」、「**謹養勿勞**」，以「正」待敵。等敵人接近，又可以再次轉為「奇」的狀態：藏形蔽跡，「**近而示之遠，遠而示之近**」，在敵人必經之路上設置埋伏發動「奇」襲。出乎敵方預料的攻擊可以使我方占據精神上的優勢——大多數人在面對沒有心理預期的突發事件中都會驚慌失措。而精神上的失衡不但會讓個人「由勇變怯」，也會使軍隊從整體上「由

治變亂」。如此這般「奇正相生」，最終就可以達到「以逸擊勞」「以備擊怠」「以勇擊怯」的效果。敵人雖然可能在數量上多與我方，但是我方仍可以做到「以實擊虛」。

以上過程就是孫臏著名的「圍魏救趙」：被魏國圍攻的趙國向齊國求援，齊軍的參謀孫臏制止了主將田忌直接救援齊國的計劃，而是建議田忌攻向魏國的首都。入侵趙國的魏軍接到首都告急的消息，果然迅速撤軍回救。而齊軍則在魏軍回援的途中設置了埋伏，將疲於奔命的魏軍打得大敗。

這場戰爭中魏國失敗的原因主要有三點：1.開戰前未能做好外交工作，沒能預料到齊國的外交變化──「伐交」失利；2.過於集中與對外戰爭而忽略了首都的防禦；3.沒能做好偵查情報工作，讓齊軍有了實現伏擊的可能。這三點都屬於「失正」。

孫子為什麼說：「**見勝不過眾人之所知，非善之善者也**」？因為真正的善戰者要去發現那些對方「沒想到」的方法或「沒察覺」的漏洞。如果敵人的疏漏只要是明眼人都看的出來但敵人卻全無應對的話，要麼是敵方的將領水准太低，要麼就是敵方設置的圈套──「**利而誘之**」、「**予之，敵必取之**」。前者肯定不能證明自己是「善之善者」，後者則會使自己列入失敗者的名單。所以孫子不遺余力告誡我們「**舉秋毫不為多力，見日月不為明目，聞雷霆不為聰耳**」──千萬不要因為戰勝過幾個無能的對手就沾沾自喜、自作聰明、輕視敵人！面對那些顯而易見的疏漏反而需要更加謹慎，盡量從敵軍的細節中瞭解敵軍的真相（詳見〈行軍〉）。

如果想要防止敵人發現我方的疏漏，要麼是盡量減少自身的疏漏，要麼是快人一步先攻擊敵人的疏漏，讓敵人無暇威脅我方的漏洞──「**立於不敗之地，而不失敵之敗也**」、「**形兵之極，至於無形**」。

通過以上這些分析可以發現，「形」「勢」不僅僅是兩個抽象的

概念，更是一個思維的過程，一種思考的方式。

孫子在前三篇〈始計〉〈作戰〉〈謀攻〉，通過分析戰爭的「利」「害」，告訴將領要爭取獲得怎樣的勝利——「速勝全利」。那麼如何來實現這種勝利呢？孫子并沒有告訴我們具體的方法，而是教導我們如何進行思考分析進而構劃一場「簡單的」勝利。

因為要「**全己為上**」，所以要「**先為不可勝**」，而戰鬥則最好是「**以碬投卵**」。如何才能實現這樣的壓倒性勝利？要用己方的「勢」壓倒對方。如何取得強勢地位？「**形人而我無形**」：「**我無形**」是為了「**不可勝在己**」，「**形人**」則是為了製造「**可勝在敵**」。

所以說，「**形**」是獲取「**勢**」的方式或是說過程：兩軍「部署（名）」情況決定了對陣雙方的兵力多少及所處地型，而在「部署（動）」中的消耗則決定着士兵的體力與心理狀態。

「**若決積水於千仞之谿者，形也**」，後人將此句中的「形」與「勢」混淆，就是因為誤將「積水」視為名詞而僅將「決」字視為動詞，把「決積水」理解為「破壞蓄水很高堤壩」，進而將此句與「**激水之疾，至於漂石者，勢也**」一句混同。其實這句話中「決」「積」這兩個都是動詞。在險峻的山谷裡「積」水，就要構築一個水壩，這個構築水壩蓄水的過程，就是「形」。如果「**決**」開「**千仞之谿**」的堤壩，那麼「**激水之疾**」則足以「**至於漂石**」，可謂「**其勢險**」。而「決」就是「**其節短**」中的「節」。孫子曾用弩作比，「**勢如擴弩，節如發機**」，同樣可以作比「勢如積水，節如決堤」，可謂異曲同工。不過從全句「**勝者之戰民也，若決、積／水於千仞之谿者，形也**」來看，這句話并不是在給「形」作定義，而是說：要通過「形」（動＝「決、積」）來實現「**勝者之戰民**」所需要的「**水於千仞之谿者**」之「勢」。所以後面加上了「形也」。

同樣，「**戰勢不過奇正**」并不是在說「勢」，而是指「形」。「形」是積攢「勢」的手段，「戰勢」其實指的就是「**形人而我無形**」的這個過程。那麼「**戰勢不過奇正**」也是說「形」包含「奇正」兩種方式。

而〈始計〉篇「計利以聽，乃為之勢，以佐其外」一句中，「為之勢」就是「形」，「因利而制權」也不是對「勢」的解釋，而是對「為之勢」——「形」的解釋。其後「兵者，詭道也。故能而示之不能，用而示之不用，近而示之遠，遠而示之近；利而誘之，亂而取之，實而備之，強而避之，怒而撓之，卑而驕之，佚而勞之，親而離之。攻其無備，出其不意。」同樣指的是「形」的具體方法策略，而不是作為「勢」的備註。所以之後「勢者，因利而制權也」一句的主語，確切的說應該是「為之勢者」。

由此看來，孫子對於「形」「勢」的概念是始終如一的（後幾篇中的「形」「勢」指的是地形、地勢），而且界限分明邏輯清晰的。後世多將「形」「勢」混同合稱「形勢」，僅作為一種狀態的表徵，正是因為沒能理解《孫子兵法》「形」「勢」的精義——以「形」「勢」為工具進行思考、分析、謀劃的過程。


唐太宗評價《孫子兵法》：「朕觀諸兵書，無出孫武。孫武十三篇，無出虛實。夫用兵，識虛實之勢則無不勝焉。」李靖也說：「千章萬句，不出乎『致人而不致於人』而已。」《李衛公問對》中的這種表述常為後世所樂道，可見大多數讀《孫子兵法》的人還是忽略了其中最核心的內容。即便知道應該「致人而不致於人」，但是應該如何去做到這點呢？如果只知道該做什麼，卻不知道如何做到，依舊無法克敵制勝。

不知道孫子是確有知人之明，還是不幸言中：「人皆知我所以勝之形，而莫知吾所以制勝之形」——後人都能看到我是如何取得勝利的，卻不知道我是如何進行思考的。

從第一篇〈始計〉到〈虛實〉，孫子有一個明顯的特點就是只談「應該作什麼」，不談「具體如何做」。〈始計〉篇講五事七計，但是卻對於如何富國強兵只字不提。之後談「形」「勢」「虛實」「奇正」也都沒有具體說明「如何出奇」「如何實現我專敵分」等等。為什麼？因為具體的方案是死的，先前的辦法換了不同的情景，不一定會發揮

相同的效果。但是，在考慮同類事情上（比如說戰爭），只要它的本質沒有發生變化（**死生之地，存亡之道**），那麼它的價值原則（勝、速、全）和思考方法（形勢、奇正、虛實）就不會發生改變。

明確了價值原則，掌握了思考方法，就能根據自己當時身處的具體環境情景，創造出合適的解決方案。相對而言，研究歷史實例只是掌握這一思維方式的一種鍛煉而已，不能將戰例作為某種一成不變的公式。

知識可以傳授，方法可以模仿，但是「如何思考」才是智者之「智」的真正體現。先秦的著作多為問答的形式來闡述問題，或描述、或議論、或感慨。唯獨《孫子兵法》，記述的既不是評價，也不是論斷，而是記述了一個思考的過程——并希望通過此種方式，教導後來人「競爭中的思維方式」。

在徹底清楚了「形」「勢」這兩個概念之後，可以再回過頭來重新體悟一下〈形〉〈勢〉〈虛實〉這三篇內容。

〈形〉篇的要點是「**先為不可勝，以待敵之可勝**」。「形」是部「部署」的意思。那麼「**先為不可勝**」就是說：在戰爭開始時，我方的部署要避免出現戰略漏洞，尤其是要避免我方的重要戰略目標——「必救」目標遭到敵方的威脅。之後「**待敵之可勝**」，在發現了敵方確鑿的戰略漏洞後，迅速的調整己方的部署，從戰略防御轉向戰略進攻。

這個戰略漏洞就是〈虛實〉篇中所講的「虛」——確切地說是因為這個戰略要點「虛」所以才會形成「漏洞」。反之，我方集中兵力投入進攻就是為了形成「實」。當我方成功通過「藏」與「動」，隱秘而迅速的對敵方重要價值目標形成威脅之後，敵方不得不重新調整部署以應對這個威脅或彌補已然遭受的損失。這種被迫做出的重新部署通常是很容易預判到的行為。而且，目標越重要、威脅越高、損失越大，可選擇的應對方式反而會越單一，這就是孫臏所說的「形格勢禁」——站在己方的角度上，這個過程就是「**形人**」。

「勢」簡單的說就是「在具體交戰時雙方的實力差」。由於軍隊的戰鬥力受到兵力、體力、士氣等可變因素的影響極大，所以軍隊的戰鬥力也是在不斷變化的，故而雙方的「實力差」──「勢」也是在不斷變化的。最好的情況就是〈勢〉篇中所說的「**其勢險，其節短**」──「勢險」就是說雙方的「實力差」大，「節短」就是說在不斷變化的實力對比中抓住雙方實力差距最大的那一瞬間。

當然，如何做到「**其勢險，其節短**」就是具體兵法運用的「戰爭藝术」了，也就是之後篇章的內容了。

# 10 〈軍爭〉篇注

　　通過前六章介紹的戰略原則與思維方式，將領已經基本瞭解該如何構劃一場戰爭了，但是如何將頭腦中構劃的策略付諸實施呢？在實施的過程中又會遇到哪些問題呢？這就是〈軍爭〉〈九變〉〈行軍〉〈地形〉〈九地〉五篇所論述的內容，其中〈軍爭〉可以說是這五篇的總綱，起到承上啟下的作用。

　　孫子在這幾篇中提出了許多軍事行動的具體原則。盡管其中一些已經因為時代的變化而過時，但是孫子看待問題的角度、分析問題的方法並不過時。隨着時代的演進、戰爭形態的變化，曾經的原則也許會不再適用，但是掌握了思維方式則可以根據新的情況發現新的原則。如果想將《孫子兵法》應用於其他領域，更是要學其「大略」而不可以拘泥於文字本身。

**孫子曰：**
**凡用兵之法，將受命於君，合軍聚眾，交和而舍，莫難於軍爭。**
用兵作戰的法則，從將領接受君主的任命、召集兵眾指揮大軍，到與敵人交戰，這其中沒有比「軍爭」更困難的事了。
**軍爭之難者，以迂為直，以患為利。**
「軍爭」之所以困難，是因為要以曲線為直線，以禍患為利益。

　　**「合軍聚眾」**是指集結和平時期分散駐防在各地的軍隊，而在封建時代相對應的是召集各地貴族領主帶領士兵去指定的地點集結成軍

隊。周朝時，軍營的正門稱為「和門」，「交和」就是形容兩軍面對面扎營准備開戰的樣子。「舍」是「扎營」的意思，所以古代將行軍一天（從早上拔營到晚上再次扎營），這段距離也稱作1「舍」（30里，約12.47公里）。「**將受命於君，合軍聚眾，交和而舍**」是在描繪整個出兵打仗的過程，在整個過程當中，最困難的是「軍爭」。

「軍爭」爭什麼？爭利，就是「*爭奪那些對於勝利有幫助的戰略目標*」——或者更進一步說：爭奪主動權。有了主動權才能「致人」「動敵」「形人」，有了主動權才能做到「我實敵虛」。

我方的戰略意圖最好不要被敵人發現。如果被敵人發現了，敵方為避免受制於人，勢必要調兵遣將與我方爭奪這些戰略目標。那麼我方是否能夠在敵方的援軍之前抵達、奪取這個戰略目標，就是一個至關重要的問題。而問題的核心就是速度，〈形〉篇中就明確說「**善攻者，動於九天之上**」。拿破崙也將軍隊的戰略機動視為戰爭藝術的要點：「行軍就是戰爭」；「戰爭的才能就是運動的才能」；「善於運動的軍隊必然能獲得勝利」。

但是打仗不是田徑比賽，大家不是按照既定的路線在體育場裡面跑圈。戰場是複雜多變的，也沒有公平的規則。所以在這場「軍爭」的「比賽」中，雙方的路程并不相同，道路的險易也不相同，不是同時起跑，甚至沒有規則也沒有裁判。但是輸掉比賽只是輸掉了獎牌而已，輸掉了「軍爭」則可能輸掉整場戰爭。

## 故迂其途，而誘之以利，後人發，先人至，此知迂直之計者也。

*如果想讓敵人走更遠的路，就用利益誘惑他。做到比敵人後出發，但卻比敵人先到達，這就是懂得「迂直之計」的將領。*

如果預計敵人會先於我方到達目標怎麼辦？可以通過利益誘惑分散敵人的注意力，使他們在誘餌的引導之下多跑一些路程，這樣就可以讓本應比我方先抵達的敵軍反而在我方之後才到達。然而僅把這句

話作為「迂直之計」的全部內容似乎顯得太過單薄。而從〈始計〉篇對於「計」的解讀來看，「迂直之計」中的「計」也不是後世「計謀」的意思，而同樣應該是「計算」的意思。如之後〈地形〉篇有「**計險厄遠近**」，顯然這個「計」也是「計算」的意思，而且這句話所表達的意思很接近「迂直之計」。但不可否認，本句中的「迂直之計」確實像是在說一種計謀，一種通過利誘讓敵人繞彎路的計謀。

那麼「迂直之計」究竟指的是什麼？待瞭解了後文的內容，再做進一步分析。相比之下，孫子對於「以患為利」進行了詳細分析，還列舉了三種不同情況給讀者作為參照。

## 軍爭為利，軍爭為危。

「軍爭」是為了利益，「軍爭」也存在危險。

## 舉軍而爭利則不及，委軍而爭利則輜重捐。

動員全軍和敵人爭奪利益的話，因為行軍速度慢可能會趕不上敵人。如果想要加快行軍速度，則要放棄（甚至丟棄）糧草輜重。

軍隊行軍，不僅僅是士兵的行進，還需要運輸各種軍需物資。這些軍需物資主要有三種：1、軍備；2、糧草；3、營帳。軍備雖然可由士兵隨身攜帶一部分，但是也需要進行多餘的儲備，用以補充弓弩的箭矢，替換損壞兵器所需的備份，修補戰車的器材等等。糧食雖然也可以由士兵自己攜帶一部分，但是分量畢竟十分有限，不是長久之計。也不可能隨吃隨搶，所以必須要有所積蓄。而且除了糧食本身，做飯打水的各種器具也需要專門的運輸。打仗時的確是經常風餐露宿，但也不能天天如此，否則一遇颱風下雨，士兵就容易滋生疾病。比如，對於拿破崙打擊最大的不是反法聯盟的軍隊，而是俄羅斯的「冬將軍」。禦寒的棉襖被褥在天氣冷的地方無疑是必需品，除此之外還有在長時間的駐軍中帳篷更是必不可少。在某些情況之下，做飯取暖的柴火都要進行一些預先儲備。穿越沙漠時則要預先規劃飲水的補充。沒有這些，軍隊都是無法長時間作戰的。

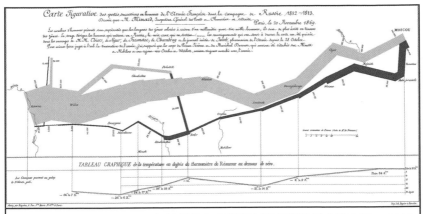

Charles Minard 於 1869 年繪製的拿破崙遠征俄羅斯的兵力變化圖。 1812 年 6 月,拿破崙率領兩個梯隊共 68.5 萬人遠征俄羅斯(圖中所繪的是拿破崙親率的第一梯隊的兵力情況,所以在數據上有所差異)。由於受到嚴寒、飢餓、傷病的折磨,雖然他戰勝了俄軍,但卻無法征服俄羅斯。這次曆時不到半年的遠征中,拿破崙損失了 47-53 萬人,成為他日後失敗的根本原因。

其實不僅是俄羅斯的冬天,俄羅斯的夏天也同樣嚴酷,偶爾的暴雨更是讓原本不良的道路更加泥濘難行,而干燥後不再平整的道路使得運輸車輛經常損毀。且西歐的馬匹也不適應俄國的土地,遠征剛開始不久就成批病倒,這又進一步加深了法軍的後勤災難。法軍的騎兵也因馬匹不濟而戰鬥力大減。

　　那麼問題就來了。讓士兵帶着大包小包,與拖運各種物資的大車一起前進,必然會嚴重拖慢行軍速度。而扔下這些後勤補給,讓士兵快速前進,又無法長久作戰。若只留下小部隊運輸補給,很可能被敵方襲擊。為了避免小部隊被敵人殲滅,或是為了保證大部隊的數量,有時候這些補給物品只能就地丟棄,所以叫「**輜重捐**」。如何在輜重與行軍速度之間進行抉擇,確實是個困難的問題。


**是故卷甲而趨,日夜不處,倍道兼行,百里而爭利,則擒三將軍。勁者先,疲者後,其法十一而至;**

所以讓士兵打包鎧甲,輕裝疾行,晝夜兼程,分兵幾路同時前進,一天急行軍百里與敵方爭奪利益,那麼我方的將領就會被敵

人擒獲（全軍覆沒）。軍中體能好的人跑在前面，體能差的人落在後面，這種做法大約只有十分之一的士兵可以抵達目的地。

## 五十里而爭利，則蹶上將軍，其法半至；

急行軍五十里與敵方爭奪利益，這樣會折損前軍先鋒，有半數的士兵可以抵達。

## 三十里而爭利，則三分之二至。

急行軍三十里與敵方爭奪利益，則會有三分之二的士兵抵達。

## 是故軍無輜重則亡，無糧食則亡，無委積則亡。

所以軍隊沒有輜重就會敗亡，沒有糧食就會敗亡，沒有儲備就會敗亡。

士兵們的身體素質是良莠不齊，有些體能好，有些跑得慢。如果全軍一起向一百里外的目標不分晝夜的急行軍的話，那麼就會像跑馬拉松一樣，隊伍會稀稀拉拉的散成一串，最後大概就只有十分之一體力最好的士兵可以到達目的地。但是跑到了還不算完，因為這是在和敵人「爭」，到達目的地不免還要和敵人打一仗。然而我方只有十分之一的部隊到達，所以定然會被敵人的大部隊擊敗，而散落在道路上的我方部隊同樣面臨這種困境。這種情況和孫子說的「**以十攻其一**」的情況類似，容易被人各個擊破，如此全軍上下都會成為敵人的俘虜。

春秋初期，晉文公成立上中下三軍，其中以中軍為尊。對照之後歷史常用的部隊劃分來講，中軍是指主力部隊，上軍則是指前鋒或先頭部隊，下軍則是殿後部隊。一天急行軍五十里，也有一半的軍隊無法到達。如果此時與敵人交戰，我方很可能仍然在人數上居於劣勢，那麼想要盡力保護中軍的話，上軍前鋒就要拼死作戰，雖然不一定會全軍落敗，但前鋒將軍仍有可能戰死。

即便是急行軍三十里──這基本是當時的正常一天行軍距離，也會有三分之一的人無法到達。為什麼會這樣？有幾種可能：一是正常「每天行軍三十里」是在道路良好，沒有敵人阻攔的情況之下，而孫子所說的三十里可能是沒有道路的複雜地型；二是這裡指的三十里是

急行軍，是比快，不一定有完整的一天時間；三是部隊到達後還要同敵人交戰，所以會有 1/3 的人因為體力不支而無法繼續作戰；四是需要留下 1/3 的部隊需要保護後方輜重，無法參加戰鬥。

由此可見，在急行軍之前將領必須先要算一筆賬。先算算我軍有多少人可以到達，到達之後能不能擊敗敵軍。然後才能制定作戰方案，否則就是搶先到達了目標地點，也會被敵人擊敗。現代戰爭中，雖然士兵的投送能力遠超古代，但是這種計算仍是必不可少的：機動化部隊可能因為推進速度太快，不得不停下等待後方補給及步兵跟進；傘兵雖然可以突入敵軍後方，但必須要通過空軍的不斷補給，同時也要規劃好接應或撤退行動。如不在行動前考慮到利害得失，孤軍深入的部隊雖然可能給敵人造成暫時的混亂，卻免不了最終全軍覆滅的危險。

對於商業而言，以上這段話可以視作擴張速度與保證公司現金流之間的關係：用大量資金擴張企業規模或投資研發新技朮雖然可以提高自身競爭優勢，但也可能造成公司的資金鏈緊張，甚至因小的失敗導致資金鏈斷裂；保證自己的現金流充裕卻有可能導致自身的擴張慢於競爭對手造成市場份額流失。這不就是「**軍爭為利，軍爭為危**」嗎？其中如何取捨就要看將領和企業家的智慧與判斷力了。


## 故不知諸侯之謀者，不能預交 ；
## 不知山林、險阻、沮（jǔ）澤之形者，不能行軍 ；
## 不用鄉導者，不能得地利。

不知道諸侯的國家戰略，就不能在戰爭之前預先做好外交工作。不瞭解當地的各種地理地型情況，哪裡有山林、哪些地方易守難攻、什麼地方有沼澤無法通行等等，就不能規劃行軍路線。不能使當地人作為向導的，就不能充分利用地型環境優勢。

在山林、險阻、沮澤等等不同的地型，行軍速度甚至方式都是不同的，將領不能詳細瞭解，就不能制定行軍方案。具體的內容在〈行

軍〉篇有詳細的介紹。

　　第三句裡的「鄉導」就是指「熟悉當地情況的當地人」。現代城市人很少和周邊的土地打交道，古代人不一樣，絕大多數生活物資都要從周圍的環境中取得，所以對自己周邊的環境十分熟悉。外來人雖然可以通過偵查對當地的地型進行基本瞭解，但是當地的道路狀況如何、天氣如何變化、哪裡有山泉水井、有沒有常人難知的隱秘小路、什麼地方有不同尋常之處等等，都不是短時間之內外來人可以自己探查清楚的，必須要通過本地人才能瞭解。瞭解了這些情況之後，才能充分利用當地的地理優勢。

　　不過「鄉導」一詞大概很容易讓人聯想到「漢奸」——作為當地人，怎麼可以向敵國的軍隊提供情報呢？其實即便是在本國的土地上作戰，往往也要依靠「鄉導」的幫助。而且，古代邊境比較模糊，中國古代的內戰很少涉及「民族大義」，當地人是否支持外人，主要是看對外來者的印象以及當地執政者是不是得民心。如果當地執政者橫徵暴斂、視民眾如草芥，那麼即便是有敵人來侵略，也會施與幫助；相反，如果侵略者肆意荼毒當地百姓，除非用殘忍的手段脅迫，否則也不可能得到哪怕一丁點幫助。這便是所謂的「得民心者的天下」，也是孫子在〈始計〉篇中所說的「**主孰有道**」。當然，「鄉導」中也難免有利欲燻心的人，不問善惡對錯，只要能得到個人利益就會給入侵者提供幫助。

　　這段話在後文〈九地〉篇中還重復出現。在本篇這段話主要是強調後兩句：不知道地理條件和各種地型的行軍方法，就無法帶領軍隊快速行進。


## 故兵以詐立，以利動，以分合為變者也。

　　「**兵以詐立**」應該後人批評《孫子兵法》最主要的原因之一，與〈始計〉篇中的「**兵者，詭道也**」一樣，都被用來作為「孫子提倡陰謀詭計，做事不擇手段」的證據。中國古代儒家喜歡標榜「仁義」「道

德」，看不起法家，對於兵家也常有微詞。史學家從司馬遷開始就受儒家影響極大，所以從《史記》開始對於法家、兵家的諸多人物就帶有不小的偏見，很遺憾的是，這種并不客觀的記述極大的妨礙了後世對於前代成功和失敗的分析總結，這也許正是中國軍事思想從先秦的頂峰一直持續衰落重要原因之一吧。

諾曼第戰役前盟軍用來欺騙德國偵察機的假坦克，盟軍通過大量佈置這些假的裝備模型，來欺騙德軍偵察機，通過錯誤的兵力部署情報誤導德軍高層對於盟軍真正登陸地點的判斷。可以說諾曼第戰役是戰爭史上規模最大的「欺詐行動」。

盟軍內部也僅有少數軍官瞭解「D-Day」的詳細內容，他們被冠以「比戈」（Bigots）的代號。這些人不允許前往任何可能被敵軍俘虜的危險地區。然而，在一次演習中，美軍的幾艘登陸艇被意外出現的德軍魚雷艇擊沉，近千名美軍士兵遇難，其中包括 10 名「比戈」。由於任何「比戈」被抓獲乃至下落不明都將導致入侵行動被取消，所以盟軍高層分外緊張。直到全部 10 人的屍體都被找到，諾曼第登陸計劃才得以保留。

而普通的士兵，僅僅是在執行任務的前一刻才知道自己將要面對的修羅場是諾曼第。

　　「詭」「詐」無疑是「戰朮」的基礎，只有不讓敵人瞭解我方真實意圖，甚至錯誤判斷了我方真實的意圖，那麼「戰朮」才有可能達到相應的結果。如果敵人事先就瞭解了我方的戰朮計劃，自然也會相應的作出防備。所以就要「**故能而示之不能，用而示之不用，近而示**

之遠，遠而示之近」。現代各類武器裝備上攜帶的「干擾彈」也是「兵以詐立」的體現。不但戰爭中與敵人對峙時要保持「詐立」，其實和平時期的軍隊也要保持「詐立」。在現今偵查手段高度發達的當今，各國對於自己兵力部署的相關情況仍然高度保密。為什麼？「兵者，國之大事，死生之地，存亡之道」也！

這裡講「兵」，很多讀者只看到第一句，就認為「詐」是「兵」的基礎或是核心，這種看法直接就忽略了後面兩句，從句式上講三句應該是并列關係，也就是說「詐立」只是兵的一部分，還有「動」和「變」兩方面內容。

「動」一定是要以「利」為目的，輕舉妄動只會徒然消耗士兵的體力與補給而已。之前提到過，孫子將「利」看做是「動」的充分必要條件。

「以分合為變」也很重要，後文還有多處涉及「變」的內容，比如「治變」「九變」「九地之變」「五火之變」。不過歷代注家對於「分合」的解釋卻不盡相同，一種理解是認為「分合」指的是軍隊兵力的分合（也有引申為分進合擊），另一種理解認為「分合」是指接觸或離開敵軍，也有人認為「分合為變」就是指「奇正之變」。這幾種說法哪種更合理，待到後文時可以再做講解。


## 故其疾如風，其徐如林，侵掠如火，不動如山，難知如陰，動如雷震。

急行軍時像風一樣迅速；緩慢推進時像樹林一樣嚴整；進攻掠奪時像火一樣猛烈；防守時像山一樣巍然不動；隱蔽的時候像陰影一樣難以察覺；發起行動時像雷震一樣聲勢浩大。

這段話在日本很著名，也和《孫子兵法》在日本的流行大有淵源。日本戰國時期的名將武田信玄就以「疾如風徐如林侵掠如火不動如山」作為自己的軍旗。作為當時首屈一指的名將，其在日本的影響力

本身就已經很大了，而更重要的是他還在三方原之戰中大敗日後一統日本的德川家康。經歷了慘敗的家康痛定思痛，認真研究武田信玄的兵法，信玄所喜愛的《孫子兵法》自然是重中之重。其實不只是武田家，戰國時代其他重要的大名也都十分崇尚《孫子兵法》，但通常都是各家秘藏，直到進入江戶時期，才廣為流傳，供中下層武士學習。

但是許多人認為這句話在《孫子兵法》的諸多名句中其實并不出彩，那為什麼武田信玄卻對此句情有獨鐘將其當做軍旗呢？因為孫子用寥寥數語就描繪了一支任何將領都渴望擁有的精銳部隊。有了這樣一支軍隊可以說在「**士卒孰練**」一條上絕對可以穩操勝券了──治軍練兵本身也是兵法的重要組成部分。也正是在「風林火山」旗的督促之下，武田軍團成為了日本戰國時代首屈一指的精銳部隊。

放到現代軍事裝備研發，「風林火山」同樣適用：「**其疾如風**」=機動能力；「**其徐如林**」= 裝備之間的協同配合能力；「**侵掠如火**」=打擊能力；「**不動如山**」= 生存能力；「**難知如陰**」= 隱蔽能力；「**動如雷震**」= 快速反應能力。

2019 年 11 月 19 日，美國的 F-35 匿蹤戰鬥機舉行了首次「大象漫步」演習，這項演習主要是鍛煉大規模飛機緊急起飛。雖然是跨越時代跨越軍種，但是這種場面不正是孫子所說的「**其徐如林**」嗎？（U.S. Air Force Photo by Cynthia Griggs）

**掠鄉分眾，廓地分利，懸權而動。**

通過不斷的掠奪敵國鄉村，分散敵軍的兵力；擴大戰場范圍，從而分散敵軍原有的地利優勢；保持自己的靈活性，根據敵人的變化伺機待發。

孫子不但提倡欺詐，竟然還大逆不道的提倡搶劫！

其實，在現代軍功榮譽、後勤體制、福利保障建立之前，禁止士兵在戰爭中掠奪幾乎是不可能的，只是程度問題而已。戰場是**「死生之地」**，正如曹操所講：「軍無財，士不來；軍無賞，士不往」。若是沒有足夠的收益，又會有幾人和願冒着生命危險上陣殺敵呢？

搶敵國一斤糧食，就相當於為本國的民眾節省了二十斤糧食（**食敵一鐘，當吾二十鐘**），二者之間孰輕孰重？為了個人的名譽毀謀棄詐，卻放任自己的士兵在戰場上被敵軍屠殺，於公於私孰仁孰暴？**「兵者，國之大事，死生之地，存亡之道」**，用對最小的代價贏得戰爭，就是將領最大的「仁」。而這個「最小的代價」就是〈謀攻〉篇中所說的「全」，如果可以自然是**「全敵為上，破敵次之」**，如果無法實現則是**「全己為上，全敵次之」**。

如果部隊軍紀良好，通常只是掠奪敵國官府庫存及官宦私宅。假若部隊缺乏糧草，軍隊也難免向當地百姓「強徵」——通常是有組織的。若是戰爭烈度高、我軍傷亡大，將領就會些許的放鬆對士兵的管束。如果軍紀敗壞，將領又不加約束甚至本身就性情暴虐，那當地百姓的境遇就比較悽慘了……對於後兩種「掠」，從《孫子兵法》的內容來看，孫子是并不贊同的。尤其是最後一種，孫子還在〈火攻〉篇中明確提出了批評。


## 先知迂直之計者勝，此軍爭之法也。

能夠事先規劃出路線、計算出行軍日程的將領可以獲得勝利，這就是「軍爭」的法則。

影響軍隊抵達目標地點的時間有三點：1. 士兵的行進速度；2. 距離的遠近（迂直）；3. 行軍過程中是否遇到阻礙（引誘或阻擊）。而影響軍隊行進速度的因素也有三點：1a. 士兵的身體素質與隊列訓練；1b. 道路及地型的狀況與對其的熟悉程度（鄉導）；1c. 攜帶戰略物資

的多少。當然，還要考慮天氣及地質災害可能造成的影響。這部分情況有些是可預估的，比如冬季大雪會將山路封鎖等等；也有些是不可測的，比如突如其來的洪水等等。

「誘之以利」只是第 3 條中的一種情況而已，顯然很難作為「以迂為直」的全部要領。

「以患為利」則涉及到 1c。而之後孫子又提到了要依靠「鄉導」幫助屬於 1b，描繪了 1a「風林火山」的軍容，還提到了軍爭失敗後的彌補措施。而第 2 項「距離的遠近」相較而言是較為客觀的存在，但是我方仍可以像〈始計〉篇中所說的那樣**近而示之遠，遠而示之近**，讓敵人察覺不到我方已經展開了行動，使其貽誤時機，我方從而做到「迂而先至」。

而且，既然「以患為利」是對於自身軍隊投送能力和敵方守衛兵力的權衡，那麼對於「軍爭」另一個至關重要的問題就是全軍抵達目的地所需的具體時間。而具體的時間就是根據以上諸多影響進行計算的結果——我認為這才是真正的「迂直之計」，即**對於不同路徑行軍時間的計算**。規劃行軍路線是將領和其參謀的一項基礎能力，雖然孫子的時代很難做到精確的計算，但是雙方誰計算的更全面、計算的更准確，誰就可以對於多條路徑多種情況進行比較分析，這就是將領才智的體現了。


**《軍政》曰：「言不相聞，故為之金鼓；視不相見，故為之旌旗，故夜戰多火鼓，晝戰多旌旗。」**
《軍政》上說：「因為聽不見對方的話語，所以使用金鼓這些樂器；因為看不清行動，所以使用高懸的旗幟。所以夜間的戰鬥多使用火把與樂器，白天的戰鬥多使用旗幟。」
**夫金鼓旌旗者，所以一民之耳目也。**
金鼓旗幟，都是為了統一士兵的耳朵和眼睛，使他們能夠統一行動。

## 民既專一，則勇者不得獨進，怯者不得獨退，此用眾之法也。

如果統一了士兵們的行動，那麼勇敢的士兵就不會獨自前進，膽小的士兵不會單獨後退，這是指揮大部隊的基本法則。

《軍政》是比《孫子兵法》更古老的兵法，或是說「軍法」。其內容也相當基礎，就是戰場上號令的傳遞。這在之前〈形〉篇中已經有所涉及。

旌旗可以傳遞很複雜的資訊，比如海軍用的旗語。但是在黑夜中看不見怎麼辦？就只能依靠火光和聲音。有些注家認為這句話是「虛增旌旗火把，以擾亂敵方」的意思。這種觀點也不失為一種策略。

金鼓旌旗的作用就是為了在大范圍內短時間傳遞軍令，讓軍隊整齊劃一，不會因為有些部隊收到命令有些部隊沒收到命令而使軍隊整體出現混亂。更重要的是訓練士兵聽命行事，讓軍隊形成一個整體。

在戰場上，假若膽小的士兵懾於敵方的氣勢自行逃跑，不但會讓己方的陣型出現缺口，更會造成其他士兵的精神動搖。逃跑的士兵越多，陣型的缺口就越大，也就越無力與敵人對抗，進而形成雪崩式的潰敗。

防止出現逃兵比較好理解，然而為什麼「勇者」也不可以「獨進」呢？試想一下，如果一個勇者脫離大部隊先沖入敵軍戰陣，就要面對被敵方多人圍攻的局面，而身後的隊友又在後面遲遲無法支援，那麼這些孤零零的「勇者」多半會在兩軍真正交戰之前就被殺死，最勇敢的人都先死了，對於沒那麼勇敢的人來說就是一種不小的心理打擊，部隊的戰鬥力同樣會大打折扣。

戰爭是一種集體行動，所以在軍隊裡最為強調紀律性的原因，主要就是為了使部隊「齊勇若一」。

## 三軍可奪氣，將軍可奪心。

軍隊的氣勢可以消滅，將領的心智可能混亂。

「氣」是中國古代很重要的一個概念，本意是「氣體」，但也引申為「生命力」及「精神狀態」的體現。「心」在這裡主要指人的意志力與判斷力。

之前也提到過，〈軍爭〉是後幾篇的總綱，〈行軍〉〈地形〉兩篇主要涉及「地利」，而〈九變〉〈九地〉兩篇則是涉及「氣心」。

## 是故朝氣銳，畫氣惰，暮氣歸。

早上人的鬥志最旺盛，白天會變得怠惰，到了晚上就希望回去休息。

## 善用兵者，避其銳氣，擊其惰歸，此治氣者也。

善於用兵的將領，會避開敵人鬥志最旺盛的時候，在敵人精神倦怠的時候發動攻擊，這是對於士兵精神狀態的管理。

人在一天中的不同時段精神狀態是不同的。早上精神狀態最好，然後逐漸就會變得疲憊。尤其是在中國古代飲食中，午飯攝入澱粉類食品比例較高的情況下，人更容易產生困倦。等到了傍晚，人就下意識的要逃避不能見物的黑夜，回到自己認為安全的地方進行休息。現代人因為燈光的緣故所以很多人變成了「夜貓子」，不過若是在缺少光源的地方，這些「夜貓子」也會隨着黑暗的到來而進入休息狀態。

那麼在己方軍隊精神狀態好的時候攻擊敵人精神狀態不好的時候，就可以取得不小的優勢。然而人的生物鐘都是相同的，我方「朝氣銳」的時候，敵人也是「朝氣銳」，敵方「畫氣惰」的時候，我方也是「畫氣惰」。也正因如此，才需要對軍隊「治氣」——保持己方的「銳氣」，而讓敵人產生「惰氣」。當然，孫子也可能是用「朝氣」「畫氣」「暮氣」來形容、代指士兵鬥志隨着時間不斷衰減的狀態。

《三國志》中記載了這樣一個故事。曹操出兵征討張繡，包圍了
穰（ráng）城。對峙期間，聽說北方的袁紹要趁虛攻打自己的都城許
昌，於是就撤兵回援。張繡要追擊，謀士賈詡勸阻說：「追擊必敗。」
張繡不聽，領兵追擊，果然被曹操痛擊。張繡率兵回城，賈詡又說：
「將軍趕快再次領兵追擊，必然能夠取勝。」張繡不明白怎麼回事。
賈詡則保證：「情勢已經發生變化了，你聽我的，肯定能勝。」張繡
聽從了建議再次追擊，果然擊潰了曹操的後衛部隊。得勝歸來後，張
繡請教其中的原因。賈詡說：「您雖然善戰，但是終究比不上曹操。
曹操善於用兵，必定親自斷後。在沒有失敗的情況之下撤兵，軍隊士
氣依然旺盛。所以即便將軍率精兵追擊，曹操已然有所防備，因此必
定失敗。曹軍撤退倉促，必然是大後方出現了變故。成功阻擊了追兵
之後，曹操勢必會讓原先殿後的精銳部隊全速回援，新的殿後部隊以
為不會再有追擊，所以防備就會鬆懈。因此第二次追擊反而能夠取得
勝利。」張繡的第一次追擊失敗，是因為曹操即便撤軍但還保持的「銳
氣」，第二次追擊成功是因曹操認為不會再次遭到追擊而產生了「歸
氣」，新的後衛則是轉為了「惰氣」。

所以「治氣」不僅是治理自己部隊的精神狀態，也要瞭解（甚至
控制）敵方的精神狀態。雖然這裡講的是「治」，但同樣也是要「知
彼知己」，後文的其他三「治」亦然。之前的「軍爭」同樣是要「知
彼知己」：只有知道了對方的情況，才能正確的選擇使用哪種方式進
行「軍爭」。「知彼知己」（情報）是「兵法」運用的基礎，希望讀
者在閱讀《孫子兵法》的過程中謹記這點。

## 以治待亂，以靜待嘩，此治心者也。

我方保持秩序井然等待敵人出現混亂，我方保持鎮靜等待敵人軍
心動搖，這是對於軍心的管理。

軍心也是將領管理能力的體現。戰爭中駐軍在外，士兵們多半無
所事事；時間長了，士兵不免思鄉；無聊久了，軍中難免生事。

如果將領自己也陷入焦慮之中，注定也管不好軍隊，更可能因為自己的心浮氣躁而出現決策錯誤。

日本劍道史上最著名的比武「嚴流島之戰」就是其中一例。（對於此戰的記載，也是小說的成分超過史實。）後起之秀宮本武藏挑戰成名已久的劍道高手佐佐木小次郎。佐佐木小次郎也不敢怠慢，在決鬥之日早早的就來到兩人相約的地點岩流島等待，但是宮本武藏卻遲遲沒有出現，直到將近黃昏時，才拿着一把用船槳削成的木劍出現。經過一天的等待，早已心緒焦躁的佐佐木拔出長劍扔掉劍鞘便沖向宮本武藏。武藏見狀則說道：「劍與鞘本是一體，你扔掉劍鞘，如何贏我？」最終，悟到「一切即劍」的宮本武藏憑藉一把木劍將奉行「劍即一切」的佐佐木小次郎擊殺。這一戰，宮本武藏即是勝在「**以靜待嘩**」。

## 以近待遠，以佚待勞，以飽待飢，此治力者也。

要讓我方士兵走的路程短而讓敵人走的路程遠，要讓我方精力充沛而讓敵人疲憊不堪，要讓我方士兵吃飽喝足而讓敵人飢腸轆轆，這是對於士兵體能的管理。

這句和〈虛實〉篇中的「**致人而不致於人**」是一個意思。這裡要多說一句：為什麼〈虛實〉篇中說「**致人而不致於人**」就能做到「**飽能飢之**」呢？原因就是上文說的，「**委軍而爭利則輜重捐**」，就是說敵人不得不扔下充足的糧草，從而加快行軍的速度與我軍展開爭奪。所以原本能夠吃飽的士兵不得不餓着肚子趕路。「**軍爭為危**」同樣也會作用在敵人身上，將領如果能夠做到「形人」「致人」，進而就能夠做到「**以近待遠，以佚待勞，以飽待飢**」。

「治力」與「治氣」的關鍵就是〈勢〉篇中所說的「節」——時機。因為「力」和「氣」的都會逐漸衰弱，所以要盡量在其頂峰時，快速的釋放出去，這就叫「節短」。否則時間一長，就會「力竭氣衰」，所積攢的「勢」就會消耗殆盡。

**無邀正正之旗，勿擊堂堂之陣，此治變者也。**

不要向旗幟整齊的敵人發起挑戰，不要去進攻陣型嚴整敵人，這是對於「變」的管理。

「堂堂」「正正」，就是氣盛、心靜、力強，所以不可擊。

問題是這一句為什麼是「治變」？而之前孫子說「**以分合為變**」，兩處「變」的意思是否想同呢？之前介紹了三種「分合」的解釋：一是己方兵力分開或合并；二是敵我兩軍分離或接觸；三是同奇正之變。這裡「無邀」「勿擊」顯然是不要於敵人交戰的意思。不與敵人交戰的話，是要分散兵力嗎，還是要出奇制勝？孫子都沒有明確表示。而「與敵軍分離」則與「無邀」「勿擊」意思類似。既然如此是否可以確定，孫子說的「變」是「攻擊或不攻擊敵人」（類「變通」）的意思呢？對於「變」含義的解釋十分重要，因為這對於理清之後〈九變〉篇的內容很有幫助。在〈九變〉篇中再對其意義進行進一步的詳細討論。

「治氣」「治心」「治力」「治變」在現代企業管理中也十分具有參考價值。比如，管理好員工的工作積極性與創造能力就是「治氣」；不能控制好員工的心理及情緒狀態就很可能造成公司的管理混亂，這屬於「治心」；保持員工的身體與精神狀態充沛，其實更有助於提到員工的工作效率、提高積極性、減少失誤率，反之一味的通過加班來換取業績成長的企業必然無法保持長久的競爭力，就是因為不懂得「治力」；知道什麼專案可以接什麼專案不可以接，知道什麼領域可以進什麼領域不可以進，就是「治變」，不懂「治變」就會因為無效的投資使企業喪失大量利潤甚至面臨倒閉。

**故用兵之法，高陵勿向，背丘勿逆，佯北勿從，銳卒勿攻，餌兵勿食，歸師勿遏，圍師遺闕，窮寇勿迫，此用兵之法也。**

用兵的法則：不要仰攻地勢高的敵人，不要迎擊從山坡上沖下來的敵人，不要追擊假裝逃跑的敵人，不要進攻鬥志旺盛的敵人，不要理睬那些誘騙我方出戰的敵人，不要阻攔撤回國內的軍隊，包圍敵人的時候要留出讓敵人逃跑的缺口，對於走投無路的敵人不要逼迫太緊。這些都是用兵的法則。

最後，孫子有列舉了 8 種禁忌，與之前「無邀」「勿擊」十分類似。如果將「變」理解為「攻或不攻」，那麼這 8 種情況也可以是做對「治變」的補充。

「高陵勿向，背丘勿逆」是一個意思。人從高處往下沖的時候速度快、動能大、沖擊力強；相反登高則更為耗費體力，所以在高地山坡上的一方更為有利。這一點直到現在依然，只不過飛機的出現讓戰場擁有了新的「高陵」──制空權。「不要進攻擁有制空權的敵人」，對於現代軍事同樣適用。

「佯北勿從」「餌兵勿食」兩句的含義類似，都是想把敵人吸引到特定地點。

「銳卒勿攻」是「治氣」。

「圍師遺闕」「窮寇勿迫」這兩句也是意思相近。為什麼把敵人包圍了還要留一個缺口？因為沒有活路士兵就會拼死作戰殺出一條生路，反而可能會對我軍造成巨大傷亡。留一個缺口，敵人就會爭相從缺口出逃脫。圍困易守難攻的要塞時，這一點尤其重要。「窮寇勿迫」一句也經常被人錯解，甚至被誤傳為「窮寇勿追」。「窮寇」現在多被理解為「戰敗的敵人」，但是「窮」本意是「沒有出路」，「窮寇」就是「無處可逃的敵人」。對於「無處可逃」「走投無路」的敵人，不能進行步步緊逼，否則就會拼死作戰、魚死網破。對於這樣的敵人，只要將其圍困之後再給他們一條生路讓他們自行逃散（是逃散，而不是有組織的撤退），或進行勸降，通常不用訴諸武力。如果即便是已經窮途末路，敵人依然不逃跑，而且還寧死不降，將領就該返回頭去仔細檢討一下「主孰有道」一條了。

比較存疑的是「**歸師勿遏**」一句。「歸師」直譯就是「正在返回國內的軍隊」，但是這樣的軍隊為什麼不能進行「遏阻」呢？（「遏」可不是說追擊哦。）大多數注家認為「**歸師勿遏**」和「**圍師遺闕**」「**窮寇勿迫**」一樣：敵軍士兵會因為急於回家而拼死作戰。但是這種解釋我感覺有些牽強，畢竟垓下「四面楚歌」的思鄉之情，并沒讓楚軍爆發出成倍的戰力，反而多有逃散。而且，「歸師」在什麼情況之下才會被攔截呢？如果敵軍將我軍擊敗之後得勝而歸，我軍還有實力進行攔截嗎？如果將敵軍擊敗之後進行攔截，多半是能夠擴大戰果。第三種可能性是未經交戰班師回國，不過似乎並沒有相關的著名戰例。「**歸師勿遏**」具體的情景和原因到底如何，我并未找到明確的答案。

孫子曰：

凡用兵之法，將受命於君，合軍聚眾，交和而舍，莫難於軍爭。軍爭之難者，以迂為直，以患為利。故迂其途，而誘之以利，後人發，先人至，此知迂直之計者也。

軍爭為利，軍爭為危。舉軍而爭利則不及，委軍而爭利則輜重捐。是故卷甲而趨，日夜不處，倍道兼行，百里而爭利，則擒三將軍。勁者先，疲者後，其法十一而至；五十里而爭利，則蹶上將軍，其法半至；三十里而爭利，則三分之二至。是故軍無輜重則亡，無糧食則亡，無委積則亡。

故不知諸侯之謀者，不能預交；不知山林、險阻、沮澤之形者，不能行軍；不用鄉導者，不能得地利。故兵以詐立，以利動，以分合為變者也。故其疾如風，其徐如林，侵掠如火，不動如山，難知如陰，動如雷震。掠鄉

分眾，廓地分利，懸權而動。

先知迂直之計者勝，此軍爭之法也。

《軍政》曰：「言不相聞，故為之金鼓；視不相見，故為之旌旗。故夜戰多火鼓，晝戰多旌旗。」夫金鼓旌旗者，所以一民之耳目也。民既專一，則勇者不得獨進，怯者不得獨退，此用眾之法也。

三軍可奪氣，將軍可奪心。是故朝氣銳，晝氣惰，暮氣歸。善用兵者，避其銳氣，擊其惰歸，此治氣者也。以治待亂，以靜待譁，此治心者也。以近待遠，以佚待勞，以飽待饑，此治力者也。無邀正正之旗，勿擊堂堂之陣，此治變者也。故用兵之法，高陵勿向，背丘勿逆，佯北勿從，銳卒勿攻，餌兵勿食，歸師勿遏，圍師必闕，窮寇勿迫，此用兵之法也。

# 11 〈九變〉篇注

〈九變〉篇是《孫子兵法》中最短的一篇，但卻是問題最大的一篇。最關鍵的問題是：這一篇為什麼要叫做〈九變〉？自古以來歷代注家對於「九變」究竟是哪 9 個「變」莫衷一是。雖然很多人都提出了自己的看法，但至今仍沒有得到被廣泛認同的答案。

**孫子曰：**
**凡用兵之法，途有所不由，軍有所不擊，城有所不攻，地有所不爭，君命有所不受。**
用兵作戰的法則：有些道路不應該經過，有些敵軍不應該進攻，有些城池不應該爭奪，有些命令不應該接受。

這五句的風格與〈軍爭〉篇的「**無邀正正之旗，勿擊堂堂之陣，此治變者也**」十分類似，依然符合「**以分合為變**」中「攻或不攻」的含義。前四句與其他篇章的內容高度相關：「**途有所不由**」涉及到〈行軍〉篇的內容；「**軍有所不擊**」在〈軍爭〉與〈地形〉篇中各有所論述；「**城有所不攻**」在〈謀攻〉篇中曾有描述；「**地有所不爭**」則在〈軍爭〉篇中進行過分析。

「**君命有所不受**」這句可能是對前四句的總結，也有可能是指〈謀攻〉篇中所說的「**君之所以患於軍者三：不知軍之不可以進而謂之進，不知軍之不可以退而謂之退，是謂縻軍；不知三軍之事，而同三軍之政者，則軍士惑矣；不知三軍之權，而同三軍之任，則軍士疑矣**」。

**故將通於九變之利者，知用兵矣。**

**將不通九變之利，雖知地形，不能得地之利矣；**

**治兵不知九變之朮，雖知五利，不能得人之用矣。**

「九變」「五利」的概念自古以來多有分歧，至今仍未有定論，在此不再做詳細討論。不過可以確定的是，孫子認為：無論是治軍還是對陣，將領都要瞭解「九變」——本章內容很重要。

**是故智者之慮，必雜於利害，**

**雜於利而務可伸也，**

**雜於害而患可解也。**

所以有智慧的人考慮問題，必然同時包含「利」「害」兩方面。

考慮到「利」，那麼他所設定的目標就是值得實現的。

考慮到「害」，那麼就會為可能遇到的禍患准備解決方案。

經過了開篇對於「九變」的迷惑，本章的精華要點在此出現：「**智者之慮，必雜於利害**」。

任何決策都是雙刃劍，有得就有失（機會成本），追求利益同樣也意味着面臨風險。所以領導者在作出決策時，必須要同時考慮到「利」「害」這兩方面的內容。能夠使己方獲得利益的決策才是有意義的，而事先考慮到這個決策可能帶來的相關風險，這個決策才是完整的——在遇到可能出現的問題時才能夠將其帶來的損失降到最低。

正因如此，所以決策時才要「變」——有所取捨。「九變」就是「因利害而變」——這項行動獲得的收益足以彌補支出的成本及付出的損失嗎？即便是有利可圖依然要看利益是否足夠大，可能會遇到哪些風險，這些風險有沒有辦法解決，如果解決不了能不能夠承受相應的損失？權衡之後如果「害」大於「利」，那就要選擇「有所不」——「**途有所不由，軍有所不擊，城有所不攻，地有所不爭，君命有所不受**」。

這就是「變」。將領只有知道了如何權衡厲害之後，才能進而進行兵法的運用——「**將通於九變之利者，知用兵矣**」。

這個道理不僅適用於軍事，也適用於政治、經濟、生活。所以相對而言，這句話的語氣比〈作戰〉篇的「**不盡知用兵之害者，則不能盡知用兵之利也**」緩和許多；也沒有用「善戰者」「善用兵者」這樣的主語，而是用的「智者」，因為好的決策都要「**雜於利害**」，不僅限於軍事，對於一切決策皆然。投資家巴菲特有這樣一句名言：「別人貪婪的時候我恐懼，別人恐懼的時候我貪婪。」可以說就是對於「**雜於利害**」的詮釋。人們看到巨大的利益時，容易忽略風險，而看到風險後，卻沒有勇氣去探究其背後可能存在的利益。

19 世紀末，德國急切擴張海外市場，使得它與老牌殖民帝國英國的利益衝突越來越多，好大喜功的德皇威廉二世更是不顧老臣俾斯麥的反對，想要建立一支可以與英國比肩的強大艦隊。顯然，德國只看到了海外殖民地的利益，卻忽略了英德關係惡化乃至敵對的風險。而 1938 年的英國與法國卻因為害怕與德國開戰，而簽署了慕尼黑協定，但這一懦弱的舉動反而助長了希特勒進一步擴張的欲望。正是因為這些決策沒有做到「**雜於利害**」，所以一直被後世作為錯誤決策的典型案例加以警示。

## 是故屈諸侯者以害，
想讓諸侯屈服，就讓他們感受到害處，
## 役諸侯者以業，
想讓諸侯服從，就讓他們一起完成某個功業，
## 趨諸侯者以利。
想讓諸侯追隨，就讓他們得到利益。

這三句是講「伐交」，其方法就是運用「利害」。

**故用兵之法，無恃其不來，恃吾有以待之；**
**無恃其不攻，恃吾有所不可攻也。**

所以指揮軍隊的法則，不能依仗敵人不來侵犯，而要依仗自己有所准備等待敵人的到來；
不能依仗敵人不進攻，而要依仗自己周密的防守讓敵人無處可攻。

　　這句話是對於「雜於害而患可解也」的補充說明：如果對於敵人的到來與進攻都事先有所准備，那麼即便出現這種「患」，對我方行動也不會造成破壞，甚至還可以被我軍所利用。不過從含義上講，本句與〈形〉篇的「先為不可勝」「立於不敗之地」相關度更高一些。理念上則與〈始計〉篇中的「不可不察」相呼應。

　　此句推而廣之，也可以被理解為「居安思危」。〈左傳襄公十一年〉有：「書曰：居安思危。思則有備，有備無患。」〈孟子·告子下〉也有：「入則無法家拂士，出則無敵國外患者，國恆亡。然後知生於憂患，而死於安樂也。」可惜後世儒家，多重文治不重武備。晚清時理學家倭仁可謂是其中典型。即便面對西方的絕對軍事實力，他仍然反對學習西方技术，聲稱：「立國之道，尚禮義而不尚權謀，根本之圖在人心而不在技藝。」倭仁的話雖然很有道理，但殊不知在「五事七計」中，「道」雖列在首位，但也只是其中之一而已，只憑「人心」是不可能打贏戰爭的。

**故將有五危，**

將領有五種致命的性格缺點：

　　接下來，孫子列舉了將領的五種性格弱點，雖然很多注家都認為，這「五危」是〈始計〉篇中五德「智、信、仁、勇、嚴」的缺失造成的，但我認為這「五危」并不能通過「五德」來排除，所以孫子才將其單列出來。

## 必死可殺，

*決心赴死的將領，可能被敵人殺死；*

「必死」通常被理解為「有勇無謀」。「有勇無謀」的將領確實可能因陷入圈套而兵敗身死，但是這樣的話就是因為「可殺」所以才會「必死」——邏輯關係與原句正相反。**必死可殺**的語義顯然是因為「必死」所以「可殺」。

「必死」按其字義就是「必然會死」，為什麼「必然會死」，因為將領是在「求死」。「求死」對於現代大多數人而言比較難以理解，但是在古代的價值觀裡，「求死」的現象并不少見。最典型的是日本武士，他們不但求死，而且還經常用十分殘酷的「切腹」來結束自己的生命。

明治維新之後，武士貴族的世襲特權被取消。下層的百姓也有機會可以出人頭地。雖說如此，通過教育發揮個人才干的只是極少數人。對於大多數人而言，在戰場上「為天皇捐軀」就變成了一條瞬間獲得「榮譽」的捷徑。這種「求死」精神的第一次發揚就是日俄戰爭時的旅順圍攻戰。在曆時 160 天的圍攻中，13 萬日軍先後參戰，傷亡高達 59000 餘人，但就是這樣慘烈的戰役，在日本國內竟受到了狂熱的歌頌。戰術思想古板、戰略失當、且因造成如此重大傷亡而深深自責的指揮官乃木希典，不僅沒被問責，反而被狂熱的日本國民奉為「軍神」。

其後軍國主義思想吞噬了整個日本社會。日本的軍事指揮者毫不吝惜士兵的生命——而這些軍官與士兵本身也期待着死亡。這種不懼死亡的精神，讓日軍在面對弱勢的敵軍時無往而不利，但在面對比自己更加強大的敵軍時卻會蒙受巨大傷亡。在太平洋戰爭中，日本軍隊經常向火力強大的美軍陣地發動「萬歲沖鋒」。這種狂熱的、毫不畏懼死亡的進攻方式確實給美軍造成了極大的心理震撼，但是這種毫無戰朮可言的正面突擊對於贏得戰爭勝利沒有任何幫助，甚至讓很多本有取勝希望的戰役走向失敗，然後在必然失敗的戰鬥中徒然消耗士兵

的生命。當戰役失敗，士兵們自願或是被迫集體自殺，高級指揮官們也會從容切腹。日本軍國主義者所追求的「武士道」就是典型的「必死」。

在古代，追求榮譽是貴族們的專利，也是封建時代最基本的價值觀。在中國的歷史中同樣如此，春秋時代的一個「必死」的典型例子就是先軫。先軫作為晉國的主將，在城濮之戰大勝楚國，之後更是在郤之戰中俘獲了秦國三名主將。當時晉國的王太后出身秦國，在她的勸說下晉襄公決定將這三名將領放回秦國。先軫急忙勸阻。但是在勸說晉襄公的時候，先軫因情緒過於激動，以至讓自己的口水噴到了晉襄公臉上。晉襄公用袖子邊擦邊感謝他的進言，之後也沒有怪罪先軫。但先軫對於自己的過失卻十分內疚。之後狄人進犯，先軫帶兵阻擊。在俘獲了狄人首領奠定勝局之後，先軫卻脫下自己的頭盔，獨自沖入敵軍陣中，以死贖罪。

「必死」之人并不以死為「害」，反而可能將死亡視作一種追求，所以將領常會不顧危險冒進突擊。將領自己身死陣前，幾乎必然也會將軍隊至於險境。

## 必生可虜，

貪生怕死的將領，可能被敵人俘獲；

「必生」就是貪生怕死。將領如果總是希望完全排除死亡的風險，勢必在決策中畏首畏尾——為免於失敗的可能，甚至不惜錯過勝利。一旦這樣的將領陷入困境，很可能就會失去繼續抗爭的勇氣率軍投降。

## 忿速可侮，

脾氣急躁的將領，可能因敵人的挑釁而失去理性；

「忿速」就是脾氣急躁，容易發怒。面對這種敵人，經常向他挑釁，他就會怒火攻心。人在發怒的時候，經常會做出失去理智的行為，而不理智的決策就可能使軍隊陷入危機。

## 廉潔可辱，

愛惜名譽的將領，可能因敵人的羞辱而不顧大局；

「廉潔」與現代的語義也有所不同，這裡的「廉潔」主要是指「愛惜自己的名譽」或者說「榮譽感、自尊心很強」。對於這種人，對他進行侮辱，他就一定要找機會證明自己的清白。他在做出決策的時候，可能就會因為要彰顯或挽回自己的名聲而作出錯誤決斷。

## 愛民可煩。

溺愛民眾的將領，可能因敵人的騷擾而分散兵力。

「愛民」就是其本意「愛惜民眾」的意思。這個常被作為一種執政者的美德，為什麼孫子將其列為「五危」呢？如果己方的百姓遭到了敵軍的騷擾或者掠奪，「愛民」的將領一定不忍。為了制止這種行為，就要派兵援助。等援助到了，敵人可能又在別的地方進行掠奪。如果將領每個地方都要保護的話，要麼就是將兵力分散，要麼就是疲於奔命，而這兩種情況都會讓己方失去戰略主動權，難免遭受最終的失敗。「愛惜民眾」確實是一種美德，但是在戰爭中如果不能權衡「利害」，反而可能因小失大，不但保護不了民眾，反而會招致戰爭的失敗。

## 凡此五者，將之過也，用兵之災也。
## 覆軍殺將，必以五危，不可不察也。

這五種問題，是將領的過錯，也會在作戰中造成災難性的後果。將領有這五種性格缺點，必然會導致全軍覆沒。所以君主在任命將領時必須要仔細考察。

存在這五種性格弱點的將領，都是在決策時無法「雜於利害」。雖然他們可能在「智信仁勇嚴」這五德中一個都不缺：既有才能、品性也端正，在大部分情況之下都能做出正確的決策。但是由於這五種

性格弱點，可能會導致他們在特殊的情況下做出無法挽回的錯誤決定。所以在任命將領時，一定要仔細考察。

那麼有這些性格弱點的人才就無法利用了嗎？也不是。存在性格弱點的人雖然不一定可以為將，但是還可以做參謀、可以做先鋒、可以管後勤、可以在國內為官治國。也可以通過完善決策流程等制度手段剔除掉將領性格弱點可能導致的最終決策錯誤。

〈九變〉篇文章雖短，但是內容卻十分重要。只是「九變」究竟為何始終不明。銀雀山漢簡中，此篇殘破嚴重，無法給現代的研究提供幫助。也有可能真正的「九變」在秦漢，甚至更早的時候就已經失傳了。亦或是孫子自己在最初就沒能對此篇進行詳細的整理。也許，真正的「九變」會成為一個永遠的謎題也說不定。

孫子曰：

凡用兵之法，途有所不由，軍有所不擊，城有所不攻，地有所不爭，君命有所不受。

故將通於九變之利者，知用兵矣。將不通九變之利，雖知地形，不能得地之利矣；治兵不知九變之術，雖知五利，不能得人之用矣。

是故智者之慮，必雜於利害，雜於利而務可信也，雜於害而患可解也。

是故屈諸侯者以害，役諸侯者以業，趨諸侯者以利。故用兵之法，無恃其不來，恃吾有以待之；無恃其不攻，恃吾有所不可攻也。

故將有五危，必死可殺，必生可虜，忿速可侮，廉潔可辱，愛民可煩。凡此五者，將之過也，用兵之災也。覆軍殺將，必以五危，不可不察也。

# 12 〈行軍〉篇注

　　「行軍」并不是現代所說的部隊移動，這裡的〈行軍〉其實包含「行」（行軍）與「軍」（駐扎）兩部分。之前講〈軍爭〉，就是軍隊之間的賽跑，這場比賽沒有塑膠跑道，軍隊必須要穿越各種複雜的地型，所以說完〈軍爭〉，孫子就開始講解「行軍」。

**孫子曰：**
**凡處軍相敵：**
但凡行軍扎營，探查敵軍動向，與敵人對峙，必須要注意以下幾點：

　　「處軍」就是「在不同地型上行軍、駐扎的方法」，「相敵」則是「偵查敵軍動向」。偵查、行軍、駐扎，可謂是軍事行動中最為基礎的部分。從總體時間上來講，冷兵器時代的戰鬥只占戰爭中的很小一部分，絕大部分時間都是行軍和駐扎，而與此同時也要時刻偵查敵軍動向。再加上最後關於「令素行」的部分，本篇的三個主題都屬於「**先為不可勝**」的范疇。

**絕山依谷，視生處高，戰降無登，此處山之軍也。**
通過山地時，要沿着山谷前進，盡量處在地勢較高視野良好的地方，要從高處往山下進攻，而不應該進攻高處的敵人，這是處在山地時行軍駐扎的要領。

「絕」是「穿越」的意思。在山地中行進，并不是要翻過一座一座的山頭，而是盡量沿着山澗谷地走。這些地方地勢相對平坦，也方便軍隊補充飲水。而且水流也是重要的地標，對於繪圖技術尚不發達的古代軍隊而言，是重要的參考。

而在山地駐軍，最重要的一點就是保持己方的視野，防止敵軍利用山地的遮擋進行偷襲埋伏。所以要保證對於視野開闊的至高點的控制。扎營雖然不必在地勢最高的地方，但絕不能在河谷中扎營。一是河谷通常潮溼背陰，士兵們容易滋生疾病；二是為了防止突如其來的山洪爆發。

「戰降無登」和〈軍爭〉篇的「高陵勿向，背丘勿逆」意思相同。處在高地的軍隊在體力、視野、投射武器的打擊距離等方面都有優勢，所以要盡量避免仰攻山坡上的敵人。


**絕水必遠水。客絕水而來，勿迎之於水內，令半濟而擊之，利。欲戰者，無附於水而迎客。視生處高，無迎水流，此處水上之軍也。**

通過河流後，要及時遠離，不要在河邊停留；敵人渡河進攻，不要把他們堵在河裡，而要在敵方半數軍隊渡過河水的時候發動進攻，這是最有利的時機；想要與敵人開戰，不要依附於河水列陣迎敵；盡量處在地勢較高視野良好的地方，不要迎擊順流而下的軍隊，這是處在水邊行軍駐扎的要領。


現代人過河基本是「過橋」而不是「渡河」。古代渡河，是一件十分麻煩且困難的事情。如果是小河，自然可以輕鬆的涉水而過。但是水若及腰深，行進就十分困難了，而且河底還有軟泥和水草。所以軍隊在渡河時會盡量尋找水淺流速慢的淺灘過河。河水要是更深更寬的話，就只能憑藉小船或浮橋渡河了。由於這兩種情況都不可能讓全軍在短時間內過河，而且剛剛上岸時人馬混亂，所以此時的軍隊是十

分脆弱的，一旦遭遇敵軍的攻擊就會十分被動。但是也不能把敵軍堵在河裡，因為這樣的話敵軍就會直接放棄渡河了。但是如果在敵方半數軍隊已經完成渡河的時候攻擊他，由於得不到尚未渡河的部隊支援，自己也一時半會兒無法撤回對岸，所以就會陷入進退兩難的境地，這就叫「令半濟而擊之，利」。

「絕水必遠水」就是在說「渡過河水之後要遠離河水」。為什麼？因為如果渡河進攻不利需要撤退，河流就會成為撤退的阻礙。甚至使我軍失去退路被敵人三面包圍，如果不能在短時間內打破包圍，就會陷入極為危險的境地。所以我軍即便沒有遭遇敵軍的攻擊完成了渡河，也不應該在河流旁邊多做停留。

駐軍時同樣也要依據地型「視生處高」，躲避洪水 ；水流與山勢相反，所以「無迎水流」和「戰降無登」是相同的意思。

現代戰爭中，河流這種程度的阻礙已經不值一哂，但更大規模的「絕水」──渡海登陸作戰的難度卻有過之而無不及。因為一旦登陸作戰失敗，部隊就沒有撤回的可能，所以登陸方要擁有絕對的軍事優勢才能將作戰付諸實施。


## 絕斥澤，惟亟去無留 ；若交軍於斥澤之中，必依水草而背眾樹，此處斥澤之軍也。

通過溼地沼澤，要迅速離去，不要停留；如果在沼澤地與敵人相遇，要靠近水草背靠樹林布陣，這是處在溼地沼澤行軍駐扎的要領。


在沼澤溼地中到處都是水坑泥潭，人若是陷入泥潭就會越陷越深，無人援救的話就會斃命其中。在沼澤溼地行軍要十分小心，更不能停留駐軍。因為這種地方潮溼多霧，蚊蟲聚集，極易滋生疾病。如果不巧在沼澤溼地中與敵軍遭遇，就要盡可能處在樹多草茂的地方，因為這類的地方相對土地堅實泥潭少。相反敵軍卻要冒着陷入泥潭的風險向我軍靠近。

**平陸處場，而右背高，前死後生，此處平陸之軍也。**

在平原地型，最好處在平原的邊界地區，背靠地勢較高的地方，前方最好是可以讓敵人陷入困境的不利地型，身後存在可以保證自身安全撤退的生路，這是處在平地行軍駐扎的要領。

　　處在平地的邊界上，那麼軍營前的平地就是未來交戰的戰場，也是敵軍突擊我方營地的主要方向，所以是「死」地（和之後〈九地〉中的「死地」不同）。雖然背靠丘陵山地，但卻要留出通行的「生」路：一是方便糧草補給和援軍的到達，一是為己方的撤退或迂迴機動留出通道。


**凡此四軍之利，黃帝之所以勝四帝也。**

這四種駐軍的法則，就是黃帝戰勝其他四帝（四方諸侯）的要領。

　　「黃帝勝四帝」應該是先秦時代為人熟知的傳說戰例，但是具體內容現今已經失傳。黃帝作為中國傳說時代第一個「統一中原」的人物，那個時代的戰爭必然尚在十分原始的狀態。如果黃帝是依靠「處軍」之法征服四方的，足可見「處軍」在軍事中的基礎性與重要性。


**凡軍好高而惡下，貴陽而賤陰。**
**養生而處實，軍無百疾。**
**丘陵堤防，必處其陽，而右背之。**
**此兵之利，地之助也。**

但凡安營扎寨，盡量要在地勢較高的地方，而不要在地勢低窪的地方，盡量要在陽光充沛的地方，而不要在陰冷潮溼的地方。
注意士兵健康，保證物資充實，避免軍隊滋生疾病。
對於丘陵與河堤，處在向陽的一面，要背靠它們。

這是在戰爭中獲得有利地位，取得地利輔助的方法。

地勢較高，陽光充足的地方，人體會感覺比較舒適；陰冷潮溼的地方則容易滋生疾病。很多時候，疾病（包括凍傷中暑等）比戰鬥本身對於軍隊的損傷更大。尤其是古代人缺乏傳染病的相關知識，更缺乏應對與治療手段，一旦爆發瘟疫只能求助於神仙鬼怪──但這顯然根本無法遏制疾病造成的損失。所以只能依靠保持士兵的健康體質與自身免疫力讓「**軍無百疾**」，盡量避免士兵生病才是萬全之策。中國古代崇尚「風水學」，其實風水學的基本應用就是規避那些對人體有害、容易滋生疾病的地區，在對人體有益、不易發生災害的地方興建房屋。可惜之後「風水」越來越多的帶有「迷信」的成分，有些更是漸變為無稽之談。


**上雨，水沫至，止涉者，待其定也。**
如果上游下暴雨，水流湍急，應該停止涉水前進，等到水流平定之後再進行渡河。

**凡地有絕澗、天井、天牢、天羅、天陷、天隙，必亟去之，勿近也。吾遠之，敵近之 ；吾迎之，敵背之。**
凡是絕澗、天井、天牢、天羅、天陷、天隙這樣不能通行的天險，一定要盡量遠離。要讓我軍盡量遠離這些地型，而讓敵人靠近；我軍要面向這些地型，讓敵軍背對這些地型。

**凡難行之道者，圮地也。圮地則行。**
凡是難以行軍的地方，叫做「圮地」，要抓緊時間趕快通過。

上游暴雨，下游極有可能發洪水，所以應該暫停渡河行動。

「絕澗、天井、天牢、天羅、天陷、天隙」的具體樣貌其實不必深究，它們的共通特點就是「不可通行」。不可通行的話，不但機動能力受限，也更容易被敵方包圍，所以自己要離得遠遠的，反之盡量要讓敵人靠近它。

「圮」不僅象徵地貌的「坍塌、破裂」，也可以示意軍隊在這些地區的「坍塌、破裂」：一是因為這種地區生存環境比較惡略，士兵容易滋生疾病；二是這些地區往往道路狹窄也沒有大塊的平地，所以無論是行進還是駐扎，軍隊都會出現不得不分散成小股部隊的情況。因此就像**「絕斥澤，惟亟去無留」**一樣，「圮地」也要盡可能快速的通過。

## 軍行有險阻、潢井、葭葦、山林、蘙薈者，必謹復索之，此伏奸之所處也。

軍隊在山勢險峻、湖泊、蘆葦蕩、山林、灌木叢這些地區通過時，要謹慎的反復偵查，這些是可以設置伏兵的地方。

這句也很好理解，在可能有埋伏的地方就要事先小心偵查。說到偵查，這之後孫子就開始講解如何「相敵」了。

## 敵近而靜者，恃其險也；

敵人離我方很近，卻能鎮靜自若，是因為依仗自身的險要地型；

## 遠而挑戰者，欲人之進也；

兩軍相隔得很遠卻不斷挑戰，是想讓對方接近自己；

## 其所居易者，利也。

變更安營的地點，是為了獲得更有利的地位。

首先，是通過敵方的行動大致確定其戰略意圖。

## 眾樹動者，來也；

樹林晃動，是敵人在接近；

## 眾草多障者，疑也；

在茂盛的草叢中設置障礙的，是為了讓人懷疑有埋伏；

**鳥起者，伏也；**
鳥飛起來不落下的，是真有埋伏；
**獸駭者，覆也。**
野獸驚駭的跑來，是敵人發動突襲。

這幾句是一組，通過觀察草木野獸判斷敵軍動向。

**塵高而銳者，車來也；**
塵土高高飛揚直刺天際的，是戰車在疾馳；
**卑而廣者，徒來也；**
塵土低矮四處飛揚的，是步兵在推進；
**散而條達者，樵采也；**
塵土分散此起彼伏的，是在砍伐木材；
**少而往來者，營軍也。**
塵土少但反復出現的，是敵人在安營扎寨。

這一組是通過揚塵判斷敵軍行動。

**辭卑而益備者，進也；**
使節言辭謙卑但小心戒備的，是想要進攻；
**辭強而進驅者，退也；**
使節言辭強硬又咄咄逼人的，是想要撤退。

這兩句通過來往的使節來判斷敵軍意圖。

其實莫說是兩軍交戰，就連街頭打架也是這情況，要逃跑的人總是氣勢洶洶地說：「你別跑！你給我等着！」反之，說話溫文爾雅又十分周到的，其實更有可能是一種威脅。

**輕車先出居其側者，陳也；**
戰車先出軍營往側翼移動，是准備布陣；

**無約而請和者，謀也；**
沒有陷入困境卻來求和的，是有所圖謀；

**奔走而陳兵者，期也；**
士兵快速奔跑列陣，這是將領突然讓士兵執行自己預先安排的戰術行動；

**半進半退者，誘也。**
時而前進時而後退，是在誘惑對方追擊。

這一組是根據敵軍的動作判斷其下一步的行動。

敵方是真逃跑還是引誘我方追擊？〈曹劌論戰〉裡有「視其轍亂，望其旗靡」（看到對方的車輪印混亂，旗幟東倒西歪），於是曹劌就斷定對方是真的逃跑。而「半進半退」的一定是假逃跑。「餌兵」的撤退不是一味的跑——如果一味的逃跑的話，敵軍并不一定追得上。走走停停且戰且退，不但保證對方能夠追得上，還能不斷的勾起對方的戰鬥欲望，直到其進入伏兵的預定地點。「半進半退」有沒有可能是真撤退呢？也有可能，不過即便是真撤退，這樣的敵軍也不應該追擊。因為「半進半退」就說明敵軍雖然撤退，但是仍然組織有序、士氣堅定，還能夠發起對於追兵的阻擊甚至反擊。所以即便追擊一般也得不到什麼好處，反而可能會被誘導到敵方設伏的地點。

**杖而立者，飢也；**
站崗的士兵依靠着長槍站立，是因為軍中飢餓；

**汲而先飲者，渴也；**
取水的士兵自己先大口大口喝水，是因為軍中缺水；

**見利而不進者，勞也；**
看到可乘之機卻不進攻，是因為疲勞；

**鳥集者，虛也；**

烏鴉小鳥停留在營房上，是因為軍營中已經沒有人了（或人很少）；

**夜呼者，恐也。**

士兵在夜裡大呼小叫的，是因為內心懷有恐懼。

　　這一部分，是講對方士兵的狀態。


**軍擾者，將不重也；**

軍隊混亂紛擾，是因為將領沒有權威；

**旌旗動者，亂也；**

旗幟來回晃動，是因為軍隊已經陷入混亂；

**吏怒者，倦也。**

尉官（下級軍官）經常發脾氣，是因為士兵已經軍心倦怠，不想打仗了。

　　這三句，是對軍中管理的情況的分析。


**粟馬肉食，軍無懸瓿，不返其舍者，窮寇也。**

殺掉軍馬作為食物，軍隊中的水缸也沒有水了，士兵們偷偷的逃離軍營，這是已經無法再戰鬥的軍隊。

　　「不返其舍」就是在說「士兵尋找小路逃脫軍營」的意思。《史記》中記載了孫臏「減竈退敵」的故事。孫臏利用魏國人輕視齊國人的心理，建議田忌命令士兵：在進入魏國境內後第一天挖十萬人用的竈坑（挖個土坑或環形的土堆，裡面放上柴火，用於做飯或取暖），第二天減少到五萬，第三天減少到三萬。龐涓看到這種情況，嘲笑齊軍：「我就說齊國人膽子小，沒想到剛剛進入我國境內三天，士兵就逃亡過半。」於是只帶着少量精銳部隊追擊齊軍，結果中了孫臏的埋伏，

全軍覆沒。且不說這個故事的真實性如何，這個故事成立的前提條件是當時的士兵逃亡情況十分普遍，只是程度大小的問題。如果士兵逃亡極為少見，那麼正常人看到敵軍在沒經過戰鬥的情況之下如此大規模減員，必定心生疑惑。名將韓信也曾因為在漢軍中得不到重用而私自逃亡，也因此才有了「蕭何月下追韓信」的故事。這也是一個軍隊中士兵私自逃離軍營的例證。由此可見，在當時士兵逃亡是很常見的現象。瞭解這點後，對於〈九地〉篇中的一些內容就能有更加清晰的理解了。

## 諄諄翕翕（xī），徐與人言者，失眾也；

士兵們竊竊私語，毫無顧忌的與人說話，是將領失去了兵眾的信任；

## 數賞者，窘也；

經常犒賞士兵，是因為處境窘迫；

## 數罰者，困也。

經常懲罰士兵，是因為陷入困境。

這幾句描述的是一個管理危機逐步深化的寫照。處境窘迫就需要通過重賞尋求勇夫。而越是在陷入困境的時候，領導者越依賴處罰作為管理的手段。一是因為此時多半已經沒有足夠的利益用於賞賜；二是領導者已經失去了部下的信任，他的命令如果不是通過強制手段，就很難得到實行。

## 來委謝者，欲休息也。

敵人前來低身謝罪的，是想要休兵息戰。

## 兵怒而相迎，久而不合，又不相去，必謹察之。

軍隊怒氣沖沖的前往戰場，但是很長時間都不進行交戰，又不退兵，這種情況必須謹慎的偵查敵人的動向。

157

到這裡為止，「相敵」的內容也全部結束了。這些內容雖然具體而繁雜，卻有一個共通特點：通過那些難以作偽的現象，或不經意間流露的細節，以及敵人的反常舉動，來判斷對方的真實意圖。比如，通過煙塵形狀的差別判斷敵軍的動向；通過士兵那些小動作，來獲知敵軍內部的狀態；正常情況之下，言辭謙遜的人精神會比較鬆懈，言辭謙遜精神卻十分警覺，那麼他謙遜的言辭并不是真的。

如果只通過敵軍表面情況的觀察，當然只能看到敵軍的輪廓，但是如果能夠通過那些不經意間的細節來做出判斷的話，那麼就能夠得到較為准確的情報了。所以說「相敵」不僅是看敵人的表像，經過仔細的觀察和分析，才能夠發現敵軍的真實情況。所以孫子說：**「見勝不過眾人之所知，非善之善者也」**。能夠看到尋常人看不到的事，才是真正有智慧的人。如果所有人都能看得到，算什麼本事呢？何況那些表現還有可能是敵軍故意裝出來。

現代的一些成功學「大師」總喜歡說：「細節決定成敗」。但是很多人卻對這句話進行了錯誤的解讀，於是在工作生活中盲目的注重細節。其實**真正能夠決定成敗的，并不是「細節」，而是「細節」背後反映出來的智慧、耐心、嚴謹、責任感、同理心等等經過長期磨練而形成的優秀個人品質**。尋常人往往只關注那些尋常瑣事中的細節，有智慧的人關注的則是那些旁人并不注意的細節。當初箕子看到商紂王用了一雙象牙做的新筷子，就大驚失色。為什麼？作為一個強大王朝的最高統治者，珠光寶器定然不少，象牙雖然名貴（殷墟考古發現了眾多象牙制品，專家推斷商朝時黃河中下游曾棲息着眾多亞洲象），但相較那些寶石珍珠，并算不上稀奇。關鍵是，紂王用象牙作為生活中極其普通常用的筷子——如此尋常之物都要用象牙來做，那麼紂王定然對他身邊的所有物品都會倍加在意。因此箕子就知道紂王已經起了驕奢淫逸之心，而且之後會一發不可收拾。果然，曾經勵精圖治的紂王漸漸變得昏庸殘暴，最終身死國滅。

智者見微知著，窺一斑而知全豹，孫子的這些觀察就是極好的應用實例。

158

**兵非多益也，惟無武進，足以并力、料敵、取人而已。**

士兵不是越多越好，只要避免武斷冒進，并充分的整合自身力量、掌握敵軍的真實情況、取得士兵的信賴與支持，就足以取勝了。

**先暴而後畏其眾者，不精之至也；**

先輕敵迎戰，之後卻畏懼敵人數量眾多，是做事極為粗糙欠缺考慮導致的。

**夫惟無慮而易敵者，必擒於人。**

那些決策時不經考慮，又輕視敵人的將領，必然會被敵人擒獲。

「**武進**」的意思可能與「**無慮而易敵者**」相同，都是指「將領在未經謀劃的情況下輕舉妄動」，也可能是和篇題〈行軍〉相關——不注意「處軍之法」隨意行軍扎營。

打仗，并不是士兵多就一定能取勝，如果輕敵冒進，反而很可能會被敵人打敗，所以要「并力、料敵、取人」。「并力」就是整合自身力量集中兵力，也可認為是「處軍」中的「**養生而處實**」，也包含之前〈軍爭〉篇的「四治」等等，總而言之是「積攢我方戰鬥力」的意思。「料敵」就是通過「相敵」之後通過分析，判斷敵人的意圖動向。

從這句話也可以看出，孫子認為軍隊的素質（包括個人體力與集體協調）比軍隊的規模更加重要，所以「五事七計」中有「**兵眾孰強**」、「**士卒孰練**」，但卻沒有明確涉及軍隊規模的問題。

**卒未親附而罰之，則不服，不服則難用也。**

將校還未與士兵建立親密熟悉的關系，只依靠懲罰來約束士兵，那麼士兵反而不會信服。士兵不信服將校，所以將校就難以指揮他們。

**卒已親附而罰不行，則不可用也。**

將校與士兵已經親密熟悉，但是士兵有過錯應當懲罰時卻不忍心懲罰，那麼這樣的軍隊也無法投入戰場。

「取人」首先是建立將領與士卒的關系。將領如果一味的使用懲罰手段來管理士兵，士兵對將領是不會真正信服的——即便處罰是正確的。為什麼？因為士兵還不熟悉法令與將領的領導風格。不熟悉，自然容易犯錯，如果因此將領就嚴厲處罰，士兵心裡肯定會有所抱怨。（可以通過此段回憶一下司馬遷「三令五申」的故事。孫子當時的做法是否違反了他自己的這段話呢？）

相反，如果將領和士兵之間太過熟悉，甚至有了過錯都不去處罰，那麼將領之後的命令也會逐漸失去效力。

## 故令之以文，齊之以武，是謂必取。

所以要用成文的法令教導士兵，用軍事操練讓士兵整齊劃一，這樣必然可以取得士兵的信賴。

## 令素行以教其民，則民服；
## 令不素行以教其民，則民不服。

長期使用一貫的法令來教導、操練士兵，士兵就會服從；
沒有長期使用一貫的法令來教導、操練士兵，士兵就不會服從。

## 令素行者，與眾相得也。

長期使用一貫的法令，就能夠與士兵相互熟悉建立信任。

這一段就是〈始計〉篇中的「法令熟行」。

法令要有公信力，就要明確的用文字公布出來。雖說古代識字率很低，但是成文的法令因其不可變更性，仍可讓士兵作為申辯的憑據，所以也就能夠讓士兵信服。如果法令只停留在口頭上，難免會出現朝令夕改，甚至有將領拒不認賬的情況。現代很多（失敗的）管理者就經常出現這種問題，前一天剛做出某項決定，第二天就不承認自己曾經說過。這種混亂的管理顯然會給企業造成災難性影響。

不但法令要明文規定，還要保持經常性的訓練，士兵才能熟悉各種命令相應的動作。士兵們在和平時經常按統一的命令進行操練，那麼在戰鬥的緊張氛圍中才會有序的執行命令。相應的，將領等士兵熟悉了命令、熟練了動作，再施加懲罰，士兵自知犯錯所以也就不會再有怨言，其他兵眾自然也會信服。

而且法令要保持一貫性不僅包含其在時間上的前後統一與頻率上的經常性，還要對不同身份的各級官兵一視同仁。如果將領對於出身高貴或自己親近的官兵網開一面，在其犯錯時不加處罰，那麼久而久之法令就會難以服眾。甚至會出現賄賂上官以求免責的惡劣風氣。所以法令一定要注意平等性。但是在等級社會，出身高貴者終究不能像平民一樣隨意責罰——但並不能免於責罰。比如在〈始計〉篇中提到的「割髮代首」，以及商鞅變法。商鞅的變法嚴重的觸犯了秦國舊貴族的利益，所以太子（之後的秦惠文王）故意違反法令。雖然商鞅無法對太子用刑，但是嚴厲處罰了太子的兩位老師。商鞅的變法因此得以順利推行，「行之十年，秦民大說（悅），道不拾遺，山無盜賊，家給人足。民勇於公戰，怯於私鬥，鄉邑大治。」這其中的一個重要原因就是「**令素行**」。


孫子曰：

凡處軍相敵：絕山依穀，視生處高，戰降無登，此處山之軍也。絕水必遠水。客絕水而來，勿迎之於水內，令半濟而擊之，利。欲戰者，無附於水而迎客。視生處高，無迎水流，此處水上之軍也。絕斥澤，惟亟去無留；若交軍於斥澤之中，必依水草而背眾樹，此處斥澤之軍也。平陸處易，而右背高，前死後生，此處平陸之軍也。凡此四軍之利，黃帝之所以勝四帝也。凡軍好高而惡下，貴陽而賤陰，養生而處實，軍無百疾。丘陵堤防，必處其陽，而右背之。此兵之利，地之助也。

上雨，水沫至，止涉者，待其定也。凡地有絕澗、天井、天牢、天羅、天陷、天隙，必亟去之，勿近也。吾遠之，敵近之；吾迎之，敵背之。凡難行之道者，圮地也。圮地則行。

軍行有險阻、潢井、葭葦、山林、翳薈者，必謹覆索之，此伏奸之所處也。

敵近而靜者，恃其險也；遠而挑戰者，欲人之進也；其所居易者，利也。眾樹動者，來也；眾草多障者，疑也；鳥起者，伏也；獸駭者，覆也；塵高而銳者，車來也；卑而廣者，徒來也；散而條達者，樵采也；少而往來者，營軍也。

辭卑而益備者，進也；辭強而進驅者，退也；輕車先出居其側者，陳也；無約而請和者，謀也；奔走而陳兵者，期也；半進半退者，誘也。

杖而立者，饑也；汲而先飲者，渴也；見利而不進者，勞也；鳥集者，虛也；夜呼者，恐也；粟馬肉食，軍無懸甀，不返其舍者，窮寇也。諄諄翕翕，徐與人言者，失眾也；數賞者，窘也；數罰者，困也；來委謝者，欲休息也。兵怒而相迎，久而不合，又不相去，必謹察之。

兵非多益也，惟無武進，足以並力、料敵、取人而已。先暴而後畏其眾者，不精之至也。夫惟無慮而易敵者，必擒於人。

卒未親附而罰之，則不服，不服則難用也。卒已親附而罰不行，則不可用也。故令之以文，齊之以武，是謂必取。令素行以教其民，則民服；令不素行以教其民，則民不服。令素行者，與眾相得也。

# 13 〈地形〉篇注

**孫子曰：**
**地形，有通者，有掛者，有支者，有隘者，有險者，有遠者。**

「地形」不應該是指平原、山地、丘陵嗎？這 6 種是什麼情況？

就像《孫子兵法》中的「行軍」不是現代所說的行軍，《孫子兵法》中的「地形」也不是現代所說的地型。孫子所說的「地形」類似於「兵形」，是兩軍相對時，依據各種地貌條件而形成的不同態勢。

值得注意的是，〈行軍〉篇的四類地貌是與行軍駐扎相關，本篇的「地形」則是與雙方直接交戰的戰場相關。

**我可以往，彼可以來，曰通；**
**通形者，先居高陽，利糧道，以戰則利。**
我方可以前往，敵方也可以到來，叫「通形」。
在面對「通形」的情況下，首先佔領視野開闊的高地，確保自己後勤補給線的通暢，然後再和敵人交戰，就能獲得優勢。

「通形」是對於雙方的機動能力都沒有明顯限制的「地形」。在這種「通形」上，雙方都不占明顯的便宜，所以很可能會出現長期對峙的情況，故要選擇地勢較高、視野良好、益於長時間居住的地方扎

營。因為對峙時間長，對峙期間也不可能通過掠奪對方糧倉作為糧草補給手段，所以一定要確保自身後勤補給線路的安全與通暢。


**可以往，難以返，曰掛；**
**掛形者，敵無備，出而勝之；敵若有備，出而不勝，難以**
**返，不利。**

可以前進但卻難以撤退的，叫「掛形」。

在面對「掛形」的情況下，如果敵人沒有防備，那麼出擊可以取得勝利；如果敵人已經有所准備，那麼進攻不容易獲勝，久攻不克又難以撤退，這樣就會讓己方陷入不利境地。

出擊容易，但是不便於撤退，叫做「掛形」。比如通過一條狹窄的山谷或河口，然後前往開闊的平原作戰，就屬於「掛形」。因為不便於撤退，所以在「掛形」如果能夠擊敗敵人，不會產生什麼影響，但是如果無法擊敗敵人而不得不撤退，就會因退路窄小或被河流阻擋而陷入不利境地。

這種處境就像把東西「掛」在高處：東西因為有凸出或是鈎子所以能輕鬆的「掛」得牢，但是取下「掛」住的東西卻要費一番力氣。


**我出而不利，彼出而不利，曰支；**
**支形者，敵雖利我，我無出也；引而去之，令敵半出而擊**
**之，利。**

我方出擊會陷入不利狀態，敵方出擊也會陷入不利狀態，叫「支形」。

在面對「支形」的情況下，敵人雖然有可乘之機，但我方不能出擊，因為這只是敵方的利誘而已；相反要想方設法將敵人引出營寨，佯裝撤退，在敵人行進到半路的時候襲擊它，就能夠獲得優勢。

如果對於雙方而言主動出擊都會陷入不利境地——換句話說對於雙方都是「掛形」——就是「支形」。比如在兩軍之間有一條較大的河流，主動出擊的一方就可能被對方「半渡而擊」。所以在不要受到利益誘惑而貿然出擊，一定要誘使敵人主動進攻。

「支」的本意是「交差搭在一起的木棍」，形容雙方僵持不下動憚不得。

## 隘形者，我先居之，必盈之以待敵 ; 若敵先居之，盈而勿從，不盈而從之。

對於「隘形」，如果我方先將其佔領，一定要進行充分的防禦准備，等待敵人的到來 ; 如果敵人先佔領了「隘形」，看他是否有所准備，有准備就不要進攻了，沒有准備則可以進攻。

「隘形」孫子沒做解釋，因為其字面意思就已經足夠直觀。「隘」直譯就是「窄小的交通要道」，或是引申指「可以在防禦上提供一些優勢的小河、高地等（阻礙）」。

面對「隘形」，進攻方沒有辦法發揮兵力優勢，但是防守方也沒有特別有利的地勢條件進行防守，必須自行構築防禦工事，才能憑藉劣勢兵力有效阻擋敵方進攻。所以在「隘形」是否選擇進攻要看對方是否已經准備充分。

著名的「阿金克爾戰役」（1415）中法國的重騎兵就輸在了「地形」上。 1415 英王亨利五世因為軍中痢疾肆虐而不得不帶着他的士兵前往加萊港返回英國，但是他的撤退遭到了法國大軍的阻擊。法軍有約 11000 名重裝騎士， 18000 名重裝步兵（行軍時騎馬，戰鬥時下馬作戰的騎士），以及 7000 名雇傭弩手。而英國只有 6000 人，其中約 900 名重裝步兵，剩余的 5000 人則是輕裝的長弓手。亨利五世本想向法國人求和，但是遭到拒絕，英軍只好應戰。雖說是不得不戰，但

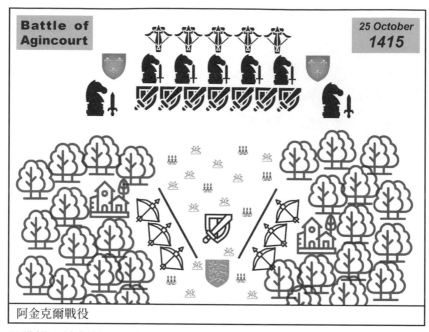

阿金克爾戰役

是戰場環境對於英軍倒是極為有利。主戰場是一片農田,由於決戰前下了一夜的大雨,這片土地變得十分泥濘,農田兩旁則是騎兵無法穿行的茂林。 10 月 25 日清晨,雙方遠遠對峙了 3 個小時。亨利五世決定讓軍隊行進到泥地中央,長弓手們在身前插好了事先準備的尖刺木樁,等待法軍的進攻。亨利五世的前移是個十分聰明的舉動,因為這樣一來英軍的兩翼就被樹林保護,法軍只能選擇正面衝鋒或繞過整個農田從背後襲擊——英軍獲得「隘形」;前後也都是柔軟的泥地作為緩衝——因為泥地是既不利進也不利退,所以屬於「掛形」。

反觀法軍,由於法王查理六世并不在軍中,所以各個高級貴族們并不能對作戰計劃達成一致:有人認為應該讓騎兵繞到英軍背後發動攻擊,有人則認為騎兵從正面沖過去就可以碾碎英軍——這也是為什麼 3 個小時內法軍沒有發起進攻的原因。但是當貴族們看到英軍主動上前,就再也控制不住自己獲得頭功的衝動,幾乎是毫無組織的向英軍發起了騎兵衝鋒。

英軍身前的泥地極大的限制了法軍的沖鋒速度，而兩翼的法國騎兵由於受到樹林的限制不得不向中間擠壓，這使得法軍的陣型更加混亂。而迎接這種混亂的則是英國長弓手們密集的箭雨。在第一波沖鋒的 1000 多名騎兵中，只有很少沖入了英軍陣中，大部分在泥地中就受傷落馬。當時的法國騎兵雖然自身裝備着良好的護甲，但是大多數馬匹都沒有護甲保護。英國的弓箭雖然沒有殺傷多少騎士，但卻射倒了他們的馬匹。由於法國騎士們身上的鎧甲過於沉重，所以一旦跌倒在泥地中就無法重新站起。而他們和他們死去的坐騎則為之後的法軍增加了新的障礙。更悲劇的是，法軍在這次衝鋒中損失了他們所有的高級指揮官，所以本就缺乏紀律的法軍陷入一片混亂。不過法國畢竟在人數上佔有絕對的優勢，當法國的重步兵們接近到英軍陣前時，英國的重裝步兵們與之陷入了苦戰。就在這時，英國的長弓手們加入了戰鬥，身着輕裝的他們靈活的將法國的重裝步兵摔倒在了泥地裡——然後他們同樣是因為過重的鎧甲而無法重新站立。後續的法軍雖然人數眾多，但是卻沒有人指揮，面對前鋒難以置信的慘敗，他們選擇了撤退。如此一來，陷在泥地中的法國貴族們只能任人宰割。

當戰鬥平息，亨利五世發現有大量的法國貴族還「掛」在泥地裡喘氣。由於害怕法國的後續追擊，英軍無法收容如此多的俘虜，所以就命令長弓手們用小刀從鎧甲的縫隙間結束了他們的性命。這一戰中，法國損失了約 12000 人，其中光大小貴族就有 5000 人喪生，還包括 3 位公爵和 5 位伯爵。


## 險形者，我先居之，必居高陽以待敵 ； 若敵先居之，引而去之，勿從也。

對於「險形」，如果我方先將其佔領，必然要佔領視野開闊的高地，等待敵人前來；如果敵人先占據了「險形」，那麼就帶兵撤退，不要攻擊敵人。


「險形」的地勢優勢十分明顯，就像〈蜀道難〉中形容的「一夫

當關萬夫莫開」。即便是沒有精心構筑的防御工事，也可以用少量兵力對抗敵方大部隊。所以防守方一旦占據「險形」，進攻方就只能另尋它策了。即便是防守方貌似撤離，也不應該貿然進攻。因為進攻方通常并不具備視野優勢，防守方可能隱藏在附近，等到進攻方爬上半山腰在重新占據「險形」。這樣對於進攻方就極為不利了。

## 遠形者，勢均，難以挑戰，戰而不利。

對於「遠形」，雙方都沒有地勢上的便利，又因為距離遙遠，不適合前往敵方營壘前發起挑戰，這樣的話會因為士兵疲憊而陷於不利狀態。

「勢均」并不是之前「形、勢」中的「勢」，這裡的「勢均」是指地勢平坦。這句話就是說地勢平坦，但是雙方軍營相距較遠，所以叫「遠形」。可以說「遠形」是「通形」的放大版。處於「遠形」，主動前往對方陣地進行挑戰的一方，會因為距離遙遠而在開戰前就耗費大量體力，相反對方則可以「以逸待勞」，所以「遠形」對主動進攻者不利。

二戰中德國空軍對於英國倫敦的空襲就屬於「遠形」。由於需要經過長途飛行，德國的戰鬥機只能在倫敦上空停留 15 分鐘，相較之下本土防空的英國戰鬥機就從容得多，英國飛行員在體力上和心理上也明顯占優。

## 凡此六者，地之道也 ；將之至任，不可不察也。

這六種情況，是利用戰場「地形」的方法要點，掌握這些，是作為將領的重要任務，必須要詳細考察。

作為將領必須要瞭解這六種「地形」，從而才能知道是否應該主動進攻。如果在不應該進攻的「地形」上貿然發動進攻，就會讓己方陷入十分不利的境地，甚至戰敗。

放在商業上，其實同樣可以找到「地形」的影子：對於一般的企業營運而言，最常規的做法是保證資金鏈不斷流即可，這是「通形」；如果前期需要投入大量資金進行基礎設施建設，而資金回籠比較慢甚至不穩定的，就是「掛形」；有一定的技術壁壘的是「隘形」，如果競爭對手的市場份額已經很大，就難以進入，反之則還有盈利機會；需要突破技術瓶頸的業務就是「險形」，通常而言只要突破了技術瓶頸，企業的產品就一定可以盈利，但相應的也有開發失敗的風險；「遠形」就是那些需要長期經營維護的領域，比如品牌建設，在同一領域中，新品牌只能從小眾市場切入，直接在大眾市場與成熟大品牌競爭根本沒有獲勝的可能。

# 故兵有走者，有弛者，有陷者，有崩者，有亂者，有北者。
# 凡此六者，非天之災，將之過也。

戰敗有「走」、「弛」、「陷」、「崩」、「亂」、「北」。
這六種情況，不是什麼命中注定（意外）的災難所導致的，而是將領的過錯導致的。

有人將「不可預測的偶發事件」看做「意外」，而另一些人將其視為「命中注定」，這兩種態度雖然看上去皆然相反，但其實只是視角不同。古人通過星象、占卜、演卦等手段推測戰爭勝負是常例，在商周時代甚至是出征前的必須程式，即「廟算」的本貌。周武王伐紂時，就差點因為占卜不利而放棄出兵，幸得被中國兵法的祖師爺呂尚（姜子牙）勸進，拋開不利的占卜結果繼續進兵，果然一戰而滅商。

反觀高加米拉的大流士，就因為突然出現的月食導致全軍士氣大潰──波斯的經書認為月食是波斯戰敗亡國的徵兆。史學家推測，當亞歷山大突襲到大流士的本陣後，大流士陣亡/逃跑的謠言在軍中迅速流傳，受到預言影響的士兵不經思考就信以為真，使得原本佔據優勢的波斯大軍瞬間土崩瓦解。如果大流士在戰前無法遏止這種留言，為

什麼不選擇暫且撤兵呢？是低估了預言的影響，還是高估了士兵對於自己的信任？是出於相信自己的軍力，還是過高的估計了自己的指揮能力？甚至是連他自己也相信自己的帝國將在軍事天才亞歷山大面前滅亡？突如其來的月食雖然會對軍隊產生極為不利的影響，但是這種影響並不是不可消除的。比如亞歷山大的士兵們也因為月食的出現而出現恐慌，但亞歷山大馬上告訴士兵：「這不是我們災禍的預兆，而是波斯災禍的預兆！」於是馬其頓軍中的恐慌情緒反而轉變成了比之前更加高昂的信心。

所以孫子告誡我們：戰敗不是什麼上天安排的災難，而完全是將領指揮的過錯。對於企業經營者而言，也不應該將企業的失敗歸咎於市場、行業的衰萎，因為沒有在決策時看到經濟環境與市場趨勢的變化，本身就是「**將之過也**」。

## 夫勢均，以一擊十，曰走；

雙方在平地上，用敵人十分之一的兵力與敵人對抗，這種情況就是「走」（落荒而逃）；

「勢均」和剛才一樣，是「地勢平坦」的意思。在沒有地型優勢的情況下，用很少的兵力與敵人主力對抗，當然不可能打贏。對於肯定打不贏的戰鬥，士兵在戰鬥開始之前就會四散逃跑。

## 卒強吏弱，曰弛，

士兵強勢但尉官（下層軍官）弱勢，這種情況叫「弛」（管理鬆弛）；

## 吏強卒弱，曰陷；

尉官（下層軍官）強勢士兵弱勢，這種情況叫「陷」（動彈不得）；

這兩種情況剛好相反。

如果士兵太過強勢，而尉官卻沒有權威，那麼尉官就無法約束士兵，所以管理也就極為鬆散。

如果尉官過於強勢，而士兵卻沒有地位，那麼士兵的主動性就很低，所以往往行動遲緩效率低下，就像人掉到陷阱裡一樣伸展不開手腳。

如果領導把下屬管得死死的，那麼整個企業就會失去活力。在這種情況下，公司中只有高層向下級傳達指令，基層員工卻無法向高層管理者反映管理和業務上的問題。這樣一來就必然會造成基層工作效率低下。如果管理層仍舊試圖通過更加嚴格的規章或提高業績指標的方式整理公司業務的話，結果是不合理的業務指標和管理方式反而被加強。高層的指令與基層業務出現的裂痕越來越大，各個層級的工作量都在增加，公司業績卻沒有明顯的起色，這就是「陷」。產生這種問題的原因，就是缺乏下層向上層反映意見的管道，導致決策的錯誤無法被糾正。所以由下而上的反饋，也是管理中的重要部分。

## 大吏怒而不服，遇敵懟而自戰，將不知其能，曰崩；

校官（中層軍官）脾氣暴躁不服從命令，遇到敵人就情緒化的擅自出戰，將領（上層軍官）也不瞭解各個校官的能力如何，這種情況叫「崩」（指揮體系崩解）。

「大吏」顯然比「吏」層級高，但又達不到將領的級別。在《孫子兵法》中，軍官層被分為三個級別，最基層直接管理士兵的是「吏」，最高層制定戰略戰術決策的是「將」，處於中間層負責把「將」的戰略計劃付諸實施的就是「大吏」。現代的軍事組織雖然比冷兵器時代複雜龐大的多，但是在職責安排上仍然可以劃分為「將、校、尉」這三級。同樣，在企業管理中也可以分為這三個級別。

「大吏」在指揮權限上擁有很高的自主性，而且在封建時代，將領帶領的部隊都是自己封地上的小貴族和農民，所以獨立性很強。如

果「大吏」不服從「將」的決策，甚至不聽命令擅自與敵人交戰，這樣就會打亂軍隊的全盤部署，造成極大的風險。同樣，將領不瞭解手下軍官的實際能力，就無法安排適當的職責任務。這兩種情況都是讓組織整體失去協調性，一部分甚至各個部分像是從整體中崩解，失去了統一的控制。

### 將弱不嚴，教道不明，吏卒無常，陳兵縱橫，曰亂；

將領能力不高，軟弱而沒有威嚴，訓練時的命令含糊不清，士兵們不知道到底該如何行動，布陣雜亂無章，士兵們因不知道自己的位置而來回亂跑，這種情況叫「亂」（管理混亂）。

這一條說的就是〈行軍〉篇最後的關於「令素行」的部分。平時士兵們沒有熟悉命令，勤加操練，甚至朝令夕改，底層官兵們經常不知道該如何行動，組成的作戰隊形散亂，更不要說轉換陣型了。戰場是修羅場，人面對死亡難免緊張。只有在正常狀態下熟練各種戰鬥技能，在精神高度緊張的狀態之下，才能避免疏失、慌亂。軍隊操練有條格言（隆美爾或巴頓語）：「平時多流汗，戰時少流血」。

### 將不能料敵，以少合眾，以弱擊強，兵無選鋒，曰北。

將領不能瞭解敵人的實際情況，在兵力少於敵人的時候與敵人交戰，在己方鬥志衰弱的情況下進攻鬥志昂揚的敵人，也沒有為軍隊選擇合適的先鋒，這種情況叫「北」（戰敗逃跑）

將領個人能力不足，對於兵法也不熟悉，又不能對敵軍的實力作出准確的判斷，更無法判斷敵軍的真實意圖，必然會在戰爭中陷入被動。最後不得不在「以少合眾，以弱擊強」的狀態之下與敵方決戰，戰爭的結果可想而知。

不過也并不是兵力少的一方就一定會戰敗，如果己方的士兵個個都可以「以一當十」，那麼人數的劣勢自然需要重新計算。但是能夠

有這樣實力的士兵勢必不會很多，所以只有最重要的任務才會交給這些少數精銳部隊完成。通常情況下，對於他們的安排有兩種，一個是作為將領的衛隊（尤其是君主直接統兵的情況下，更是會選用精銳作衛隊），另一種就是作為先鋒。先鋒顧名思義就是位於軍隊最前端的部隊，他們通常最先接觸敵軍，而且對陣的一般也是敵軍的先鋒──敵方的精銳部隊。而這第一次交鋒的勝負，會對其他士兵的士氣造成很大影響。「先鋒打勝了！看來敵軍就是一群弱雞嘛。」「先鋒被人打敗了？哎呀，怕是敵軍殺到面前來我也小命不保啊！」於是乎，誰的先鋒部隊更強，就是一個十分重要的事情。

　　一個真實的案例是著名的「逍遙津之戰」。公元 215 年，孫權趁曹操主力部隊出征漢中之機，親率十萬大軍進攻合肥。當時合肥的守軍只有七千人，守將張遼連夜選拔了 800 人的精銳敢死隊，分給他們牛肉吃。吃飽之後，在黎明時分，張遼親自率領這 800 人突襲孫權的部隊。這次突襲完全出乎孫權的預料。魏軍勢如破竹，僅張遼一人就斬殺了數十名士兵和兩名軍官，800 魏軍勇不可擋直接突入孫權所在的中軍。可惜畢竟魏軍人數太少，眼看就能接近孫權，但卻還是被大軍包圍。張遼只得率部突出重圍返回合肥城中。孫權的軍隊遭此突襲銳氣大挫，之後十多天圍城戰毫無進展，不得不在擁有壓倒性兵力優勢的情況之下撤退。張遼再次率軍追擊，差點俘獲的孫權。這場戰役中，曹操在戰略上犯下了重大失誤：西征漢中卻使東線的守備出現空虛。孫權趁虛而入，志在必得，沒想到卻被張遼憑藉一己之力力挽狂瀾。此戰之後，曹操大力嘉獎了張遼，同時也痛定思痛，加強了合肥的守備力量。

　　先鋒的極端情況就是武將單挑──對陣雙方各派出一名代表，或騎馬或步戰，至死方休，得勝的一方即獲得戰爭的勝利，失敗的一方無論人數有多少，之前氣勢有多洶，都會瞬間變成喪家之犬。這種極富戲劇性的場景，雖然雜見於稗官野史，但主要還是在東西方的戰爭文學中出現。小說家們對於武將單挑是樂此不疲，即便是現代拍電影導演依然會為雙方的主將（或主角）增加一場決鬥。古代戰爭中，在

兩軍對峙時選出驍將單出挑戰的情況偶有出現，不過更常見的是在亂軍之中勇武之士間的捉對廝殺。但是這種單挑基本都是發生在中下級軍官之間，由大將在陣前單挑決定戰爭勝負的情況，雖富有藝术性，但是各種歷史的文獻中并不能證明這種事情真正發生過。〈史記·項羽本紀〉中記載了一起未遂的主將單挑事件：「楚漢久相持未決，丁壯苦軍旅，老弱罷轉漕。項王謂漢王曰：『天下匈匈數歲者，徒以吾兩人耳，願與漢王挑戰決雌雄，毋徒苦天下之民父子為也。』漢王笑謝曰：『吾寧鬥智，不能鬥力。』」

**「鬥智不鬥力」才是兵法的主旨。**

## 凡此六者，敗之道也；將之至任，不可不察也。

這六種情況，是戰敗的原因，掌握這些，是將領最核心的責任，必須要詳細考察。

《孫子兵法》本是在教人如何追求勝利，但是字裡行間中卻充滿了各種失敗的教訓：和平時代不留心軍事，敗；戰爭持續時間過長，敗；打敗了敵人，但自己損失巨大，雖勝猶敗；君主隨便干預將領指揮，敗；形於人、致於人，敗；只知道與敵人爭鋒，不知道變通，敗；士氣不足，敗；力量不足，敗；不懂得「行軍」，敗；不懂得「地形」，敗……這裡又集中出現了「六敗」。〈作戰〉篇言：「**不盡知用兵之害者，則不能盡知用兵之利也**」，只有盡可能的從失敗中吸取教訓，盡力加以避免之，才有可能實現真正的勝利，否則一個不小心就有可能成為失敗者。

成功各有不同，但失敗總是相似的，所以孫子講「勝」的時候通常只講邏輯，但講「敗」的時候就會列舉原則讓後人謹記。

這六種情況，第一項是屬於戰略失誤，未能探明敵軍主力造成的；最後一項是將領的個人能力不達標；其余四項都是軍隊的管理出了問題。這四個問題對於現代企業管理也極具參考價值。

**夫地形者，兵之助也。**

利用戰場「地形」特點，對於作戰有極大的幫助。

**料敵制勝，計險易遠近，上將之道也。**

偵查敵方情況，制定作戰計劃，計算到達各個目標位置的路況、距離和行軍時間，這些都是作為優秀將領必須要掌握的知識。

**知此而用戰者必勝，不知此而用戰者必敗。**

能夠掌握這些知識并知道在戰爭中如何運用的將領，一定可以取得勝利，對這些知識毫無掌握的話一定會戰敗。

　　這幾句話可以說是對〈軍爭〉、〈行軍〉、〈地形〉篇的總結。


**故戰道必勝，主曰無戰，必戰可也；**
**戰道不勝，主曰必戰，無戰可也。**

所以，如果通過戰爭的原理進行分析後，知道出戰必勝，那麼君主命令不要交戰，將領擅自進攻敵人的行為也可以被原諒。

如果通過戰爭的原理進行分析後，知道出戰必敗，那麼君主命令一定要交戰，將領避免與敵人交戰的行為也可以被原諒。

**故進不求名，退不避罪，唯民是保，而利合於主，國之寶也。**

所以，將領進攻不是為了求取個人的名聲，撤退也不會顧及君主（輿論）的責罰，只要能夠保護民眾的安全，為君主（國家）的利益而采取行動。這樣的將領是國家的瑰寶。


　　上面說了，「**知之者勝，不知者不勝**」，那麼在「將知君不知」的情況之下，想要奪取勝利，自然要依靠將領的判斷，而不是服從君主的命令。專業的領域就要交給專業的人士來處理，但是并不專業的領導經常忍不住指手畫腳，尤其是那些自認為「成功」的領導。也正因如此，很多已經「成功」的企業主總是無法把企業做大。因為這些領導都缺少「信」，他們并不信任將領、屬下，不信任他們的能力，

或不信任他們的忠誠，所以總是對他們的行動加以干涉、限制。

　　若是君主實在忍不住指手畫腳，戰爭的成敗就極大的取決於將領是否敢於違反君主的命令。「**既不會因為貪圖個人名利而奉承君主，也不會害怕個人的責罰而違反命令，這樣正直的人是能夠避免國君陷入昏聵的寶物。**」這句話其實不是在夸獎將領，而是在提醒君主。因為有沒有「**進不求名，退不避罪**」的人（或是說人數多少），并不取決於將領的個人品格是否正直，而是取決於國家政治是否清明。**如果「不求名」的人無法得到升遷，「不避罪」的人都會被嚴厲處罰，那麼這樣的「國之寶」自然不會出現**——總結起來還是「**主孰有道**」的問題。


## 視卒如嬰兒，故可與之赴深溪 ；

看待士兵像看待嬰兒一樣，對其細心呵護，那麼**士兵們就可以追隨將領往深水裡走** ；

## 視卒如愛子，故可與之俱死。

看待士卒像自己的親兒子一樣，對其悉心教導，那麼**士兵們就會與將領同生共死**。

## 厚而不能使，愛而不能令，亂而不能治，譬若驕子，不可用也。

但如果對於士兵的待遇太過優厚，這樣的士兵就不可能在戰場是發揮作用了；如果太過愛護士兵，那麼士兵也就不會去好好的執行命令了；如果軍隊裡發生騷亂，將領卻無法恢復秩序，這樣的士兵就像嬌生慣養的孩子，是不可能打勝仗的。


　　上一句孫子提到「**唯民是保**」，未免引起偏頗誤解，在此孫子又加以進一步的說明。

　　每個父母對於嬰兒都是百般呵護。但是這種呵護不能淪為溺愛。將領應該「**唯民是保**」，但也不能見不得老百姓吃一點苦。就像「將

176

有五危」中的「**愛民可煩**」一樣，如果不能承受眼前的痛苦，那麼就要承受那些隱性的、未來的痛苦。

「**愛兵如子**」在今天開來像是用兵常識，但是在古代等級森嚴的階級社會中，讓出身高貴的上位者真正的去關愛「卑賤」的平民，還是十分困難的。如果將領對於士兵的關懷只停留在表面上、形式上，就很容易形成「驕縱」。真正發自內心的關懷，才能真正獲得士兵的愛戴——即便是這些將領在治軍上可能比那些表面上關懷士兵的將領嚴苛得多。


## 知吾卒之可以擊，而不知敵之不可擊，勝之半也；

知道我方士兵的狀態良好可以發動攻擊，但不知道敵人也狀態良好不適宜攻擊，那麼勝算只有一半。

## 知敵之可擊，而不知吾卒之不可以擊，勝之半也；

知道敵人的狀態不好可以攻擊，但不知道我方的狀態也不好不能發動攻擊，那麼勝算也只有一半。

## 知敵之可擊，知吾卒之可以擊，而不知地形之不可以戰，勝之半也。

知道敵人的狀態不好可以攻擊，也知道我方士兵的狀態良好可以發動攻擊，但不知道戰場「地形」不適宜主動進攻，那麼勝算還是只有一半。

## 故知兵者，動而不迷，舉而不窮。

所以真正懂得指揮作戰的將領，行動的時候不會迷惑，出兵作戰時也不會陷入困境。


「可以擊」還是「不可擊」，要綜合〈軍爭〉篇中所講的雙方「治氣、治心、治力」如何，以及「**兵眾孰強**」「**士卒孰練**」「**令素行**」等等因素。除此之外，還要看雙方所處的「地形」是否有利。否則仍然不能戰勝敵軍。

**故曰：**

**知彼知己，勝乃不殆；**

**知天知地，勝乃可全。**

　　「知天」的內容，《孫子兵法》中并未涉及，原因應該還在於「術業有專攻」。「天」是〈始計〉篇「五事」之一，主要涉及氣候、節氣、吉凶等方面的內容，這些內容當時應該有大量的專門著作進行整理論述。而且「天時」可遇而不可求，其間兵法運用的余地很小，所以孫子不做討論。雖然如此，將領對於氣候、節氣、吉凶等知識必須有所瞭解，這樣才能對大概率的天氣變化作出預判，從而排除其可能造成的不利影響，保證戰爭的勝利萬無一失。

　　孫子曰：

　　地形有通者，有掛者，有支者，有隘者，有險者，有遠者。我可以往，彼可以來，曰通；通形者，先居高陽，利糧道，以戰則利。可以往，難以返，曰掛；掛形者，敵無備，出而勝之；敵若有備，出而不勝，難以返，不利。我出而不利，彼出而不利，曰支；支形者，敵雖利我，我無出也；引而去之，令敵半出而擊之，利。隘形者，我先居之，必盈之以待敵；若敵先居之，盈而勿從，不盈而從之。險形者，我先居之，必居高陽以待敵；若敵先居之，引而去之，勿從也。遠形者，勢均，難以挑戰，戰而不利。凡此六者，地之道也；將之至任，不可不察也。

　　故兵有走者，有弛者，有陷者，有崩者，有亂者，有北

者。凡此六者，非天之災，將之過也。夫勢均，以一擊十，曰走；卒強吏弱，曰弛，吏強卒弱，曰陷；大吏怒而不服，遇敵懟而自戰，將不知其能，曰崩；將弱不嚴，教道不明，吏卒無常，陳兵縱橫，曰亂；將不能料敵，以少合眾，以弱擊強，兵無選鋒，曰北。凡此六者，敗之道也；將之至任，不可不察也。

夫地形者，兵之助也。料敵制勝，計險易遠近，上將之道也。知此而用戰者必勝，不知此而用戰者必敗。故戰道必勝，主曰無戰，必戰可也；戰道不勝，主曰必戰，無戰可也。故進不求名，退不避罪，唯民是保，而利合於主，國之寶也。

視卒如嬰兒，故可與之赴深溪；視卒如愛子，故可與之俱死。厚而不能使，愛而不能令，亂而不能治，譬若驕子，不可用也。

知吾卒之可以擊，而不知敵之不可擊，勝之半也；知敵之可擊，而不知吾卒之不可以擊，勝之半也；知敵之可擊，知吾卒之可以擊，而不知地形之不可以戰，勝之半也。故曰：知彼知己，勝乃不殆；知天知地，勝乃可全。故知兵者，動而不迷，舉而不窮。

# 14 〈九地〉篇注

　　如果說上一篇講的是地的「形」，那麼這一篇講的就是地的「勢」。「強弱，形也；勇怯，勢也」，「通、掛、支、隘、險、遠」可以說是根據地的強弱歸納的，「九地」則是與「勇怯」相關。

孫子曰：

用兵之法，有散地，有輕地，有爭地，有交地，有衢（qú）地，有重地，有圍地，有絕地，有死地。

諸侯自戰其地，為散地。入人之地不深者，為輕地。我得則利，彼得亦利者，為爭地。我可以往，彼可以來者，為交地。諸侯之地三屬，先至而得天下之眾者，為衢地。入人之地深，背城邑多者，為重地。去國越境而師者，為絕地。所由入者隘，所從歸者迂，彼寡可以擊吾之眾者，為圍地。疾戰則存，不疾戰則亡者，為死地。

是故散地則無戰，輕地則無止，爭地則無攻，交地則無絕，衢地則合交，重地則掠，絕地則無留，圍地則謀，死地則戰。

　　這一段孫子首先列出了「九地」的名稱，然後再分別對這些定義進行解釋，并給出了相應的行動策略。以下為方便解讀，我將定義與相應的行動策略放到一起，具體解釋一下「九地」的概念。

**諸侯自戰其地，為散地。**
諸侯在本國的土地上於敵人交戰，叫做「散地」。
**散地則無戰。**
盡量不要在「散地」作戰。

　　「散地」用現在的話說就是「本土作戰」。本土作戰有其優勢：
一是可以借助耗費鉅資修建的城池作為倚托；其二是方便後勤補給；
第三是對戰場周邊之地理環境十分瞭解。

　　但劣勢也很明顯。首先就是敵軍也在我國的國境內駐扎，周邊的
土地無法耕種不說，更是有可能遭到劫掠。另一個劣勢就是「注意力
分散」，士兵看到敵軍四處掠奪，最擔心的是自己留在村裡的老婆孩
子，小領主們也會擔心自己封地的安全。這樣的話，這些士兵與小領
主的注意力與意見就很可能與軍隊主將產生分歧。而且在自己的國家
作戰，士兵們對於軍營、戰場周邊的地理環境和道路條件等等都十分
瞭解，一旦軍隊管理不嚴或是戰爭落於下風，就可以輕易的開小差逃
回家去。所以最好不要在「散地」打仗。


**入人之地不深者，為輕地。**
進入敵國的領地但只停留在邊境附近，叫做「輕地」。
**輕地則無止。**
在「輕地」不要止步。

　　走出國境侵入別國的土地，但是并沒有深入敵國境內，而僅在邊
境地區徘徊的話，情況比「散地」好些，但仍不能有效杜絕士兵心裡
的小算盤。所以在「輕地」也不能多做停留，要麼是繼續深入敵國腹
地，要麼是作為騷擾行動迅速撤回國內。

**我得則利，彼得亦利者，為爭地。**

我方佔領了可以獲得利益，敵方佔領了也能獲得利益，叫做「爭地」。

**爭地則無攻。**

在「爭地」不要發動進攻。

「爭地」可以做兩種理解：一種是兩軍爭奪在戰術上有利的「地形」；另一種是在戰略上對國家有利的地區，戰爭的主要目的就是爭奪這一地區的控制權。孫子之後又說「**爭地則無攻**」，所以「爭地」應該是指那些易守難攻的目標——在敵人已經佔領「有利地型」的情況下不要進攻。

「易守難攻之地」也分為兩種。現實中，許多山關險隘是天然的國家邊境，或是統一政權內的行省邊界。但其中有一些臨近經濟發達人口稠密的地區，這樣的地區通常會作為要塞城市長期駐防。另一些則地處偏遠，和平時期駐軍的話，成本十分高昂，戰時需要臨時佔領。在古代人口十分稀少的時期，後者相當普遍。

「爭地」和「軍爭」有何關聯呢？「軍爭」的目標包括「爭地」，但不限於「爭地」。「軍爭」主要還是為了奪取那些具有戰略價值的目標，以達到「形人」、奪取戰爭主動權的目的。

**我可以往，彼可以來者，為交地。**

我方可以通行，敵方也可以通行，叫做「交地」。

**交地則無絕。**

在「交地」要保證通暢，不要被阻斷。

「交地」和〈地形〉篇的「通形」十分相似：「**我可以往，彼可以來，曰通**」。二者有什麼區別呢？「通形」的是在戰場上戰術上的通行便利，而「交地」則是在戰略上的通行便利。「交地」的通行便利不是因為地勢平坦等因素，而是因為沒有人會進行阻礙，即敵我雙方都可以利用其行軍。先秦時代人口還很稀少，所以即便是中原地區

也有大量未經開墾的荒地森林存在。又由於一國的人口大多集中在首都及地區中心城市周圍，兩國交接之地就經常會有這樣人口稀少的荒地。當時的國與國之間也沒有現代這樣清晰明確的邊界，許多地區雖然名義上是屬於一國，但是并不一定就可以被該國的軍隊進行有效控制。

「交地」的要點就是要保持其暢通，或是說確保其「控制權」。因為它對於雙方而言都是通暢的，所以很有可能被敵方控制或襲擾。現代的制海權和制空權其實就是對**「交地則無絕」**的發揚。海洋和天空雖然不像陸地一樣可以被佔領，但是依然可以被控制被阻斷。在工業時代以後，海洋成為了國家間貿易貨物的最主要運輸通道。一旦海路被敵方切斷（「絕」），那麼這個國家就會失去大量貿易收入及獲得海外資源的能力。兩次世界大戰中英國對德國的水面封鎖與德國對英國的水下封鎖，都是想在「交地」上隔絕對手與外界的聯系，所以這種封鎖也被稱為「破交戰」（破壞交通線作戰）。同樣，掌握了制空權也能夠大幅限制敵軍的地面和海上作戰效率。比如在二戰中，德國的虎式坦克在面對盟軍的坦克戰中擁有壓倒性優勢，但是由於德國失去了制空權，所以盟軍的地面部隊可以呼叫空中支援摧毀這些德軍坦克。不但如此，軍隊的調度和後勤補給過程，也可能因為空中威脅而被阻斷。同時，失去了制空權也無法阻止敵軍對己方城市的戰略轟炸，從而失去長期作戰能力，如此一來戰爭的失敗就是一種必然。


## 諸侯之地三屬，先至而得天下之眾者，為衢地。

與多國毗鄰的交通樞紐，先將其佔領的國家，就能夠得到極大的優勢（從而威脅到周邊所有國家），叫做「衢地」。

## 衢地則合交。

在「衢地」要與周邊國家搞好外交關系。

「衢」字的本意就是「四通八達的道路」，「三屬」就是「與多個國家接壤」。「衢地」顧名思義就是「交通結點」。從現在的公路

交通圖上可以很清晰的找到這樣的交匯點，比如武漢就被稱為「九省通衢」。因為交通便利，所以這些地區在和平時代是貨物流通的商業中心，戰爭中則是軍隊行進的重要樞紐，所以有極大的戰略價值。能夠長久占有這些要地的，就能夠源源不斷的獲得巨大利益，所以叫**「先至而得天下之眾」**。春秋時代的諸侯還不把「統一天下」作為自己的戰略目標，他們的主要目標是「稱霸」，所以這裡的**「得天下之眾」**不是真的得到民眾，而是得到「四方民眾往來的利益」。

「衢地」放到海洋上同樣顯而易見：直布羅陀海峽、荷莫茲海峽、馬六甲海峽、蘇伊士運河、巴拿馬運河、黑海、南中國海等等。這些航路要道在人類進入大航海時代之後發揮了重要作用，他們的擁有者常常可以獲得巨大利益，為了爭奪這些水道的控制權，也時常會爆發戰爭。

比如蘇伊士運河，它最早由法國人於 1858 年在管理鬆散的鄂圖曼帝國的國土上投資興建，由「蘇伊士運河公司」管理運營，運河土地的租期為 99 年。可是之後迫於債務和政治壓力，1875 年法國將運河的部分股份賣給了英國。這條重要的航路對海洋帝國英國的巨大意義不言自明，而英國也希望完全掌握這條運河的控制權。1882 年處在世界巔峰的大英帝國輕而易舉的佔領了整個埃及，并運用她的外交手段，在保證運河對各國船只都享有通行權的情況下，派遣英國軍隊對運河進行保護駐軍。「保證運河對各國船只都享有通行權」這條十分高明，若是英國獨享運河利益，其他強國必定會聯合反對，而這條外交承諾很好的避免了英國與其他歐洲國家產生直接的利益沖突。二戰之後，民族自決的風潮席卷全球，暮氣沉沉的殖民帝國紛紛解體。1952 年，納瑟通過軍事政變推翻了英國控制的法魯克王朝，建立了埃及共和國。1956 年，納瑟突然宣布將蘇伊士運河收歸國有。不過雖然埃及擁有蘇伊士運河的土地，但其全部工程卻是由英法投資建設的，之後的利益也是按照公司股份的形勢進行分配。所以納瑟的決定，不但是一種政治上的沖擊，對英法而言也是經濟上的極大損失。所以英法聯同以色列發動了以爭奪運河控制權為目的的第二次中東戰爭。這之後，第三次、第四次中東戰爭也都造成了運河的停航，對世界經濟造成了重大

影響。所以從 1974 年開始，聯合國維和部隊進駐西奈半島，以確保中東的和平以及運河的正常通行。

　　故而「衢地」的占有者，要麼是擁有可以絕對威嚇四方的政治、軍事實力，要麼就和周邊（部分）國家搞好外交關係，以免遭到周圍國家的聯合攻擊。

### 入人之地深，背城邑多者，為重地。
深入敵人國境腹地，背後還有多座未奪取的敵人城市、要塞，叫做「重地」。

### 重地則掠。
在「重地」要通過掠奪敵方的補給來充實自己。

　　「重地」與「輕地」相對，是深入到敵國腹地的情況，甚至自己的身後還有多座未經佔領的敵方城市、要塞，可謂是孤軍深入。在這種情況下，軍隊與本國的後勤補給聯系基本都被切斷，只能通過掠奪敵國的物資進行補給。糧食可以掠奪敵軍的補給或百姓的存糧，軍備則只能通過敵軍的物資進行補充。

### 去國越境而師者，絕地也。
穿越其他國家去遠方國家作戰，就是與本土完全隔絕的「絕地」。

### 絕地則無留。
在「絕地」不要停留。

　　「絕地」就是跨越其他國家的土地去進攻敵人。之前在講「交地」時曾經提到過春秋時代因為人口稀少所以有很多無人控制的荒地。而「絕地」則是通過由第三國控制的土地。

　　這種情況是春秋早期的特殊政治環境決定的。封建時代，由國君

或春秋時代霸主組織聯軍征伐周邊少數民族的戰爭，經常會穿越別國的封地。隨著周王朝的勢衰，各個諸侯國之間的戰爭愈發頻繁。但諸國當時尚不以直接兼併對方土地為主要目的（雖然這類戰爭也不少，獲得的土地通常是建立附庸國，或是分封給自己的親屬、重臣），戰爭更多的是為了獲得政治利益。所以這種跨越「中立國」土地出兵打仗的情況經常出現。

比較典型的是秦穆公攻打鄭國。秦國地處現在的西安，鄭國則在現在的鄭州，秦國要出兵攻打鄭國要穿越潼關至函谷關一代的晉國國土、位於洛陽的周王室直屬領地、洛陽東部的滑國，經過這三國的土地才能到達鄭國的領地。這其間的路程超過千里（400多公里），所以不屬於「輕地」；又由於途中經過的都是「中立國」土地，所以並不能像在「重地」一樣進行毫無顧忌的掠奪。這樣一來，在「絕地」的補給問題就變成了一項極為困難的工作。正因如此孫子才說**「絕地無留」**——要麼趕快進入敵國展開掠奪，要麼趕快撤回國內。

秦軍的這次遠征還未到達鄭國就泡湯了：走到滑國時，一個前往洛陽做生意的鄭國人遇到了秦國的軍隊，他趕緊讓手下回報國內，自己則假稱是鄭國的使者，並送給秦軍12頭牛作為慰勞的禮品。秦軍的主帥孟明（百里奚）知道鄭國已經有所防備，就放棄了進攻鄭國的計劃。然而此時秦軍中的糧食差不多已經耗盡了，本想滅掉鄭國後利用鄭國的存糧，現在連回到秦國的軍糧都不夠了。於是索性就地把滑國滅了，搶了糧食才啟程回國。然後悲劇就發生了，在經過崤山（函谷關，不過當時應該還沒有建立要塞）時，秦軍遭到先軫率領的晉軍伏擊，全軍覆沒，三名主將也悉數被俘。秦晉兩國就此成了仇家。孟明雖然被晉國釋放得以返回秦國，卻始終勵志要向晉國復仇。在經歷了多次失敗之後，他帶領一批敢死隊，渡過黃河後就燒掉了渡船，誓言不打敗晉國就絕不回秦國，最後終於擊敗了晉國，於是就有了「孟明焚舟」的典故。

**所由入者隘，所從歸者迂，彼寡可以擊吾之眾者，為圍地。**

這種地區入口狹窄受阻，想要撤退的話道路迂迴曲折，敵人用少量兵力就可以阻擋我方大部隊進攻，叫做「圍地」。

**圍地則謀。**

在「圍地」要使用謀略（進行長期謀劃）。

**疾戰則存，不疾戰則亡者，為死地。**

迅速決戰的話就可以生存，不迅速決戰的話就會覆亡，叫做「死地」。

**死地則戰。**

在「死地」要拼死作戰。

後世很多讀者經常會將「圍地」與「死地」搞混，「死地」則更是經常被人誤讀的概念。

先來說「死地」。**陷之死地然後生**的例子不少，但是沒能「後生」的例子則更多。這些例子容易被人忽略，因為「後生」失敗了的案例一般就沒有機會出名了。其中的例外是三國時期的馬謖。

在諸葛亮第一次出兵伐魏時，他需要派兵守衛街亭阻擋魏國的援軍。但是對於這個重要的任務，他并沒有任命老資格的魏延、吳懿為主將，而是派遣了年輕的馬謖率軍前往。不過，深受諸葛亮信任的馬謖到達街亭之後，并沒有按照諸葛亮的命令「當道下寨」，而是讓士兵在旁邊的山上扎營。副將王平提出了反對意見，指出山上雖然占地利，但卻容易被包圍。馬謖卻說：「置之死地而後生，如果被包圍，士兵們就會拼死打破包圍圈」。否決了王平的意見。魏軍大將張郃到達街亭後，發現馬謖駐軍在山上，他并沒有直接進攻，而是迅速切斷了其山下的水源。口渴的蜀軍沒過兩天就失去了戰鬥力，即便是占有地利，在張郃的猛攻下，也被打得潰不成軍。由於街亭的失守，諸葛亮的第一次出征只得草草收場，馬謖也因違令兵敗被斬首。

顯然**陷之死地然後生**不是每次都靈驗的，要是「陷之死地」都能夠「後生」的話，那麼「死地」就該改名叫「生地」了。所以「置之死地」的風險性其實是很高的。「死地」是真的「死」，還是假的

「死」，取決於是否能夠在短時間內獲得勝利——**「疾戰則存，不疾戰則亡」**。如果敵軍圍而不攻，時間一久「死地」就是真的「死」地了。比如在街亭之戰中，張郃并沒有急於進攻馬謖的營地，而是切斷了蜀軍的水源。等到蜀軍因為缺水而失去戰鬥力時，才發動進攻。而對於馬謖而言，他不能逼迫張郃與自己「急戰」，自然不可能做到**「陷之死地然後生」**。

其實「死地」的「死」與地本身關系不大，重要的是人心。只要是軍隊進入「拼命」的狀態，無論是處在平原還是山頂，是城內還是河邊，都是屬於「死地」。

同樣「圍地」從「入隘出迂」描述上看，軍隊在其中也很有可能會進退不得，而且這種進退不得也的確是由地型因素引起的。但「圍地」與「死地」最大的區別就在於，圍地可以依託地理條件實現穩固的防守——**「彼寡可以擊吾之眾」**。從這樣的意義上來說，「圍地」就是常說的「天然要塞」。如果防守方准備充分，完全可以和敵軍大部隊對抗很長時間。所以面對「圍地」要「謀」。「謀」就意味着「不能力攻，只能智取」，同時也意味着無論進攻方還是防守方都要做好長久作戰的規劃。

小結一下：「散地」「輕地」「重地」與軍隊所處的戰略位置有關；「交地」「衢地」「絕地」與周邊的外交態勢有關，而且通常是位於兩國交界的「輕地」區域 ；「圍地」與周邊具體的地理環境有關。「爭地」要比拼兩軍速度，「死地」則是可遇而不可求。


**所謂古之善用兵者，能使敵人前後不相及，眾寡不相恃，貴賤不相救，上下不相收，卒離而不集，兵合而不齊。**

古代被稱爲善於用兵的將領，能夠讓敵人前軍後軍不能相呼應，大部隊與小部隊不能相互依靠，貴族與平民無法相互救援，上級與下級不能相互配合。士兵離心離德無法聚集，軍隊合兵一處卻無法齊心協力。

這段話并不難理解，說的都是軍隊管理出現了各種問題。關鍵在於如何主動致使敵軍內部出現管理問題，孫子并沒有給出具體的方案。

此外，孫子為什麼要將這樣一段話放在「九地」之後呢？可能主要就是為了引出後面這段問答。

**敢問 ：「敵眾整而將來，待之若何 ？」**
想問一下：「如果敵人兵力龐大而且軍紀嚴整，准備大舉來犯，應該如何應對？」
**曰 ：「先奪其所愛，則聽矣。」**
答：「搶先奪取對敵人有很大價值的目標，敵人就只能按我們的意圖行動了。」
**兵之情主速，乘人之不及，由不虞之道，攻其所不戒也。**
軍事行動以速度為第一要務，在敵人還來不及反應的時候，通過敵人沒有設防的道路，攻擊敵人毫無戒備的要害。

這個問題也是與上文對照：之前說過「**散地則無戰**」，但是敵人大軍主動侵略我國怎麼辦？敵人也不是「**前後不相及，眾寡不相恃**」，而是「眾整」前來，不可能輕易被擊敗，應該如何應對？這種情況在現實中很常見，而應對起來又十分困難，所以孫子單獨對這種情況做了「案例分析」。

孫子給出的策略是「**先奪其所愛**」。這個「所愛」就是「對敵人有重要戰略價值的目標」。這個目標可能是本方境內的險要隘口，可能是田野上等待收割的糧食，可能是運輸糧草的道路，可能是敵軍自己的後方城市，可能是敵人的某個盟友。總之，就是破壞敵人原有的戰略計劃，讓敵軍不得不將注意力轉移到新的目標，從而失去戰爭的主動權。孫臏所說的「形格勢禁」指的就是這種情況。「形格」就是在戰略上的部署已經被人所限定，所以也就不再有其他回旋的余地了——「勢禁」。

想要掌握主動權，最重要的就是「快」。只有行動足夠迅捷，才能

夠在敵方作出針對性的行動之前，實現我方的戰略目的。而最好的戰略目標就是那些敵方忽略了的漏洞——「**由不虞之道，攻其所不戒**」。

需要注意的是，這裡的「**兵之情主速**」與〈作戰〉篇的「**兵聞拙速，未睹巧之久**」并不相同。本篇說的是「在戰朮上的行動迅速」，而〈作戰〉篇說的是「在戰略上縮短戰爭持續的時間」。


## 凡為客之道，深入則專，掠於饒野，三軍足食 ； 謹養而勿勞，并氣積力 ； 運兵計謀，為不可測，主人不克。

凡是進入敵國的領地，深入敵國腹地，我方的士兵就會精神專注。掠奪敵人富饒的村莊，充實我軍的糧草補給。

保持士兵身體健康防止士兵疲勞，讓士兵們保持高昂的鬥志與體力。

計算各條路線的行軍時間，做好長遠規劃，盡量不讓敵人發現我軍的動向與意圖，守軍就無法擊敗我方。


「散地」的「為主之道」講完了之後，孫子將重點放在了「為客之道」——在敵人的土地上作戰，無論是在戰朮上還是戰略上對己方都更為有利。

「**深入則專**」是後文重點介紹的內容，意思就是在「重地」的軍隊戰鬥力更高（之前在〈勢〉篇中已經進行過說明）。如果做個戰鬥力排序的話，是「重地 > 輕地 > 散地」。之前講「散地」，這裡講「重地」，但對於「輕地」如何作戰，孫子并沒有詳細說明。一是因為孫子提出「**輕地則無止**」，另一個原因大概是在「輕地」的作戰是當時最為常規的作戰形式，所以在孫子看來不必在詳細說明。而「重地」作戰則是當時的超常規戰法，所以孫子認為對「重地」作戰的優勢及注意事項有必要進行詳細的說明。

需要注意的是：我軍深入敵境就是為了「**先奪其所愛**」，「**攻其所必救**」，我方深入敵境的目標并不是擊敗「主人」（駐防部隊），

而是「形人」——通過「形人」讓敵方主力部隊變得易於被我方擊敗。也就是說這裡的「**凡為客之道**」也是對於之前「**敵眾整而將來**」作答的一部分。所以「**掠於饒野**」除了獲得糧食補給之外，也是讓敵軍不得不回兵救援的一種手段——自己重要的經濟產區「饒野」（城市的週邊地區都被稱為「野」）遭到掠奪，怎麼能夠坐視不管呢？

除了糧食補給，深入敵境的軍隊還要時時注意保持軍隊的戰鬥力與隱蔽性。「**并氣積力**」就是〈軍爭〉篇中的「治氣」「治力」，保持氣盛力足的軍隊才能保證戰鬥力，才能戰勝敵軍，而保持自身隱蔽性則可以避免在不利條件下迫不得已的戰鬥。

如此看來，深入敵方「重地」并不是一個簡單輕鬆的任務，既要「掠」又要「養」還要「謀」，少了哪個都不行，而且更重要的是將領在戰略決策上不能夠出現任何失誤。士兵在「重地」確實可以在很大程度上的提高自律，以完善軍隊內部的管理，但如果將領在戰略決策上出現重大失誤，導致軍隊身陷重圍、無食可掠、氣惰力屈，那麼就算士兵能夠在危機時刻奮力死戰，可惜長期來看整個軍隊也難逃覆滅的命運。所以在未擊敗敵軍主力的情況下深入「重地」，無法攻克敵國都城是正常現象，而我方因為兵法的運用而不被擊敗反倒是「偶然」現象。這也許正是「重地」作戰雖有種種好處，但歷史上還是少有將領敢於嘗試這種戰略的原因吧。

也就是說，用「深入重地」的方式「**先奪其所愛**」并以此來擊敗「眾整」的敵軍，是兵法運用的最高境界，只有那些深通兵法的將領才能真正的將其付諸實踐。

**投之無所往，死且不北，死焉不得，士人盡力。**
**兵士甚陷則不懼，無所往則固。深入則拘，不得已則鬥。**
**是故其兵不修而戒，不求而得，不約而親，不令而信。**
把士兵扔到無處可去的地方，就算死也不會逃跑。怎麼才能夠不死呢？就是盡力拼殺。
士兵深陷困境之中，反而不再恐懼；如果無處可逃，就只能堅守

陣地。深入敵方領土，士兵就會拘謹而容易約束，如果迫不得已就會拼命戰鬥。

所以在這樣的狀態下，將領不需要強調管理，士兵自己就會小心戒備，不去主動要求也可以得到士兵的奮力效命，沒有誓言的約束也能相互團結，不需要三令五申也能夠建立威信。

**禁祥去疑，至死無所災。**

禁止迷信的言論，去除士兵的疑慮，到死也不會遇到預言中的災禍。

**吾士無余財，非惡貨也 ； 無余命，非惡壽也。**

**令發之日，士卒坐者涕沾襟，偃臥者涕交頤，投之無所往者，諸、劇之勇也。**

我們的士兵沒有多余財物，并不是因為討厭富有 ； 不珍惜生命，并不是討厭長壽。

命令出征的當天，士兵們無論坐著還是躺著都淚流滿面，但是把他們放到無處可逃的境地裡，就能爆發出像專諸、曹劌一樣（不要命）的勇氣。

**故善用兵者，譬如率然 ； 率然者，常山之蛇也。擊其首則尾至，擊其尾則首至，擊其中則首尾俱至。**

所以善於用兵的將領，指揮部隊就像「率然」。「率然」是常山上的一種怪蛇，攻擊它的頭，尾巴就會來救援 ； 攻擊它的尾巴，頭就會來救援 ； 如果攻擊它的中間，頭和尾都會來救援。

**敢問 ：「兵可使如率然乎？」曰 ：「可。」夫吳人與越人相惡也，當其同舟而濟，遇風，其相救也如左右手。**

有人會問 ：「真的能讓士兵像『率然』一樣嗎？」答案是可以。吳國人與越國人是世仇，但是當他們一同坐在一艘遭遇風暴的船上時，就像左右手一樣互相幫助。

**是故方馬埋輪，未足恃也 ； 齊勇若一，政之道也 ； 剛柔皆得，地之理也。故善用兵者，攜手若使一人，不得已也。**

所以把馬拴在一起，把車輪埋起來，也并不足以讓士兵堅守陣地。士兵齊心協力奮勇拼搏像一個人一樣，是因爲將領治軍得當，士兵們既勇敢又謹慎，是因爲將領善於利用戰地環境。所以善於用兵的將領，指揮眾多士兵就像手把手操控一個人一樣，是因爲環境讓士兵們不得不聽從指揮。

　　這一部分就是在說明為什麼「**深入則專**」，之前在〈勢〉篇中已經進行過解讀。


## 將軍之事：靜以幽，正以治。
## 能愚士卒之耳目，使之無知。
## 易其事，革其謀，使民無識；
## 易其居，迂其途，使民不得慮。

指揮軍隊作戰的原則：（在謀略上）是要盡量保持靜默以至於隱晦，（在軍隊管理上則）是要用嚴正的法規使軍心安定。
能夠蒙蔽士卒的耳目，使他們不知道行動計劃。
變更已有的行動，更改原定的計劃，使我方士兵無法瞭解我軍意圖。
改變軍隊的駐扎地點，故意繞道而行，使我方士兵不會想着逃回家鄉。

　　這一段在〈虛實〉篇中曾經提到過。


## 帥與之期，如登高而去其梯；

將領突然讓士兵執行自己預先秘密策劃的戰术行動，就像在他們爬到高處後撤走下面的梯子。

　　「期」是將領事先計劃好的策略，但是普通士兵卻并不知情。在將領突然下達的命令時，雖然難免慌亂，但士兵們已經是有進無退，

即便命令不合常法也不得不遵從。

對於這樣的情況，有些類似於現代海軍的「封密命令」，即「在指定時間（「期」）指定地點（海域）打開的命令」，而具體的時間和地點通常由另一份命令給出。采取這種指令方式的最大原因就是出於保密需要，所以這種命令形式在潛艦部隊中使用的最為普遍。比如說以書面的形式給出詳細指令，之後以電報的形式給出開封時間，那麼即便是電報被敵方截獲，敵方也不會知曉命令的具體內容。

## 帥與之深入諸侯之地，而發其機。

將領帶領**士兵**深入敵國腹地，然後激發出**士兵**的潛能。

〈勢〉篇中有「**勢如擴弩，節如發機**」。所以這裡的「**發其機**」指的是釋放「**勢**」——「**節**」。所謂「**勇怯，勢也**」，既然「**兵士甚陷則不懼**」，那麼「**深入諸侯之地**」就會成為一個釋放「**勢**」的好時機。

## 若驅群羊，驅而往，驅而來，莫知所之。

就像驅趕羊群一樣，被牧羊人趕來趕去，但自己卻不知道要前往何處。

## 聚三軍之眾，投之於險，此謂將軍之事也。

率領軍隊深入險境，這就是將領要做的事情。

士兵既然已經「無知、無識、不得慮」，當然就像羊群一樣。選士兵，歷來都喜歡選老實的，各國莫不如此，甚至即便是在今天的資訊化戰爭當中同樣如此。有些人可能會將「驅羊群」與「愚民政策」相等同，這無疑是錯誤的。在集體行動中像羊群一樣行動，并不意味着要弱化其中個體的智力水平；而所謂的「愚民政策」則是要壓制個體的智力水平及判斷力。

最後這句話是從「將軍之事」開始的這段話的結尾，從中可以看出，深入敵軍境內就是投身於危險境地，一定要管理好軍隊的心態。

## 九地之變，屈伸之利，人情之理，不可不察。

九種地位環境的變化，進退的利害抉擇，士兵心理的變化規律，都必須詳細瞭解。

到這裡，〈九地〉篇的上半部分就結束了。「**九地之變**」就是對於9種地位環境的應對策略；「**屈伸之利**」就是指為主和為客在散地、輕地和重地之間的利害抉擇；「**人情之理**」就是之後講解如何利用士兵在重地的危險環境中的心理變化──簡單來說就是理解人性。

這三部分知識，也是作為將領必須要清楚的。


## 凡為客之道 ： 深則專，淺則散。

凡是出兵到敵國境內作戰，深入敵境時士兵就會團結一心，在邊境徘徊士兵則會有所散漫。

## 四達者，衢地也 ； 入深者，重地也 ； 入淺者，輕地也 ；

四通八達的地區，是「衢地」；深入敵境，是「重地」；只停留在敵國邊境附近，是「輕地」。

## 背固前隘者，圍地也 ； 無所往者，死地也。

背後有堅實的屏障，前方有利於防守的隘口，就是「圍地」。無路可去的地方，就是「死地」。

## 是故散地，吾將一其志 ；

所以在「散地」，我會統一軍隊的意志；

## 輕地，吾將使之屬（zhǔ） ；

在「輕地」，我會讓士兵緊緊跟隨大部隊；

## 爭地，吾將趨其後 ；

在「爭地」，我會（1.在後面催促士兵；2.繞到敵軍背後）；

**交地，吾將謹其守；**

在「交地」，我會小心謹慎的進行防守；

**衢地，吾將固其結；**

在「衢地」，我會鞏固與周邊國家的外交關系；

**重地，吾將繼其食；**

在「重地」，我會保證部隊充足的糧食供應；

**絕地，吾將進其途；**

在「絕地」，我會抓緊時間通過；

**圍地，吾將塞其闕；**

在「圍地」，我會封閉它的缺口；

**死地，吾將示之以不活。**

在「死地」，我會告訴士兵沒有逃生的可能。

從這裡開始，是〈九地〉篇的下半部分。

「死地」上文說「**疾戰則存，不疾戰則亡者**」，下文說「**無所往者**」，其實并無本質的不同。因為「**無所往**」所以不得不戰，而且還要速戰。否則既無地利依仗，又無後勤支援，時間一久必然戰敗。「**吾將示之以不活**」就是逼迫士兵拼死作戰，通過在短時間之內取得戰术上的優勢來打破戰略上的劣勢。

「圍地」則是「**背固前隘**」，十分利於防守。這裡顯然是以防守者的視角來講「圍地」，而上文說「**所由入者隘，所從歸者迂，彼寡可以擊吾之眾者**」則是站在進攻者的角度。所以站在進攻者的角度，要盡量使用「謀」來化解防守方的地利優勢。而作為防御者，則要「**塞其闕**」——封堵要塞毀壞的部分或天然的缺口，讓防守變得固若金湯。

孫子在下文中給出的策略，都帶有「吾將」二字。這兩個字表明，下文給出的這些策略都是將領在相應地理區域應該采取的措施。如果不得不在「散地」交戰，就要盡量統一軍隊的志向——「一其志」。在「輕地」，就要保證士兵緊緊的跟隨大部隊行動。「交地」、「衢

地」、「絕地」上下文的說法基本相同。「**重地，吾將繼其食**」和上文「**重地則掠**」也基本相同。

## 故兵之情，圍則御，不得已則鬥，過則從。

士兵的本能，是被包圍了就會展開防禦，逼不得已就會拼死戰鬥，軍隊迅速通過就會跟從。

「圍則御」顯然是指「圍地」；「不得已則鬥」應該是說「死地」；「過則從」則適用於「絕地」「輕地」「重地」。

## 是故不知諸侯之謀者，不能預交；
## 不知山林、險阻、沮（jǔ）澤之形者，不能行軍；
## 不用鄉導者，不能得地利。

不知道諸侯的國家戰略，就不能預先（在戰爭之前）做好外交工作。

不瞭解當地的各種地理地型情況，哪裡有山林、哪些地方易守難攻、什麼地方有沼澤無法通行等等，就不能規劃行軍路線。

不能使當地人作為向導的，就不能充分利用地型優勢。

這段話曾在〈軍爭〉篇中出現過。在〈軍爭〉篇主要是強調後兩句，在此是強調第一句「伐交」——也就是在說「衢地」。

## 此三者，不知一，非王霸之兵也。

這三條，有一條不知道，都不能算是超級大國的軍隊。

## 夫王霸之兵，伐大國，則其眾不得聚；威加於敵，則其交不得合。

超級大國的軍隊，如果攻打普通強國，那麼敵人的軍隊不能夠聚集；向對方發出威嚇，那麼其他國家都不敢與他結交。

「王霸之兵」是一支各方面都很全面的戰無不勝的部隊。但即便是這樣一支部隊，也需要「預交」、「知地利」、「用鄉導」。

　　「王霸」換成現在的說法就是「超級大國」。如果「超級大國」瞄准了哪個國家，那麼其他國家為了免於被拖累殃及，就會躲得遠遠的，所以這個國家也就無法通過外交手段「伐交」來抵消「超級大國」的國力優勢。甚至就連這個國家內部都會出現意見分歧，使得國家的決策出現混亂。而在封建時代，**「眾不得聚」**就可能表現為封臣「拒不奉詔」，使得本已處於劣勢的國力進一步分裂。

　　**「王霸之兵，伐大國」**比較典型的例子就是晉文公伐楚的城濮之戰。戰爭的起因是楚國進攻宋國。為支援宋國，晉國帶領多國聯軍先是滅掉了曹、衛這兩個楚國的附庸國，然後向宋國境內進軍，准備與楚國決戰。在開戰前，楚國內部就分裂為主戰和主和兩派，主和派以楚成王為首，主戰派以主帥子楚為首。由於雙方意見未能統一，最後子楚只得帶領部分軍隊迎戰晉文公，這就是**「眾不得聚」**。在真正交戰前，子楚還想通過外交手段結束戰爭，就派使者向晉國提出條件說：「釋放曹、衛兩國的國君，楚軍就放棄對宋國的圍攻。」結果晉國根本不聽，還扣押的使者；然後向曹、衛兩國的國君許諾：可以讓他們復國，不過必須與楚國斷交。楚國雖然是南方首屈一指的強國，但是面對晉國的征伐，它已經失去了左右自己附庸國的發言權，這就是**「交不得合」**。

## 是故不爭天下之交，不養天下之權，伸己之私，威加於敵，故其城可拔，其國可隳（hūi）。

*所以，不去爭取與天下諸侯結交同盟，不在天下諸侯心中建立自己的權威，還要伸張自己的私利，想要威脅其他國家，這樣反倒會使自己的城池被奪取，自己的國家被滅亡。*

　　儒家最喜歡用「王者之兵」批評「戰國盜兵」。古代人對於「時代進步」的觀念毫無感覺，所以在他們看來能夠「平定天下」的商湯

周武的軍隊一定是強於只能稱霸一方的齊桓晉文的軍隊，而霸者之兵也一定強過做不到稱霸的戰國之兵。這個比較法其實就像「關公戰秦瓊」，本是無可比較的。不過儒家的說法也并不全無可取之處，比如〈荀子·王霸〉這樣解釋「王霸之兵」：「故用國者，義立而王，信立而霸」。正如荀子所說，「王霸之兵」要建立在「信、義」的基礎之上，不講信用就不可能獲得穩固的盟友，不以道義為目標也不能有效的團結諸侯。如果一個國家只根據自身利益出發隨意發動戰爭的話，那麼他的盟友會為此而甘心耗費自身的國力嗎？當然不會！當它的盟友就會逐漸的背棄它，可謂**「眾不得聚」「交不得合」**。沒有盟友就會被周邊的國家圍攻、蠶食。如果國內為政得民心，還有機會守住社稷，如果連本國百姓的支持都得不到的話，就是**「其城可拔，其國可隳」**。

拿破崙在最初征服歐洲時，實際上是受到許多敵國開明人士歡迎的，因為這可以促使當地陳舊的君主制度進行改革。但是一段時間之後，這些國家的民眾越來越清晰的發現，拿破崙為了法國利益，甚至僅僅是為了他個人征服英國的野心——**「伸己之私，威加於敵」**——可以毫無顧及的傷害他們的利益。因此歐洲的民意逐漸轉向了反對法國，重新組成了反法同盟，並先後兩次擊敗拿破崙。拿破崙帝國猝**「隳」**，其本人最終也落得流放荒島的下場。


**施無法之賞，懸無政之令，**
不需要給予明確獎賞，不需要發布具體的命令，
**犯三軍之眾，若使一人；**
指揮全軍部隊，就像使用一個人一樣；
**犯之以事，勿告以言；**
只要告訴士兵該做什麼，不要告訴他們完整的計劃；
**犯之以害，勿告以利。**
讓士兵進入險境，但不告訴他們這樣做的好處。
**投之亡地然後存，陷之死地然後生。**

將士兵投入到將要死亡的境地，讓他們陷入無路可逃的困境，反而能夠生存，

**夫眾陷於害，然後能為勝敗。**

有時候讓士兵身處險境，反而能夠反敗為勝。

　　如果回想一下之前的篇章就會發現，「**投之亡地然後存，陷之死地然後生**」其實并不是孫子一貫所主張的用兵策略。試想孫子在〈虛實〉篇中主張要「**我專而敵分，我專為一，敵分為十，是以十攻其一也**」，既然可以「**以眾擊寡**」，為什麼還要「**眾陷於害，然後能為勝敗**」呢？孫子在〈謀攻〉篇中曾提到「**十則圍之，五則攻之，倍則分之，敵則能戰之，少則能逃之，不若則能避之**」。按此推算，我方「**眾陷於害**」時的兵力不應該與對陣敵人相差太過懸殊，即雙方兵力處在「**敵則能戰之**」的狀態，否則就「逃之」「避之」了。如果即便是已經通過「**形人而我無形**」實現了「**我專而敵分**」，還不能在兵力上取得絕對優勢，就說明我方在總體戰略上是居於絕對劣勢地位——敵國的總兵力可能是數倍於我方。那麼這時就只能采用「**眾陷於害**」的策略，不但深入敵境使敵方「**形格勢禁**」，還要依靠「**圍地**」或「**死地**」舍身一擊，以期能夠以最小的代價擊潰敵人部分軍力（但相對於我方而言仍可能是一支實力可觀的大型部隊），從而大幅縮小雙方的戰略差距，達到力挽狂瀾的效果，最終反敗為勝。

　　所以「**投之亡地**」是不得已而用之的最後策略。


**故為兵之事，在於順詳敵之意，**

所以制定軍事計劃，在於詳細瞭解敵人的意圖。

**并力一向，千里殺將，此謂巧能成事者也。**

將己方兵力集中於一個方向攻擊敵人，遠途奔襲擊敗敵人，這就是精妙的兵法所能成就的功績。


　　就像前文所說的，深入敵境作戰，將領一定要保證無論在戰略上

還是戰朮上都不能出現失誤，甚至各個細節都要做到完美，才有可能在敵人的腹地游刃有餘、克敵制勝。否則任何一個失誤都有可能導致致命的失敗。因此一定要「巧」。（回憶〈作戰〉篇「巧」勝於「拙」。）

## 是故政舉之日，夷關折符，無通其使。

從決定開戰之日起，就應該封鎖邊關，廢棄之前的通關憑證，禁止敵國的使節進出；

## 厲於廊廟之上，以誅其事。

嚴厲禁止參加軍事決策的人走漏消息，斷絕洩密的可能。

　　一旦決定開戰，就要馬上封鎖邊境關隘，既不能讓對方的使節看到我方實際情況，也不能讓潛伏在我國境內的敵方間諜出關報信。

　　「廊廟之上」就是指〈始計〉篇中的「廟算」的地點，即做出最高決策的地方。

## 敵人開闔，必亟入之。
## 先其所愛，微與之期。
## 踐墨，隨敵，以決戰事。
## 是故始如處女，敵人開戶後如脫兔，敵不及拒。

敵國的邊境一旦出現防守漏洞，要立刻率領軍隊突入敵方境內；
搶先佔領對方的戰略要地，秘密的（既對敵方隱藏也對己方保密）進行自己的戰略行動；
嚴謹的管理己方部隊，然後根據敵方部署的變化，確定戰勝敵人的策略。
所以在戰爭剛開始的時候，要像小姑娘一樣安靜謹慎，敵人一旦出現疏失漏洞就要立刻變得像敏捷的兔子一樣迅速行動，這樣敵人就無法應對我方的突襲了。

　　古代人結婚很早，「處女」一般是指 15 歲以下未嫁的小姑娘。而

「處女」也與「**巧能成事**」的「巧」有關。「七夕節」在漢代出現時是「乞巧節」，是婦女希望自己「心靈手巧可以有一手好的針線活」所發展出來的節日。古代商品經濟很落後，普通百姓很大部分的衣服都是家中自行縫制的。男人指粗手大，雖然有力量但通常缺乏靈巧，而在針線活上女人正好發揮其心靜手巧的優勢。所以「處女」不僅寓意「安靜」，也寓意「靈巧」。

「**敵人開戶後如脫兔**」一句，經常被斷句為「**敵人開戶，後如脫兔**」。雖然此種短句頗為押韻，但從語義上講應該是「**敵人開戶後 / 如脫兔**」。


本篇結尾的這段話可以說是整個戰爭過程的一個概括總結，也再次簡練的點明了兵法運用的基本思路。《孫子兵法》中直接描述戰爭的篇章到這裡就結束了。之後〈火攻〉和〈用間〉兩篇可以說是「附錄」——雖然與戰爭的關系十分重要，但卻是單獨而專門的問題。




孫子曰：

用兵之法，有散地，有輕地，有爭地，有交地，有衢地，有重地，有絕地，有圍地，有死地。諸侯自戰其地，為散地。入人之地不深者，為輕地。我得則利，彼得亦利者，為爭地。我可以往，彼可以來者，為交地。諸侯之地三屬，先至而得天下之眾者，為衢地。入人之地深，背城邑多者，為重地。去國越境而師者，為絕地。所由入者隘，所從歸者迂，彼寡可以擊吾之眾者，為圍地。疾戰則存，不疾戰則亡者，為死地。是故散地則無戰，輕地則無止，爭地則無攻，交地則無絕，衢地則合交，重地則掠，絕地則無留，圍地則謀，死地則

戰。

所謂古之善用兵者，能使敵人前後不相及，眾寡不相
恃，貴賤不相救，上下不相收，卒離而不集，兵合而不
齊。敢問：「敵眾整而將來，待之若何？」曰：「先奪
其所愛，則聽矣。」兵之情主速，乘人之不及，由不虞
之道，攻其所不戒也。凡為客之道，深入則專，掠於饒
野，三軍足食；謹養而勿勞，並氣積力；運兵計謀，為
不可測，主人不克。

投之無所往，死且不北，死焉不得，士人盡力。兵士甚
陷則不懼，無所往則固。深入則拘，不得已則鬥。是故
其兵不修而戒，不求而得，不約而親，不令而信。吾士
無餘財，非惡貨也；無餘命，非惡壽也。令發之日，士
卒坐者涕沾襟，偃臥者涕交頤，投之無所往者，諸、劌
之勇也。故善用兵者，譬如率然；率然者，常山之蛇
也。擊其首則尾至，擊其尾則首至，擊其中則首尾俱
至。敢問：「兵可使如率然乎？」曰：「可。」夫吳人
與越人相惡也，當其同舟而濟，遇風，其相救也如左右
手。是故方馬埋輪，未足恃也；齊勇若一，政之道也；
剛柔皆得，地之理也。故善用兵者，攜手若使一人，不
得已也。

將軍之事：靜以幽，正以治；能愚士卒之耳目，使之無
知；易其事，革其謀，使民無識；易其居，迂其途，使
民不得慮。禁祥去疑，至死無所災。若驅群羊，驅而
往，驅而來，莫知所之。帥與之期，如登高而去其梯；
帥與之深入諸侯之地，而發其機。聚三軍之眾，投之於
險，此謂將軍之事也。

九地之變，屈伸之利，人情之理，不可不察。

凡為客之道：深則專，淺則散。入深者，重地也；入淺
者，輕地也；背固前隘者，圍地也；無所往者，死地

也。是故散地，吾將一其志；輕地，吾將使之屬；爭地，吾將趨其後；交地，吾將謹其守；衢地，吾將固其結；重地，吾將繼其食；絕地，吾將進其途；圍地，吾將塞其闕；死地，吾將示之以不活。

是故不知諸侯之謀者，不能預交；不知山林、險阻、沮澤之形者，不能行軍；不用鄉導者，不能得地利。此三者，不知一，非王霸之兵也。夫王霸之兵，伐大國，則其眾不得聚；威加於敵，則其交不得合。是故不爭天下之交，不養天下之權，信己之私，威加於敵，故其城可拔，其國可隳。

故兵之情，圍則禦，不得已則鬥，過則從。施無法之賞，懸無政之令，犯三軍之眾，若使一人；犯之以事，勿告以言；犯之以害，勿告以利。投之亡地然後存，陷之死地然後生。夫眾陷於害，然後能為勝敗。

故為兵之事，在於順詳敵之意，並敵一向，千里殺將，此謂巧能成事者也。

是故政舉之日，夷關折符，無通其使；屬於廊廟之上，以誅其事。敵人開闔，必亟入之。先其所愛，微與之期。踐墨隨敵，以決戰事。是故始如處女，敵人開戶後如脫兔，敵不及拒。

# 15 〈火攻〉篇注

**孫子曰：**
**凡火攻有五：一曰火人，二曰火積，三曰火輜，四曰火庫，五曰火隊。**

**行火必有因，因必素具。**
實行火攻，必須要有相應准備，這些准備平時就要做好。

　　這是孫子唯一一次列出了概念，卻既沒有作出定義也沒有給出分析的一章。沒有給出定義可能是因為「五火」的概念為當時常用，或從字面上易於理解。但是孫子同樣沒有給出任何分析，這就比較奇怪了。我認為這部分內容有殘缺的可能性很大。

　　「五火」通常的解釋是這樣的：

　　「火人」：燒毀敵方軍營帳篷從而燒殺敵方士兵。

　　「火積」：燒毀敵軍的糧草儲備。

　　「火輜」：燒毀的方的輜重車輛。

　　「火庫」：燒毀倉庫。

　　「火隊」：燒毀對方的旗幟儀仗等指揮用具。

　　「火人」的解釋看似合理，但其實十分值得推敲。如果燒毀敵方軍營的話，敵方的糧草、車輛、倉庫不就一起全燒毀了嗎？反倒是士

兵住的帳篷最多、最分散、最難以點燃。裡面的士兵也是大活人，有腳可以逃跑，有手可以救火。「火人」會不會是其他意思呢？

歷代注家在注解這「五火」時都是從「放火」的角度來進行討論的，不過相較於蓄意的縱火，因管理不當導致的失火更為常見。相較「火攻」，對於軍隊更重要的首先是「火防」。軍營中的炊煙燈火，如果管理不善都有可能釀成火災。同樣，「放火」的工具要准備，「滅火」的工具更是**必素具**。這才符合孫子**先為不可勝，以待敵之可勝**的思路。而且本篇的後半部分，可以說也暗合「滅火」之意。

如果從滅火的角度講：「火人」就是教給士兵消防常識；「火積」「火輜」「火庫」就是各類倉庫設施的防火；「火隊」就是軍中專業的消防隊。


## 發火有時，起火有日。
發起火攻必須要在特定的日期時間。
## 時者，天之燥也；日者，月在箕、壁、翼、軫也。
## 凡此四宿者，風起之日也。

「火攻」的另外一個重要因素就是天氣。草木干燥才容易着火，而大風天則有利於火勢擴大。

「箕、壁、翼、軫」是二十八宿中的四個星宿。古代預測天氣，幾乎是一個不可能完成的任務，只能通過經驗大致判斷。打仗要是碰巧遇上氣候反常，原有的計劃就可能全盤泡湯。

比如三國時期的夷陵之戰，很多人引用魏文帝曹丕的話，認為劉備最後的失敗的原因是「七百里連營」。漢制 1 里為 415.8 米，700 里就是 291 公里，這個距離相當於從夷陵到四川盆地入口開州的全部距離，即便說的是面積的話也差不多相當於現在整個夷陵市區。「七百里連營」很可能是說劉備從四川出發就開始步步為營，而不是在夷陵對陣中建立規模宏大的營寨。劉備與東吳陸遜在夷陵對峙正直夏末，

因為酷暑難耐，所以劉備不得不將軍營遷往林木茂盛的地方——很多人認為這是劉備失敗的直接原因。當陸遜發現蜀軍在林木茂盛的地方紮營，所以決定使用火攻。陸遜派突擊隊每人拿着一把茅草，到蜀軍大營放火，瞬間林地中的劉備軍營大火彌漫，整個蜀軍陷入混亂，吳軍趁勢從多個方向突擊，導致劉備大敗。

　　如果從事後來看，劉備將部隊駐紮在林木之中是明顯的錯誤。劉備打了一輩子仗，以善於用兵著稱的曹操都對他贊許有加，他真的會犯這樣的低級錯誤嗎？更何況在入蜀之前劉備也以江陵（荊州）為根據地經營了數年，對於當地的地理環境及氣候變化也應十分熟悉……等等，其實問題正在於此。火攻就要求「天干物燥」，然而中國南方的夏天通常是悶熱多雨，雖然炎熱但濕度很大。劉備也深知這點，所以大概從沒考慮過在濕熱的夏季會遭到火攻。可惜他雖然在江陵呆了數年，對於氣候的反常終究是不如久居南方的吳國人敏銳，反常的少雨讓火攻變成了可能。劉備之敗，敗於未得「天時」。


**凡火攻，必因五火之變而應之。**
凡是采取火攻，必須要根據「五火」的應變策略來采取行動。
**火發於內，則早應之於外。**
想要在敵軍內部放火，就應該提前在外面准備策應。
**火發兵靜者，待而勿攻。**
敵人營內起火，但是敵軍卻很安靜，應該耐心觀察等待，不要貿然進攻。
**極其火力，可從而從之，不可從而止。**
等到火勢已經很大了，再判斷是否可以進攻。
**火可發於外，無待於內，以時發之。**
如果可以從外面放火，不需要等待內應放火，（1. 按照預定的時間行動；2. 可以按照起風的時間）從外面放火。
**火發上風，無攻下風。**
要在上風位點火，放火之後不要從下風位進攻。

**晝風久，夜風止。**

白天的風時間長，晚上風就會停止。

**凡軍必知有五火之變，以數守之。**

軍隊必須要熟悉「五火」的應變方法，按照風的規律（1. 等待放火的時機；2. 小心防備；3. 保全己方軍隊）。

　　之前在〈九變〉篇中分析過，「變」是「攻還是不攻」的意思，那麼「五火之變」也應該是「五種火攻時是否應該進攻的判斷依據」。這段話的描述正符合這樣「變」的概念。

　　1. 采用火攻，必須提前將部隊埋伏在敵軍營地周圍，否則我軍還沒進攻，敵人可能就已經把火撲滅了。趁着剛一着火的時候馬上發動進攻，敵軍既無法全力防守，又無法專心滅火，很容易陷入混亂。

　　2. 火燒起來後，敵人內部卻十分安靜，并沒有嘈雜的叫喊，說明敵軍的應對很鎮定，甚至是在故意縱火引誘我方發動進攻，所以面對這種情況要先等一等，進一步瞭解情況後再做判斷。

　　3. 如果火勢已經很大了，那就要判斷火勢會否會威脅到己方軍隊，如果追趕敵軍自己也有可能葬身火海就不要追了。

　　4. 如果天氣條件合適，也并不一定需要派間諜去敵方軍營內部放火，從軍營外面放火借助風勢也足以燒毀敵軍營地。

　　5. 是否追擊敵人也要根據風向風勢而定。上風位的火會逐漸燒到下風位，所以不要待在下風位。

　　火的破壞力巨大，常常瞬間逆轉戰爭的勝敗，所以在「風起之日」一定要仔細守備，嚴防敵人火攻或火災的發生。


**故以火佐攻者明，以水佐攻者強。**

**水可以絕，不可以奪。**

借助「火」的威力來輔助軍事行動，需要明智的統帥；借助「水」

的威力來輔助軍事行動，需要有強大的軍事實力。

水流雖然可以通過修建堤壩而暫時斷絕，但是不能違背水流的本性強行實施水攻，而只能在特定的地勢借助水的威力。

　　水攻主要有兩種。一種是在河的上游構筑堤壩，等到敵軍渡河的時候，決開堤壩用洪水沖擊對方軍隊，強行將兩岸的敵軍分割為兩部分，歷史上「韓信破龍且」、「李世民破劉黑闥（tà）」都是用的這種戰法。不過這種戰法具體實施的技术手段一直存疑。另一種是構筑龐大的圍堤，然後引河水淹沒、圍困地勢低窪的城市，白起水淹郢（yǐng）、王賁水淹大梁、日本羽柴秀吉水淹備中高松城都是這樣的案例。「灌水圍城」一是為了徹底斷絕城市和外界的聯繫，二是為了毀壞城牆。如果城市的地勢較低，積水也會通過城門和城牆的缺口流入城內，浸泡城內的建築、倉庫，讓城內的存糧變質發霉，武器生銹，城內的住房也無法居住，只能住在房頂上。所以一旦「水攻」成功，被圍城市通常堅持不了多久。

　　「火攻」需要知道天氣、風向等知識，所以叫做「明」，而「水攻」則不但要用強大的兵力進行圍城以及阻擋敵軍援兵，還要投入大量勞力修筑堤壩，所以使用「水攻」的軍隊必須要有強大的實力作保證。

　　常言道「水火無情」，「水」和「火」的威力雖然可以「佐攻」，但卻是無法完全掌控的。一旦「水攻」和「火攻」失去了控制，反而會造成無妄之災。所以「明」不僅是代表了通曉相關的技術知識，更是意味着在理性上的「明智」——而這實際上才是〈火攻〉篇最重要的內容。


**夫戰勝攻取，而不修其功者，凶，命曰「費留」。**

贏得了戰爭的勝利，攻下了敵人的城市，但如果不好好鞏固勝利的成果，那麼反倒是一種災禍，是被稱為「費留」的凶兆。

**故曰：明主慮之，良將修之。**

所以說：（對於如何鞏固勝利的果實，）英明的君主應該認真考

慮，優秀的將領應該妥善修整。

「**戰勝攻取**」說明戰爭已經取得了勝利，勝利之後如果「**不修其功者**」，那麼就是「凶」——災禍。

修補城郭，安撫百姓，醫治傷患，埋葬死者，肅清匪盜，這些都是從戰爭狀態恢復和平所需的重建工作。沒有修復的城池很容易被敵人奪取；百姓逃亡，佔領的土地就無人耕作；如果不禁絕強盜，這個地區就不可能恢復經濟活力。假若通過戰爭贏得了利益，但卻不知道修整而將其浪費掉，就是相當於讓士兵白白送死、為百姓徒添戰禍——「費留」。這無疑是一種巨大罪惡，也勢必會導致災禍。所以對於如何鞏固勝利的果實，「明主」一定要「慮之」，督促「良將修之」。

這段話為什麼要放在〈火攻〉篇？原因很簡單，古代攻城時用的火矢、火球等等不免引起火災，而在整個城市都陷入混亂的情況下，也經常會發生意外失火。而攻陷城市之後，若不加控制，士兵們免不了一番「燒殺搶掠」。「搶掠」不過還是為求財，而「燒殺」則純粹是為了洩憤。這段話就是在告訴將領要在戰爭勝利之後避免這種行為，尤其是制止「燒殺」的發生。

楚漢戰爭中，劉邦可以最終奪取天下很重要的一個原因就是入咸陽時的約法三章：「與父老約，法三章耳：殺人者死，傷人及盜抵罪。」當初楚懷王之所以選擇讓劉邦而不是項羽向西進攻咸陽，就是因為項羽曾經有過屠城的不良記錄。

劉邦剛進入咸陽時也曾被咸陽的繁華沖昏了頭腦，而樊噲與張良的及時勸告，抑制了劉邦的個人貪念。向咸陽的百姓「約法三章」，保證了他們的生命及財產安全。（後世儒家基本都將「約法三章」解讀為「劉邦免除了秦朝原本繁多的刑罰，是仁政的表現」。但這種看法是明顯錯誤的。「約法三章」并不是要取代秦國的法律制度，而僅僅是在約束自己的士兵不可以燒殺搶掠而已。）劉邦查封了宮殿和倉庫，去咸陽城外駐扎，這些舉動深得秦地百姓民心。反觀項羽，不但

違反了當初「先入關中者王」的約定，進入咸陽後更是大肆掠奪，并放火焚毀了秦國的宮殿。《史記》記載，大火一直持續燒了三個月——照此估計，整個咸陽城和周邊的農田、村莊、山林差不多都被燒毀了。項羽率軍返回楚地時，帶走了大量財寶和美女。為了防止劉邦對自己構成威脅，項羽將劉邦安排到了閉塞的漢中地區，轉而將秦地分封給了與自己有交情的三個秦國舊臣：司馬欣、章邯、董翳。可惜因為項羽的暴行，秦地民眾們并不支持他們。當劉邦率軍反攻秦地時，百姓們紛紛轉而支持劉邦，使得劉邦可以快速佔領關中地區，擁有了能夠與項羽一較高下的實力。

　　項羽的失敗遠不是太史公筆下的那般浪漫，讓他無法走向成功的重要原因之一就是他的殘暴——「**夫戰勝攻取，而不修其功者，凶**」。


**主不可以怒而興師，**
**將不可以慍而致戰；**
君主不可以因為個人的一時之怒而發動戰爭，
將領不可以因為自己的個人榮辱而與敵人交戰。
**合於利而動，不合於利而止。**
符合利益的行動就可以執行，不符合利益的行動就應該終止。
**怒可以復喜，慍可以復悅；**
**亡國不可以復存，死者不可以復生。**
生氣發火之後可以恢復高興喜悅，憤恨過後還能重拾愉快。
但是滅亡的國家不會復興，死去的人民不會重生。
**故明君慎之，良將警之，此安國全軍之道也。**
所以對於戰爭，英明的君主慎之又慎，優秀的將領時刻保持警惕，這樣才能讓國家得以安寧，軍隊得以保全。


　　戰爭與火從來就是分不開的，兩者的性情也十分相似：如果不加約束，任由其在混沌中滋長，就會成為一種毀滅一切的力量。〈左傳‧隱公四年〉有言：「夫兵，猶火也，弗戢，將自焚也」。（**戰爭就**

像火一樣，如果不加以控制，最終自身也會被火燒死。）

　　「戰火」之「火」不僅是「火焰」，也代表着「心火」，或是說「怒火」。這種精神上的「火」與現實中的「火」一樣，都帶有極大的破壞性，尤其是那些身負權柄之人更需要避免自己的決策被情緒所左右。之前〈九變〉篇「將有五危」中就有「忿速」一條，實際上就是**「將不可以慍而致戰」**的緣故。而作為國家的最高決策者，君主更不能因為個人的私怨而招致國民公害。

　　與孫子關系密切的伍子胥就是為了報當年的殺父之仇，極力鼓動闔閭攻滅楚國。可惜吳國雖然攻破了楚國的首都，但是未能俘獲楚王。而吳國當時的根基尚淺，也無法將整個楚國龐大的國土納入自己的版圖。吳國本可通過與楚王簽訂和約的方式獲得大片領土，可是伍子胥卻因為私怨堅持要徹底滅亡楚國。結果吳軍最終被秦國的強大援楚軍隊擊敗。而在吳國國內，闔閭的弟弟夫概也起兵造反自立為王，伍子胥的滅楚計劃以失敗告終。伍子胥對於楚國的極端仇恨最終使吳國失去了大部分本可獲得的利益。孫子在此處的告誡，可能就是對於這場戰爭的一個反思吧。

　　所謂**「合於利而動」**就是李德·哈特所說的「戰爭的目的是為了獲得更美好的和平」——在此基礎之上，才值得發動戰爭。如果發動**「不合於利」**的戰爭，那就是窮兵黷武空耗國力，必然會導致國家**「屈力殫貨」**，更何況莽撞的戰爭多半會招致失敗。憤怒是一時之情，一段時間之後自然會消解。之所以要**「明君慎之，良將警之」**，就是因為一時決策失誤所導致的戰爭的失敗、百姓的死傷、國家的衰亡都是無法逆轉的。**「兵者，國之大事，死生之地，存亡之道」**，面對戰爭的抉擇一定要保持冷靜與理性，決不能因情感或無知而輕舉妄動。

　　最後的這部分文字，其實是以「火攻」為引，對戰爭進行反思，如果按照「攻火」（滅火）來理解就是，告誡君主和將領要「息心火」，切不可輕開戰端，戰爭必須要以「更美好的和平」為目的。

孫子曰：

凡攻火有五：一曰火人，二曰火積，三曰火輜，四曰火庫，五曰火隊。行火必有因，因必素具。發火有時，起火有日。時者，天之燥也；日者，月在箕、壁、翼、軫也。凡此四宿者，風起之日也。凡火攻，必因五火之變而應之。火發於內，則早應之於外。火發兵靜者，待而勿攻。極其火力，可從而從之，不可從而止。火可發於外，無待於內，以時發之。火發上風，無攻下風。晝風久，夜風止。凡軍必知有五火之變，以數守之。

故以火佐攻者明，以水佐攻者強。水可以絕，不可以奪。

夫戰勝攻取，而不修其功者，凶，命曰「費留」。故曰：明主慮之，良將修之。主不可以怒而興師，將不可以慍而致戰；合於利而動，不合於利而止。怒可以複喜，慍可以複悅；亡國不可以複存，死者不可以複生。故明君慎之，良將警之，此安國全軍之道也。

# 16 〈用間〉篇注

這一章的內容，給人一種穿越到冷戰時期的感覺，全然不像是公元前 500 多年的作品。

〈始計〉開篇就說：「**兵者，國之大事，死生之地，存亡之道，不可不察也**」。〈謀攻〉最後也說：「**知彼知己者，百戰不殆**」。對於敵人的「察」和「知」如何實現？「用間」！

「間諜」的重要性來自於情報的重要性。情報就是「知」，而《孫子兵法》全篇都離不開「知」——換句話說，如果沒有「知」，就算把《孫子兵法》背得滾瓜爛熟，也不可能將其應用於實踐。將〈用間〉作為最後一章，是將「知」的意識貫通全書。因為「知」是做出決策——將「戰略原則」與「思維方式」應用於現實的基礎。

**孫子曰：**
**凡興師十萬，出征千里，百姓之費，公家之奉，日費千金。**
發動十萬大軍遠征敵國，百姓的消耗，國家的支出，每天都是耗資巨大。
**內外騷動，怠於道路，不得操事者，七十萬家。**
因為戰爭引起的國內外局勢動盪，行軍沿途的各種消耗，七十萬家（全國）都無法正常工作生活。
**相守數年，以爭一日之勝。**
這樣對峙數年，為的就是爭奪決戰那一天的勝負。

**而愛爵祿百金，不知敵之情者，不仁之至也，非民之將也，非主之佐也，非勝之主也。**

在這種情況之下，如果還吝嗇於獎賞官職與金錢，而無法曉解到敵人的真實情況，那是極為不仁義的行為，并不是能夠保護民眾的將領，并不是能夠擔當輔佐君主的重臣，也不是能奪取勝利的統帥。

首先，孫子回到了〈作戰〉篇的內容：戰爭消耗巨大，每天都是「日費千金」。除此之外，國內正常的經濟運轉也會受到戰爭的影響。在國庫消耗如此之大的情況之下，如果還舍不得「爵祿百金」，那就太說不過去了。

這些「爵祿百金」是用來干什麼的？是用來換情報的。如果讀完《孫子兵法》還不知道「情報」的重要性，那基本就白讀了。「情報」分兩大部分，一部分是像「五事七計」這樣的在和平時期就開始積累的情報，一部分是作戰時不斷變化的軍事情報，〈虛實〉篇中講**能因敵變化而取勝**就是要依靠這些具體而准確的軍事情報。

一條重要的情報就可能左右戰爭的勝負。而獲得這樣一條情報的花費遠遠少於戰爭所造成的經濟消耗。如果因為害怕多花一點點金錢，而失去早日戰勝敵軍的機會，豈不是會造成更大的經濟損失嗎？所以不願意在請報上花錢的將領，就不是好將領！

**故明君賢將，所以動而勝人，成功出於眾者，先知也。**

明智的君主、賢德的將領，之所以能夠調動敵人將其戰勝，成就常人難以企及的功業，是因為預先知道敵人的部署情況與行動計劃。

**先知者，不可取於鬼神，不可象於事，不可驗於度，必取於人，知敵之情者也。**

事先曉解敵人的情報，不能求神問鬼，不能從表面現象猜測，不

能依靠經驗揣度，一定要通過那些瞭解敵人確切情況的人。

為什麼優秀的將領可以戰勝敵人呢？就是因為預先知道將要發生的事。如何才能預判敵軍的行動？

通過求神問卦？古代人大概會有這種想法，不過失敗幾次——或是說看到那些曾經失敗的人的例子後，就應該明智的打消這種念頭了。

也不能夠通過其他事情做簡單的類比。因為事情發生的具體時間、環境及當事者不同，所以所產生的結果未必相同。

同樣，不能根據表面現象來猜測真實情況。不能簡單的根據一個國家的土地面積來猜測其經濟實力大小，也不應該簡單的根據兵力的多少來衡量其戰鬥力的強弱。如果不能經過深入的分析，而僅憑這些表面的數字來猜測對方的真實境況，是不可能瞭解具體情況的。

晚清鴉片戰爭時，清政府對英國的情況就完全是「**象於事、驗於度**」。清國的官員們認為英國人以肉食為主，所以如果沒有清國出口的茶葉和大黃，英國人就會因為便秘腹脹而死。不僅如此，他們看到英國人穿著褲子而且不下跪，就認為穿著褲子的英國人膝蓋不能彎曲，打仗的時候摔倒了就站不起來了。甚至有些人認為英國的大炮是「妖法」，女性的穢物可以讓英國人的大炮無法使用。根據這樣完全不符合事實的情報，如何制定行之有效的策略？怎有不敗之理？

想要瞭解對方的真實情況，最好的——甚至唯一可靠的——辦法就是詢問那些瞭解對方真實情況的人。


## 故用間有五：有鄉間，有內間，有反間，有死間，有生間。

間諜有五種：「鄉間」、「內間」、「反間」、「死間」、「生間」。

## 五間俱起，莫知其道，是謂神紀，人君之寶也。

這五種間諜能夠同時發揮作用，敵人卻根本沒有察覺，那就可以

被稱爲「神紀」，是君主的寶貴人才。

在古代，無法用語言描述的就是「神」，清代的《謚法考》中有「民無能名，曰爲神」。「紀」是「法度、綱領」的意思。「神紀」用現在的話說就是「隱秘組織」。隱秘性和紀律性可以說是間諜組織最重要的兩項原則。

對於現在所說的間諜，《左傳》中多用「諜」字。「間」本意是「可以看到月光的門縫」，使用的范圍比「諜」廣得多。即便是專指間諜，「間」的范疇也大於「諜」，比如「鄉間」就只是「間」（情報的來源），而不一定是「諜」（間諜特工）。

## 鄉間者，因其鄉人而用之。

「鄉間」，因爲是敵國本地熟悉具體情況的人所以被利用。

「鄉人」就是指當地人，所以「鄉間」所包含的范圍和情報的內容一般極爲廣泛。比如說之前提到的「鄉導」其實就是「鄉間」的一種，他們主要提供的地理環境方面的情報。許多情報其實并不涉及「國家機密」，也可以依靠「鄉間」輕鬆獲取的資訊，比如在和平時期收集「五事七計」的各種資訊：政府是不是得民心啊；哪個官員名聲如何啊；當地經濟發展興衰啊；有什麼樣的生活習慣啊；甚至當地的氣候如何等等。日本在偷襲珍珠港之前很長一段時間，就是直接通過電話詢問生活在夏威夷的日僑「當地天氣狀況如何」，甚至「港口停了多少軍艦」，以充分收集這些公開或半公開的資訊。對於這些資訊，尤其是在和平時期，普通的當地百姓缺乏防范心理，所以很容易獲得。不過這些易於獲取的情報通常價值并不大，但是長期的積累則可較爲准確的對一個國家的基本情況和實力作出判斷。

等到開戰了，想要混入敵軍的內部，往往也需要「鄉人」。中國古代雖然文化出於一脈，語言文字是統一的，但是各地的方言口音還是差別極大。所以口音不同的話，混入敵人內部就很容易暴露。因此

想要長期潛伏在敵國或敵軍內部，同樣需要依靠「鄉間」。

## 內間者，因其官人而用之。
「內間」，因為是敵國的官員所以被利用。

　　「內間」級別就比「鄉間」高得多了，最關鍵的是他們可以接觸到高級機密，甚至可以影響敵國的內部決策。如果隨軍出征，他們還有可能參加高級軍事會議，如果能將其中的情報傳遞回我方的話，那麼我方就對敵軍的動向了若指掌，像這樣關系到戰爭成敗的情報，就算花費千金萬金都是值得的。

　　那些貪財好利，沒有真才實學，通過阿諛奉承某得高位的官員，是成為「內間」的最好目標。所以這些貪官不但在和平時就是國家的蛀蟲，到了戰爭時期更是嚴重的隱患。有些人甘願充當「內間」，則是因為受到了本國的某種傷害而產生了怨恨。也有些「內間」是因為自己的價值取向親近於敵方而背離己方的。這三種「內間」可以說都是國家本身的管理問題造成的。如果君主有道、政治清明、令仁法義，雖然不敢說完全杜絕「內間」的存在，但其數量必然大幅減少。

　　還有一部分人其實也應該算作「內間」，就是他國官員們和王室的妻妾，尤其是那些從本國嫁到外國女子。她們可以根據自己與伴侶的親密關係獲得情報，甚至可以很容易的改變他們的決策。

## 反間者，因其敵間而用之。
「反間」，因為是敵人的間諜所以被利用。

　　「反間」就是策反了敵方的間諜將其收為己用。讀者一定要將此和「反間計」加以區分，「反間計」是指：誤導敵國決策者，讓他們殺死本國的賢臣良將。

　　真正是利用了敵方間諜的例子，歷史中的記載并不多（其實所有

的間諜都罕見與史書）。「反間」的例子還要算是冷戰時期最為典型。雙方都策反或安插了自己的間諜進入對方的情報機關，為自己提供機密情報。美國 CIA（中央情報局）將這些「反間」稱為「鼴鼠」，而安插在對方內部的「反間」也能對挖出自己內部的「鼴鼠」提供巨大幫助。

## 死間者，為誑事於外，令吾間知之，而傳於敵間也。

「死間」，是要在外面散布假消息，將假消息的內容告訴我方「死間」，然後再讓他透露給敵人的間諜。

「死間」簡單來說就是「造謠生事」，難的是如何讓敵人信以為真。

讓己方間諜將假消息透露給敵方，說起來容易做起來難。畢竟敵方也不傻，太輕易獲得的情報肯定會有所懷疑。所以「死間」一定要將消息泄露裝作是一起「事故」：比如說假裝不小心被敵人抓到啊；或是因為貪財所以出賣機密啊；還有一種需要極大的決心和勇氣，就是先裝做寧死不屈，經歷了一段嚴刑拷打之後佯作不支，最終才將假情報告訴對方；甚至經過一番搏鬥之後，犧牲自己讓敵軍拾獲假的機密檔。不過無論哪種形式，其實風險性都很高，因為等到真正出事的時候，敵人發現消息是假的，也會惱羞成怒的將這些還活着的「死間」殺掉。由此看來，「死間」一定要是舍生忘死的義士才能勝任。以上是歷代註家的傳統看法。

不過很多「**為誑事於外**」也并不一定要冒着死亡的威脅。比如秦國在長平之戰前，就造謠說：「秦軍害怕的就是趙括，因為他老爹趙奢曾經打得秦軍慘敗。」這樣的謠言，并不需要直接告訴趙王，在市井閑聊吹牛中說出去，隨着人雲亦雲，自然會逐漸傳到高層的耳朵裡。而且還難辨真假，甚至更容易被當做民意或共識信以為真。此外，通過賄賂對方的高官，讓他說幾句領軍將領的壞話，基本也沒有被殺的風險。但是如果沒有死亡風險，「死間」又為什麼要以死為名呢？

## 生間者，反報也。

「生間」，是將情報傳遞回己方的間諜。

「生間」比較好理解，就是將情報從敵方陣營傳遞回己方的間諜。「鄉間」「內間」不可能親自跑來跑去的傳遞情報，否則既費時費力，又會徒增暴露的風險。所以會有專人負責傳遞情報。

其實做「生間」的難度很高，除了腳程快、不避寒暑風雨、通曉道路、行事隱秘、忠實可靠之外，還要懂得如何安全度過盤查嚴密的關卡，甚至如何逃脫敵人的追捕。由於現代影視作品的影響，大眾印象中的「特工」一般都是體力好、智商高、敏捷靈巧、掌握多門外語、擁有意想不到的特種工具，幾乎是無所不能。現實中雖然確實需要「間諜」有過人之能，但遠不如藝术作品中這樣夸張。

如果從「生間」的概念重新來看「死間」的話，會發現「死間」其實執行的是一次性任務：只要知道謠言的內容散布出去就可以了，不需要有往返的資訊交流。既然「死間」散布完了謠言之後，就沒有其他任務了，那麼對於情報系統而言，這部分間諜就相當於「死掉了」，并不是說這些「死間」一定會受到死亡威脅。

## 故三軍之親莫親於間，賞莫厚於間，事莫密於間。

軍中沒有什麼其他人是比間諜更親密的，沒有什麼人的賞賜應該超過間諜，沒有什麼其他事情的保密程度該比間諜事務的保密做得更好。

情報太重要了，那麼搜集情報的間諜工作的重要性自然也是不言自明，更何況他們的工作還帶有巨大的風險性，如果不在精神上和物質上對他們進行優待，他們會去以性命做賭注去完成任務嗎？說不定還會被敵人「反間」呢！

## 非微妙不能用間，非仁義不能使間，非聖智不能得間之實。

如果不是細心縝密就不能運用間諜，如果不是宅心仁厚有情有義就不能驅使間諜，如果不是高超的智慧就不能從諜報中獲得真實資訊。

## 微哉！微哉！無所不用間也。

微妙啊，微妙啊！無論何處都能用到間諜。

間諜除了待遇上要優厚之外，對於管理者（用間者）的個人素質也有嚴格要求：其一是要有智慧，其二是有道德與人格魅力，其三是要做事嚴謹細致。沒有這三條就無法用好間諜。

對於間諜工作而言，保密是頭等大事，所以說謹慎細致，避免出現紕漏是組織間諜工作的必備素質。而能不能從眾多諜報資訊甚至相互存在沖突的情報中獲得真實有用的資訊，則要依靠嚴密的分析能力。

綜合來說，「聖智、仁義、微妙」這三點在組織間諜機構方面是缺一不可。

## 間事未發，而先聞者，間與所告者皆死。

間諜的的任務還沒有開始，就已經走露了消息，那麼當事間諜與獲知秘密者都要處死。

「仁義」當然是必要的，但同時對於違背紀律的行為也應做出嚴厲的處罰。尤其是對於那些走漏風聲的間諜，一定要予以處死，容不得任何仁慈之念，否則己方的整個情報體系都有可能因為更多的泄密而崩毀。「隱秘」幾乎是間諜身在敵境的唯一保護，失去了隱秘性的間諜是不堪一擊的。

## 凡軍之所欲擊，城之所欲攻，人之所欲殺，必先知其守

**將、左右、謁者、門者、舍人之姓名，令吾間必索知之。**

凡是軍隊要攻擊的目標，想要奪取的城池，想要誅殺的人物，必須要事先知道守衛的將領是誰，他的親信、會見的人物、大門的警衛、幕僚等等都是誰，一定要讓我方間諜調查清楚這些人的個人資料。

情報的搜集不能漫無目的，否則會給分析情報工作帶來困難，反而很容易出現混亂。比如當下，獲取資訊的的手段極為方便，但是人們卻面臨「資訊爆炸」，反而嚴重干擾了人們對於這些資訊的分析能力。

想要對某一個問題作出系統性的瞭解，首先就要有計劃的獲取需要的資訊。而在確定了目標之後，又需要對目標進行全面而細緻瞭解。比如要攻城，首先就要瞭解這座城的守將是誰，他的個人能力如何，是否有什麼性格弱點或惡習等等。除了守將，守將身邊的親信的資訊也都要做調查。如果在將領本人身上找不到紕漏的話，就從將領的周邊人物看看有沒有紕漏。而經過這樣詳細而全面的調查，也可以對收集到的情報進行互相比對，以驗證其可靠性。而可以相互印證形成體系的情報才具有較大的可信性。

如果找到了守備的破綻，就可以嘗試使用謀略奪取城池，從而避免費時費力又傷亡慘重的強攻。如果沒有疏失怎麼辦？孫子在這裡還提到了「人之所欲殺」：如果城池必須迅速奪取，守將又深諳兵法的話，可以派刺客把他殺掉。在這時，將領周邊人員的資訊就方便刺客混入敵軍內部，接近守將身邊實施行動。

**因是而知之，故鄉間、內間可得而使也 ；**

因為知道了這些關鍵的情報，所以可以知道「鄉間」、「內間」如何使用。

**因是而知之，故死間為誑事，可使告敵。**

因為知道了這些關鍵的情報，所以「死間」所要散布的謠言可以

傳遞給敵人。

## 因是而知之，故生間可使如期。

因為知道了這些關鍵的情報，所以「生間」可以按約定時間把情報送回來。

因為知道了這些「守將、左右、謁者、門者、舍人」是誰，才能有目的的結交與這些人有聯系的「鄉間」；知道了「謁者」都是些什麼人，就可以知道以什麼身份去接近「內間」；知道了將領的「左右」幫手都是誰，「死間」的謠言就有了目標；知道了「門者」的行為習慣，「生間」就可以順利的通過管卡，將情報送回我方。

## 必索敵人之間來間我者，因而利之，導而舍之，故反間可得而用也。

一定要嚴查敵方潛伏在我方的間諜，發現之後給他好處，通過誘導他（1.使他離開敵方；2.讓他返回敵國），這樣就能夠得到「反間」並加以利用。

除了知道敵方「守將、左右、謁者、門者、舍人」等人的情況，還要盡力找出敵方派到我方來的間諜。找出敵方間諜本就不是一件容易事，擒獲敵方派來的間諜則更難，最終成功將其策反無疑是難上加難。間諜如此重要，自然各國對其待遇都極為優厚，所以想要策反敵方的間諜必是要花大力氣。「**因而利之**」是從物質上進行誘惑，「**導而舍之**」則是從精神上進行感化。如果成功的策反了敵軍的間諜，我方就可以瞭解敵方間諜工作內部的情況。雖然難度高，但價值級大。

## 五間之事，主必知之。

五種間諜的內情，君主必須要詳細瞭解。

## 昔殷之興也，伊摯在夏；周之興也，呂牙在殷。

歷史上，殷商興起的時候，伊摯在夏朝當官；周朝興起的時候，

呂尚在商朝任職。

**故惟明君賢將，能以上智為間者，必成大功。**

所以只有英明的君主賢德的將領，才能任用才智過人者成為間諜，也必然可以成就豐功偉績。

　　「伊摯」就是常說的伊尹，伊摯是他的本名，由於商湯給他的官職是「尹」（「正」的意思，相當於後世宰相），所以常被稱為「伊尹」。傳說伊摯本是奴隸，但他從小聰明好學，推崇堯舜之道。他同時也擅長廚藝，長大後擔任夏桀的親族有莘氏的廚師。在夏朝時他聽說商國的湯很賢德，就借有莘氏之女嫁與商湯為妃的機會，作為陪嫁的奴隸來到了商國。然後通過烹飪比喻治國之道，深受商湯賞識，於是就任命為丞相。為了幫助商國攻滅夏朝，伊摯就暗中聯絡夏桀的妃子妹喜，獲得了很多夏朝的內部情報。（一種說法是因為夏桀另結新歡所以妹喜受到了冷落；一說是妹喜是有施氏向夏桀投降時獻出的美女，所以妹喜有意暗中滅亡夏朝。）在伊摯的幫助下，商湯最終擊敗了昏庸無道的夏桀。

　　「呂牙」就是常說的姜子牙，姜姓呂氏，名尚，字牙，號飛熊，也被尊稱為「太公望」。傳說他雖然有經天緯地之才，但是卻得不到任用，曾經在朝歌當過屠夫。到了 72 歲還一事無成，於是就到渭水上用直鉤釣魚。而某天周文王占卜，說在渭水邊有能夠輔佐他稱霸天下的賢臣，於是就親自出去尋找，結果就遇到了呂牙。在交談之下，文王發現他的確是個奇才，高興的說：「先王曾說有一個賢人要來幫助周國，那指的一定就是您吧！我的先王盼望您很久了！（吾太公望子久矣！）」（所以說「太公」原本并不是對於姜子牙的尊稱，而是對於文王祖先的尊稱。但是因為呂尚自己的年齡也很大，而且功勛卓著，確實也有資格被稱為「太公」，後世就一直沿用了這種稱呼。）可惜文王沒過多久就病逝了，呂尚就繼續輔佐他的兒子周武王，最終滅亡了商朝。

　　〈鬼谷子・忤（wǔ）合〉說：「伊摯曾經五次投靠商朝，五次投

靠夏朝；呂尚三次臣服周文王，三次臣服於商紂王。」〈史記・齊太公世家〉記載：「有傳言說，太公呂牙博學多才，曾經希望於輔佐紂王。但發現紂王昏庸無道，就離開了。」

伊摯、呂牙兩人，都被後世尊為聖人，是讀書人心中的絕對偶像，孫子竟然將他們歸為「間諜」，引起了後世諸多不解。所以有的注家辯解說：「伊摯、呂尚并不是叛變投敵。他們雖然出生在夏朝和商朝，可惜都得不到任用，反倒是作為明君的商湯王、周文王任用了他們。」也有注家說：「伊摯、呂尚并不是普通的叛變。他們本是想糾正夏桀、商紂的昏庸無道，可惜沒有成功。最終選擇了背棄暴虐投靠仁德，是順天應人的義舉。」還有注家說：「伊摯、呂尚并不是職業的間諜，而是因為長期生活在夏、商，所以能夠知道其中很多內情。」還有注家說：「把伊摯、呂尚歸為間諜，是春秋戰國時代那些游走各國的縱橫家們往自己臉上貼金的說法。」還有注家說：「孫子并不是說伊摯、呂尚是間諜，而是說只有像他們那樣高超的智慧，才能作為間諜主管巧妙的使用間諜。」總之，伊摯、呂尚這樣的聖人，在道德與行為上是不會有也不應該有瑕疵的。

古代文人們，由於不瞭解夏商時代的社會特點，根據自己所在的社會結構，胡亂根據上古的只言片語杜撰故事，後世注家對這些信以為真，自然不能理解伊摯、呂尚的行為。比如說這兩個人是「臣」就大有問題。

1、在封建時代早期，各個封國（甚至可以說是部落）的疆域十分狹小。各個封國之間的關係也是以「聯盟」為基礎，所謂的「天下之主」也只是聯盟首領而已。所以「盟主」與「盟員」之間並不是後世中央集權時代那樣穩固的「君臣」關係。

2、通常諸侯封國內部各種管理職務絕大多數由自己內部的親族擔任。只有少量要職、專業技術人才（比如武術教官、醫生、建築工程師等）才聘請姻親或小貴族的專業人士擔任。

3、他們根本就不可能是出身於奴隸。在文化資源極端匱乏的上古

時代，就算是貴族也很難有全面的文化教育甚至識字，一個奴隸就算再怎麼聰明也不可能有機會接受到正規教育。相反，一個本來身份高貴、教育程度很高的人倒有可能淪為奴隸。可能是因為債務，更多的是因為在戰爭中被俘（比如靖康之變中，宋朝的皇室成員除了趙構一人之外，都淪為了金國的奴隸）。

4、在那個等級森嚴的社會裡，身份卑微之人是不可能被任命為高級官員的。因為身份高貴的人會將被身份低賤的人指揮視為一種侮辱，從而拒絕服從命令。在那個時代，身份低微的人想要一躍而成為將相，是不可能的。《孟子》說：「百里奚舉於市，孫叔敖舉於海」。其實百里奚原本是虞國大夫，孫叔敖是楚國王室羋姓。即便到了戰國時，下層士族也僅在實現了政治改革的國家才能夠得到重用。

5、商周時代，只有出身高貴的人才配有「姓、氏」（比如日本的平民是在明治維新之後，才獲准擁有姓氏）。這樣看來，無論是伊摯還是呂尚，都應該是出身高貴之人。

6、史籍在記載他們的年齡時，都出現了不合理的長壽，伊摯是100歲，姜太公更是活了139歲。不能排除數代同名或使用同樣的尊稱的可能。

根據這些封建時代的特點，可以幫助我們重新根據傳說大致梳理歷史的事實。

一、伊摯和呂尚絕不會是出身低微之人，他們甚至極有可能是某個封國的國君或繼承人，至少也是貴族出身。

二、由於當時的國家聯盟很鬆散，所以他們有時和夏桀、商紂結盟去打打其他國家（部落），有時和商湯、周文結盟去打打仗。於是就給了後人「一時臣服這邊，一時臣服那邊」的錯覺。伊摯曾經因為戰爭的失敗而淪為奴隸，也可能就是在某一次「反叛」中被夏桀的親族有莘氏俘獲，不過之後在商湯的幫助下得以復國。

三、他們憑藉自己的才能和封國的實力在新的聯盟中取得了主導地位，并帶領新聯盟擊敗了舊的盟主。

四、這些事情可能發生在數代人之間，由擁有相同姓名身份的幾代人完成的。

由此看來，將伊摯、呂尚歸在「內間」之列雖不是全無道理，但也比較牽強。不過如果說他們的「上智」是使用間諜的典范，則毫無不妥之處。

## 此兵之要，三軍之所恃而動也。

這是軍事行動的要點，是策劃、展開軍事行動的基礎。

這句話，是對「用間」的總結。所謂「**知彼知己，勝乃不殆 ；知天知地，勝乃可全**」，任何成功的軍事行動都是要以可靠的情報為基礎的。

作為決策者，要養成搜集情報的習慣，因為一旦開戰，對方就會「**夷關折符，無通其使**」，到這時再搜集情報、發展「鄉間」「內間」就十分困難了。

企業家也要經常關注市場資訊和行業動態。與軍事不同，商業上的大量情報都是公開的。與行業內部人士、學者，甚至競爭對手一起討論行業動態及發展未來等等資訊，也算不上「用間」。但是在現代商業規則中，對於「商業機密」的限定是很明確的，而使用「商業間諜」也是屬於違法行為。商業終究不是「**國之大事，死生之地，存亡之道**」，不可以違背市場規則與國家法律而在競爭中不擇手段，更不應該將這些「不擇手段」美其名曰「智慧」。因為這些破壞規則的「小聰明」最終會破壞掉市場的健康運行，為國家帶來經濟危機。所以相應的，國家商業監管部門需要對於企業的違法競爭手段進行嚴格懲罰，盡量加以杜絕，這樣才能保證整個經濟體可以維持長期而健康的發展。

孫子曰：

凡興師十萬，出征千里，百姓之費，公家之奉，日費千金。內外騷動，怠於道路，不得操事者，七十萬家。相守數年，以爭一日之勝。而愛爵祿百金，不知敵之情者，不仁之至也，非民之將也，非主之佐也，非勝之主也。

故明君賢將，所以動而勝人，成功出於眾者，先知也。先知者，不可取於鬼神，不可象於事，不可驗於度，必取於人，知敵之情者也。故用間有五：有鄉間，有內間，有反間，有死間，有生間。五間俱起，莫知其道，是謂神紀，人君之寶也。鄉間者，因其鄉人而用之。內間者，因其官人而用之。反間者，因其敵間而用之。死間者，為誑事於外，令吾間知之，而傳於敵間也。生間者，反報也。

故三軍之親莫親於間，賞莫厚於間，事莫密於間。非微妙不能用間，非仁義不能使間，非聖智不能得間之實。微哉！微哉！無所不用間也。間事未發，而先聞者，間與所告者皆死。

凡軍之所欲擊，城之所欲攻，人之所欲殺，必先知其守將、左右、謁者、門者、舍人之姓名，令吾間必索知之。因是而知之，故鄉間、內間可得而使也；因是而知之，故死間為誑事，可使告敵；因是而知之，故生間可使如期。必索敵人之間來間我者，因而利之，導而舍之，故反間可得而用也。五間之事，主必知之。

昔殷之興也，伊摯在夏；周之興也，呂牙在殷。故惟明君賢將，能以上智為間者，必成大功。此兵之要，三軍之所恃而動也。

# 17  七字總結

以上就是《孫子兵法》正文的全部內容。

閱讀過其它《孫子兵法》注解的朋友們可能會發現，本書中所給出的原文及解釋與他們存在諸多不同之處。自古以來《孫子兵法》的版本及注釋殊異頗多，因辨析過程繁雜，並不適合大眾讀者，所以我將這些內容另外整理為「詳註本」——其篇幅接近「簡明本」的 2 倍。**有意對《孫子兵法》進行詳細研究的朋友可以閱讀本書的「詳註本」。**

在本書的最後，我用幾個字大致梳理一下《孫子兵法》的要點。其後再從《孫子兵法》的思維方式詳細解讀三場歷史上的著名戰例，以供讀者參考。

## 知

「知」雖然只有一個字，但卻是三個方面的內容：知識、情報、智慧。這三點是做出正確決策的基礎。

知識，大多數都可以在書本上學到，不過想要應用與實際，還需經驗的積累。然而知識的門類繁多，一個人只能掌握有限的知識，所以在真正解決復雜問題時，就需要掌握不同知識的人互相合作。

情報，是做出符合時局的正確決策之關鍵。情報可以不盡詳細，也可以不盡全面，但不可以出現錯誤。如果情報的提供者為了自身利

益而向決策者故意提供錯誤的情報，那麼對於決策而言無疑是致命的災難。

智慧，並不是說滿腦袋都是鬼點子，而是說要有健全的邏輯分析能力，以處理模糊繁雜的情報、利用相關的專業知識、制定出合理可行的解決方案。聰明是天生的，智慧是修煉的。如果學會像孫子一樣思考能不能變得更加智慧呢？

# 計

「計」就是「計算敵我實力」，它是《孫子兵法》的第一個主題，但其實也是貫穿始終的：開戰前要計算雙方實力，比較敵我優劣（始計）；同時也需計算戰爭的經濟耗費（作戰、謀攻）；開戰後還要實時關注敵人的兵力部署，找出敵方的部署漏洞，通過計算路程與士兵體力來權衡己方的進軍路線（軍爭）；等到臨敵，不但要計算雙方的兵力對比，還有計算「地形」因素對布陣的影響，以及「地勢」因素對士氣的影響（地形、九地）。

# 害 / 利

「不盡知用兵之害者，則不能盡知用兵之利」，雖然講「利」，但一定要記住《孫子兵法》中「先知害，後謀利」的特點。〈作戰〉〈謀攻〉〈軍爭〉〈九變〉〈行軍〉〈地形〉〈火攻〉都有段落是專門講述「用兵之害」。見利忘害，若不是運氣極佳，必然會招致失敗，故而智者「先防害而後取利」。

「避害」的目的最終還是為了「趨利」。「形」「勢」「奇正」的目的都是為了「利」——獲得優勢。戰爭的唯一目的也是為了「利」——「更美好的和平」。

# 形

「形」就是運用兵法的過程，其核心原則就是「**先為不可勝以待敵之可勝**」。想要做到這點，就要做好情報工作：藏好己方的情報，盡力獲取敵方的情報。而在獲得關鍵的情報之前，首先要做好兩件事：1. 防止戰略部署上的失誤；2. 避免軍隊管理上的失當。然後在保持自己立於不敗之地的前提之下，不斷根據敵方的情報調整自身的部署與計劃，所謂「**踐墨隨敵，以決戰事**」。一旦發現敵人的失誤，就要以最快的速度把握機會，當然在此之前還要仔細考慮一下自身是否擁有把握機會的實力。

總有一些人希望走「捷徑」，殊不知「捷徑」往往比「大路」更加兇險，故而只有那些能力超羣者才有資格通過「捷徑」。


# 勢

「形」的目的就是為了求「勢」。將「勢」翻譯為具體的現代名詞并不容易，我將其直述為「在具體交戰時雙方的實力差」。「勢」并不僅僅來源於兵力、地型這些直觀因素，更重要的是來源於士兵的「人性」。

人之性：眾則勇，弱則怯，危則慎，驚則懼，飽則安，勞則怠，無望則潰，不得已則鬥。優秀的將領可以通過「人性」將一個個獨立的士兵凝聚成一個團結的整體；也可以通過「人性」將敵方完整的軍隊分化成追求自身利益的個體──「**所謂古之善用兵者，能使敵人前後不相及，眾寡不相恃，貴賤不相救，上下不相收，卒離而不集，兵合而不齊。**」雖然的確存在許多超越人性的「英雄人物」出現，但畢竟他們是超越了平均水平的特例（如果所有人都能做到的事就算不上「英雄」了），所以并不能參照這些特例來「謀勢」，否則或不可成或難持久。

企業也是一個道理，創造的產品符合「人性」才會最終得到人（用戶）的認可；而符合「人性」的管理模式，才能激發員工創造符合「人性」的產品。其實只要是和人有關的活動，都應該盡力的符合「人性」，法律、教育無不如此。符合了「人性」，就可以做到「**如轉木石**」——「**不修而戒，不求而得，不約而親，不令而信**」。

# 變

「變」通常并不被人重視，其中的主要原因就是〈九變〉一篇爭論繁多吧。「變」就是「有所不」，說的簡單點就是懂得放棄既定方案——一旦發現原有方案達不到預期效果，甚至導致失敗，就一定要果斷放棄，即便違抗君主的命令也應當如此。

如果「形」沒能得「勢」的話，就需要「變」，然後從「知」開始，重新來過。直到通過「形」獲得足以贏得勝利的「勢」為止。

而將領有沒有權限臨機制「變」，在「有所不」之後是否會受到君主的責罰，則是「**主熟有道**」的問題。如果上級無法分辨（甚至根本不願分辨）：下級的抗命是單純的拒絕服從，還是爲了公利不惜承擔責罰的話，那麼就會失去寶貴的人才——「**故進不求名，退不避罪，唯民是保，而利合於主，國之寶也。**」

# 齊

其實《孫子兵法》并不是一部關於「管理」的書，但書中只言片語所揭示的基本理念確實是值得牢記的。如果用一個字總結的話，就是「齊」：君與臣齊，將與校齊，尉與卒齊，兵與陣齊，陣與地齊。做到這些需要高超的管理藝朮，孫子也給出了他的管理原則：嚴與仁齊，任與權齊，令與性齊。

只有一支齊整的隊伍才能將決策者的高妙兵法付諸實施。

戰例・解析

# 18  韓信將軍在井陘口

　　井陘口之戰，就是俗稱的「背水一戰」，歷來被作為以少勝多的典型戰例。通常，韓信的勝利被歸因於「置之死地而後生」──讓漢軍爆發出超常的戰鬥力。然而韓信的勝利真的如此簡單嗎？要知道歷史上除了韓信，幾乎所有的背水列陣最後都以失敗而告終。那麼在此，我就嘗試以《孫子兵法》的視角來詳細解讀一下背水列陣的井陘口之戰。

　　井陘口之戰最主要的記載來自〈史記·淮陰侯列傳〉：

　　韓信和張耳率領數萬士兵，想要穿過井陘口攻擊趙國。趙王、成安君陳餘聽說漢軍將要來進攻，於是在井陘口集結兵力，號稱二十萬大軍。廣武君李左車向陳餘建議：「聽說漢將韓信渡過西河，俘虜魏王、夏說，剛剛又血洗閼與，如今又有張耳輔助，準備要奪取趙國。這是藉助勝利的銳氣離開本國遠征，其鋒芒不可阻擋。我聽說千里運送糧草，士兵們就會面帶飢色，臨時砍柴燒火的軍隊經常吃不飽。眼下井陘這條道路，車輛不能直行，騎兵不能排成隊列，數百里的路程，運糧隊伍勢必遠遠落到後邊。希望您給我三萬奇兵，從小路攔截他們的輜重，您就堅守深溝高壘的軍營，不與他交戰。他們向前無法交戰，向後無法歸國。我出奇兵截斷他們的後路，使他們在荒野中無法掠奪糧食，不到十天，就可以將他們二人的頭顱送到將軍帳下。希望同意我的計策。否則，一定會被他們兩個小子俘虜。」陳餘是儒家學者，經常宣稱正義之師不用欺詐詭計，說：「我聽說兵法講，兵力十倍於敵人，就可以包圍它，兩倍於敵人就可以交戰。現在韓信的軍隊號稱

234

數萬，實際上不過數千人。竟然行軍千里來襲擊我們，已經極其疲憊。如今像這樣避而不戰，以後遇到大部隊，又該如何應對？諸侯們會認為我們膽小，就會輕蔑的來攻打我們。」於是沒有採納。

韓信派間諜打探，瞭解到陳餘沒有使用李左車的計謀，回來報告。韓信大喜，這才敢領兵前進。在距離井陘口還有三十里處紮營。半夜時傳令，選拔兩千名輕騎兵，每人拿一面紅旗，從隱蔽小徑繞道趙軍後山，悄悄觀察趙軍。並告誡說：「趙軍見我軍逃跑，一定會傾巢而出，你們就迅速衝進趙軍的營壘，拔除趙國的旗幟，立起漢軍的紅旗。」又讓副將傳令開飯，說：「今天打垮了趙軍後一起吃大餐」。將領們都不相信，假裝說是。韓信對手下軍官說：「趙軍已經占據了有利地型建立營壘，他們看不到我軍大將軍旗，就不肯攻擊我軍先頭部隊，怕我們遇到危險而逃跑。」於是韓信派出一萬人先過河，然後背靠河水列陣。趙軍遠遠望見這種情況後都大聲嘲笑。日出時，韓信高舉大將軍旗，大張旗鼓的向井陘口進軍。趙軍打開營壘出兵進攻漢軍，激戰了很長時間。於是韓信張耳假裝丟棄軍旗戰鼓，撤回河邊陣地。河邊的部隊打開營門讓他們進入，然後又展開激戰。趙軍果然全軍出營爭奪漢軍的軍旗，追擊漢軍。韓信、張耳進入河邊陣地，全軍殊死奮戰，無法被打敗。

韓信特派的兩千輕騎，等到趙軍傾巢而出爭奪戰利品的時候，就迅速進入趙軍營壘，拔除所有趙國的旗幟，立起兩千面漢軍的紅旗。趙軍已不能取勝，也無法俘獲韓信等人，想要退回營壘，看到營壘插滿了漢軍的紅旗，大為震驚，以為漢軍已經俘虜了趙王，趙軍隨即大亂逃跑，趙將即使斬殺逃兵，也不能阻止潰逃。於是漢兵前後夾擊，徹底擊潰了趙軍，在泜水岸邊斬殺了陳餘，生擒了趙王歇。

這裡分階段總結一下戰爭的過程。

0. 張耳與陳餘曾經一起輔佐趙王歇參加反秦戰爭。但是兩人最後因誤會而變成了仇家。秦滅之後，張耳由於人緣好而被項羽封為常山王（今石家莊附近）──這原本是趙國的一部分。陳餘對此十分不滿，

於是他就發兵突襲張耳，奪下了常山國還給了趙王歇。為表達感激，趙王歇將代國封給了陳餘。陳餘任命夏說為相國替其治理代國，自己則繼續輔佐趙王歇。張耳戰敗後投靠了漢王劉邦。陳餘對張耳恨之入骨，曾以張耳的人頭為條件加入漢軍聯盟，當發現劉邦并未殺掉張耳後，就改為與項羽結盟。

1. 在井陘口之戰開始之前，韓信與曹參在八月先擊敗了魏王豹。之後在閏九月又在閼（yù）與擊敗并生擒了代國的國相夏說。不過在此之後，劉邦調走了韓信一部分精銳部隊，而將魏國的降卒交由韓信指揮。

2. 韓信與張耳繼續北上。此時，趙王歇與陳餘駐軍井陘口，號稱有二十萬大軍。井陘是「太行八徑」之一，西通太原，東出石家莊，南是閼與。井陘縣算是太行山脈中的一小塊盆地，四周都是山路，綿蔓水（河）從北到南流經盆地中央。

3. 李左車向陳餘建議說：「應該堅守營地不與韓信正面交戰，而自己願意領 3 萬奇兵截斷韓信的補給線。這樣不到十天韓信必然戰敗。」但是陳餘並沒有採納他的計劃。

4. 韓信聽到間諜匯報說李左車的謀略未得到采納，於是才放心的朝井陘口進軍。在距離井陘口還有 30 里的地方駐扎下來。在半夜召集了 2000 輕騎兵，讓他們每人帶一面漢軍的紅旗，繞道埋伏在趙軍軍營側後的萆山（今抱犢寨，位於井陘口東北）。

5. 第二天，韓信向井陘口的趙軍營壘進軍。先派 1 萬人渡河，背靠河水列陣。等到天亮之後，韓信升起將旗，敲鑼打鼓的向井陘口推進。

6. 趙軍看到韓信不但違背兵法常識背水結陣，還在兵力劣勢極大的情況之下明目張膽的挑戰，都哈哈大笑。旋即出營與漢軍交戰。

7. 激戰了一段時間後，漢軍就丟棄軍旗軍鼓等等物品開始後撤，一直撤到河邊陣地。趙軍全軍出擊，但是漢軍殊死抵抗，使得趙軍難以在短時間之內取得勝利。

8. 2000 漢軍騎兵看到趙軍全軍出擊，偷偷進入趙軍軍營，將趙軍的旗幟全部換成了漢軍的紅旗。

9. 趙軍對於韓信久攻不下，想要回營休整。突然發現自己的軍營已經插滿漢軍的旗幟，以為漢軍已經俘獲了趙王歇。於是軍心大亂，士兵開始大規模逃跑。縱使軍官斬殺逃兵，也無法遏止趙軍的潰散。

10. 韓信和張耳追擊逃跑的趙軍，在泜（zhǐ）水（位於今石家莊與邢台之間）邊斬殺了陳餘，并在襄國（也名信都，今邢台）俘獲了趙王歇。

整場戰鬥頗具傳奇色彩，但在後世的解讀中也存在諸多誤解。

其中最大的誤解就是「置之死地而後生」。如果「置之死地」都能夠「後生」的話，那麼死地為什麼還叫「死地」？孫子對於「死地」是這樣定義的：**疾戰則存，不疾戰則亡者，為死地。**」從這個定義可以看出，「置之死地而後生」的關鍵并不在於地本身有多「死」，而是要看士卒能不能「疾戰」。敵方要是圍而不攻，或是己方的部隊承受不住敵方的進攻，則「死地」就是真死地矣。韓信之所以敢於背水列陣，就是他知道陳餘願意「疾戰」，而且自己的部隊能戰。何況他還留了後手乎？

雖然在「死地」士兵可以爆發出超常的戰鬥力，但是當戰鬥持續時間一久，士兵們體力不支的時候，「死地」又會變回真死地了。所以在「死地」，不但要士兵能戰，還必須要在短時間之內結束戰鬥。但是韓信的軍隊顯然不可能在正面擊敗數倍於自己的敵軍，故而必須要想辦法擊潰敵軍的士氣。

為此，韓信不僅派了 2000 精銳部隊伺機從背後偷襲敵營，而且還讓他們每人帶了一面軍旗。這種做法有兩個好處：一是向趙軍表明漢軍已經完全佔領的軍營；二是就讓趙軍錯誤估計漢軍的數量。當軍營被敵方大部隊佔領，想要奪回自然困難重重；而自己的主君也可能已經被俘——就算立了功也沒人發獎金了！於是整個趙軍瞬間失去了繼續戰鬥的意志，紛紛潰逃。

但是，即便是加入奇襲的因素，許多問題仍然難以理解。比如為什麼 20 萬趙軍在擁有絕對數量優勢的情況下仍然沒能殲滅韓信的部隊？而陳餘雖然并不是善戰的將領，但也是經曆過反秦戰爭的老油條，還曾以迅雷之勢奪取常山國，應當不至於在擁有絕對數量優勢的情況之下還要傾巢而出，留下一座無人把守的營寨吧？就算不留守備部隊，軍營裡看門的、掃地的、做飯的、喂馬的，這些人總要留一些吧？更何況趙王歇還留在營帳之中，理論上他身邊至少也要留一支精銳的國王衛隊啊？韓信的 2000 人確實是精兵，但為何能夠如此輕易奪取 20 萬大軍的營壘呢？

那麼帶着這些疑問，再重新梳理一遍戰爭的過程，就會發現更多的細節。

首先，在描述趙軍的兵力時，司馬遷用了「號稱」。雖然史學家記載兵力向來很不准確，但是「號稱」二字就是擺明注水了。這兩個字的水份有多大？看看「號稱」自己有 20 萬人的陳餘怎麼說：「今韓信兵號數萬，其實不過數千。」韓信的「號稱」數萬人，陳餘評估的只有數千，那陳餘自己「號稱」的 20 萬，估計能有 10 萬就已經很不錯了。陳餘作出這種判斷很有可能是獲得了韓信主力被漢王調走的情報——若是如此，陳餘確不是一個完全不懂軍事的將領。

司馬遷的《史記》極富個人傾向性，其中他對於三名武將極為同情，在記述中也極力凸顯他們三人的「悲劇英雄」色彩，他們就是項羽、韓信、李廣。對他們的勝利，司馬遷記述的往往都十分輝煌。井陘口之戰中的 20 萬趙軍，就連司馬遷也不得不加上「號稱」二字，其中的水份定然不少。（值得注意的是，之後韓信大戰楚國的龍且又是「號稱 20 萬」。而且又有人向龍且提出與李左車類似的堅守不戰的建議，龍且一樣不聽。這是曆史驚人的相似，還是司馬遷的創作天賦有限？）

其二，韓信在情報方面擁有壓倒性的優勢。韓信獲得了趙軍的戰略決策，知道陳餘沒有采納李左車的計劃，才敢於放心的出兵井陘口。

當然，韓信肯定也清楚趙軍的兵力遠沒有「號稱」的 20 萬，而自己手上卻真有幾萬人。〈用間〉篇說：「**先知者，不可取於鬼神，不可象於事，不可驗於度，必取於人，知敵之情者也。**」韓信的情報都是通過間諜獲得，而陳餘對於漢軍的判斷則是「**象於事**」「**驗於度**」，他雖然獲得了韓信主力被調走的情報，但是只看到了事物的表面，并加之自身的經驗，所以對韓信的實際兵力作出現了嚴重錯判。在這一判斷的基礎之上，陳餘認為可以輕易擊敗韓信，而李左車的計劃過於保守，而且還要花費十天時間。注意，李左車的計劃要花費十天時間。

開戰當日，韓信先派一萬人渡河。兵法的常識「半渡而擊之」，但是趙軍毫無反應。於是乎陳餘的戰略意圖也愈發明顯：陳餘對張耳恨之入骨，必殺之而後快。不出擊，就是為了防止漢軍前鋒潰敗之後韓信和張耳逃跑，所以他一定要確定韓信和張耳已經渡河以後才會發動攻擊。韓信在戰前也十分精准的判斷出了陳餘的這個意圖，才會放心的先讓一部分軍隊渡河。由此看來，韓信的軍隊肯定也不止是一萬人，這一萬人只是在黎明先行渡河列陣的部隊，而不是韓信的全部兵力。韓信和張耳的主力到天完全亮才渡河進攻，兩支部隊渡河應該相差了幾個小時的時間。這幾個小時內，那一萬人先頭部隊在干什麼？所謂的列陣就是簡單排個隊列然後在原地傻站着嗎？當然不會。在幾個小時之間，這一萬人應該是布置了一些用於防御的臨時工事，甚至在扎營。〈淮陰侯列傳〉原文中就專門有「水上軍開入之」一句，既然可以開門，自然就說明有牆。雖然這麼短的時間不可能構筑什麼深溝高壘，但是很多時候，路障、拒馬就足以消減敵軍進攻的勢頭了。

趙軍看到韓信在河邊設置防御工事，紛紛開始嘲笑韓信不懂兵法。韓信以寡擊眾本就是不自量力；現在他竟然在河邊做長久守備的打算，不是心生怯懦不敢進攻，就是毫無兵法常識。古代徒有虛名的人比真有本事的人多得多，韓信只是近來才剛剛與曹參擊敗了魏王豹和夏說而已（「明修棧道，暗度陳倉」也系後人杜撰）。在眾星閃耀的反秦戰爭中，韓信毫無名氣。「背水為陣」更是讓趙軍對韓信產生了輕蔑。所以在趙軍看來，犯下這種低級錯誤的是一個初出茅廬的菜鳥，而不

是一位名將用反常手段設置的陷阱。這又是一層失誤。

　　當韓信的部隊完成渡河開始向趙軍營寨逼近時，陳餘急不可耐的主動出擊——他生怕錯失了機會，讓張耳、韓信又跑回河對岸去。況且趙軍認為自己的優勢已經足夠大了，并不需要依靠營寨防守。

　　然而與陳餘的設想不同，韓信的部隊并沒有被輕易擊敗。從地圖上看，從綿蔓水到井陘口之間是一條狹長的山谷（寬不足 1 公里）。趙軍雖然占據人數優勢，但因不能從側後對韓信軍進行包圍，所以很難發揮人數優勢。如果韓信軍沒有一擊即潰，陳餘就只能通過「車輪戰」的方式不斷消耗韓信軍的體力——這就勢必需要投入新的部隊加強進攻。久而久之，趙軍營寨中的防守兵力就會逐步減少。

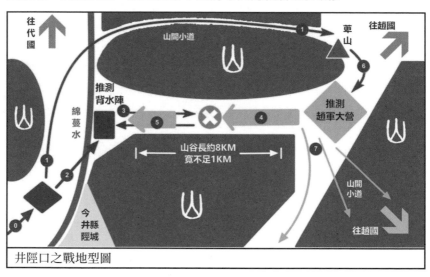

井陘口之戰地型圖

　　據《史記》記載，這個階段的戰鬥進行了很長時間。也許是韓信認為他吸引的兵力已經足夠多，也許是因為後方背水的營地已經准備完畢，或是兩者兼有。韓信又做出了十分關鍵的一部行動：後撤。而且韓信不僅僅是後撤而已，他還命令士兵丟棄各種裝備、軍旗——甚至連主將的將旗都扔掉了！這一舉動不僅僅是佯裝戰敗，而且是擺明了給趙軍的士兵好處。要知道能夠搶奪到敵軍的軍旗可是大大的功勞！韓信扔掉這些旗幟、金鼓，不但讓自己的軍隊少了累贅加快了速度，

240

還拖慢的趙軍的追擊，使得漢軍可以安全的撤回的水邊的陣地。

反觀趙軍。趙軍的軍營距離韓信的水邊陣地大約 8 公里。即便在路上沒有交戰，士兵跑到河邊也會略顯疲憊。更何況漢軍且戰且退，在河邊還有簡單的防禦工事作為依託？韓信的士兵們在河邊無處可逃，只能專心防守，而趙軍卻因為被河流阻擋，無法從後方包圍漢軍，自己的人數優勢反而難以發揮。此外，先前在韓信撤退時已經搶到戰利品的趙軍自然不會拼死作戰，自己手裡已經抱了個大西瓜為什麼還有去和別人搶芝麻呢？更何況去搶芝麻沒准還會丟掉性命！所以趙軍雖然人數眾多，但其作戰意願明顯低於漢軍。

以上的過程就是孫子所說的「形人」——「**佚能勞之，飽能飢之，安能動之**」。〈軍爭〉篇中說：「**善用兵者，避其銳氣，擊其惰歸，此治氣者也。**」韓信在趙軍聲勢最大的時候選擇撤退，是「**避其銳氣**」，自己的部隊無路可退，也就不會產生「**惰氣**」。然後故意扔下軍旗讓趙軍奪取，是為了讓趙軍產生「**歸氣**」。

「**以近待遠，以佚待勞，以飽待飢，此治力者也**」。韓信在開戰前敲鑼打鼓的前進，就是為了吸引趙軍主動進攻，讓戰場盡量的遠離趙軍的營壘。等趙軍逐步逼近到韓信的水邊陣地，體力已經消耗了大半，這就叫「**以近待遠**」。漢軍雖然沒有後勤輜重，但是糧食都是隨身攜帶，稍作休息就能暫時充飢。反觀趙軍，雖然在大營中補給充足，但是由於之前認為可以輕易擊敗韓信，所以大約不會攜帶隨身「便當」（陣中食）。時間一久，漢軍就是「**以飽待飢**」。

從〈地形〉篇的角度講，渡河進攻，對於漢軍本來是「掛形」（**可以往，難以返，曰掛**），是劣勢。但是如果趙軍主動進攻的話也算是「遠形」（**遠形者，勢均，難以挑戰，戰而不利**）。所以從「地形」上趙軍進攻并不占優勢，而在韓信的操作之下，則趙軍轉為了劣勢。

在趙軍對背水結陣的韓信軍久攻不下的時候，整場戰爭最華麗的一幕上演了：2000 騎兵奪取趙軍大營。當時的騎兵，絕對是精銳中的精銳。《六韜》中說 1 名騎兵在平原大約相當於 8 名步兵的戰鬥力，

在山地至少也相當於 4 名步兵。騎兵的戰鬥力雖高,但畢竟趙軍能夠依託堅固的營壘,漢軍也不大可能輕易奪取。而久經戰陣的陳餘也不至於在擁有「20 萬」大軍的情況之下,只顧進攻韓信而完全忘記了軍營的警備。更何況軍營中還有趙王歇和他的衛隊坐鎮其中?

既然如此,韓信為什麼會信心滿滿的認為,這 2000 人能夠在短時間內奪取 20 萬敵的軍營壘呢?陳餘也許會輕視韓信這個後起之秀,韓信難道也會犯相同的錯誤把陳餘當成白痴嗎?肯定不會。韓信有信心派 2000 人去奪取敵營,是因為在開戰之前他就已經奪取敵營了!

說的更明白一點,就是在趙軍的軍營中有漢軍的內應,而且這個內應還不是普通的幾個間諜,而是層級較高的將領!回憶一下開戰之前的情景:有間諜將陳餘否定李左車計劃的情報傳達給了韓信。如果這次對話不是司馬遷杜撰的話(司馬遷經常能夠莫名其妙的記錄下一些極其機密的對話),那麼將這個情報傳達給韓信的人,應該是趙軍中某個高級將領。陳餘和李左車的對話,有可能是私下說的,但更大的可能是在軍事會議中的爭論。這樣的軍事會議,所有的高級將領都會列席并參與討論,安保肯定十分嚴格,間諜基本不可能混入——要知道「間諜穿上夜行衣趴在指揮官大營的屋頂」,或是「喬裝打扮混入對方軍營,然後趁着端茶送水的機會正好探聽到了高級機密」,這種事情只是小說中的情節,現實中不會出現。

試問韓信是如何獲得如此高級別的「內間」的呢?答案就在於張耳。張耳原本是趙國的核心人物之一,和陳餘曾為好友,兩人共事多年。這意味着在陳餘軍中可能有很多張耳的舊識(交情深的應該已經被陳餘清除了)。此外,當時的整體形勢對趙國并不利:漢軍接連吞并了雍、翟、塞、殷、河南等項羽分封的諸侯國,之前又在極短的時間內攻滅了魏國;而項羽本人則忙於平定四處的叛亂。趙國的高層中,難免存在一些并不看好趙王歇和陳餘的人。所以韓信的進軍與其說是建立在知曉趙軍戰略的基礎之上,不如說是已經有趙軍將領暗中投誠的緣故。至於陳餘是否考慮過自己手下將領會叛變,實在無從得知——即便他想到了,也沒可能完全預防。

趙軍看見韓信遠少於己方的兵力又犯下違背軍事常識的錯誤，肯定都會認為是個撈取功勞的好機會。等到韓信扔掉軍旗的時候，趙軍的士兵們更是爭先恐後的忙於搶奪戰利品。在這種情況下，留下來守衛大營的部隊就成了沒有油水的閑差——不是留給那些被冷落的將領，就得有人甘心吃虧。前者顯然有更多的理由暗通張耳，而後者可能就是蓄謀准備接應韓信的奇襲部隊。

當趙軍的主力部隊被韓信吸引到 8 公里外的河邊，埋伏好的 2000 騎兵便現身而出。假意守備軍營的部隊立時叛變。然後兩支部隊裡應外合，輕易就奪取了整個軍營，然後立刻將所有趙軍的旗幟都換成了漢軍的紅旗。不過他們并沒能俘獲留守大營的趙王歇。趙王歇估計也是因為突然的叛變而驚慌失措，并沒有跑去找陳餘會合，而是自顧自的直接往首都襄國逃跑。

在河邊的趙軍久攻不下韓信的背水陣，本已經十分倦怠。當他們回頭看到自己的軍營已經插滿了漢軍的旗幟，也不知道有多少漢軍佔領了軍營，瞬間就變得驚慌失措。「軍營沒了，晚飯沒了，自己留下的個人財物也沒了！」「趙王沒了，自己先前搶到的軍旗豈不是毫無用處？」「得不到獎賞，我憑什麼還要去拼命的與漢軍作戰呀？」「不知道什麼時候背後的漢軍就會包圍我們，再不逃命就來不及了！」

心理防線崩潰，「號稱」20 萬之眾的大軍瞬間就變成了 0。韓信選擇了背水的「死地」作為戰場，而對於趙軍來說，井陘口是自己邊境的「散地」。士兵們對周圍的環境十分瞭解。哪裡有可以逃命的小道、哪條路可以跑回自己村、在哪些地方可以躲藏，都一清二楚。所以士兵們轉瞬間就四散而逃、各奔東西。

不過即便有內應協助，漢軍換紅旗的這個舉動還是頗為值得玩味的。要知道這 2000 面軍旗不可能是短時間內用戲法變出來的，也不可能是在軍營裡自己制作的，而應該是在出征之前就提前准備好的。可是在那時，韓信并不可能知道陳餘將會否決李左車的建議，自然也不可能提前就布置這個「奪營換旗」的作戰行動。如果再加上他在引誘

趙軍時故意丟棄的旌旗，韓信軍隊的旗幟數量顯然遠遠高出正常水平數倍以上。那為什麼韓信會擁有遠超他部隊規模的軍旗數量呢？

司馬遷為了凸顯韓信的才能、凸顯韓信的地位，并未在〈淮陰侯列傳〉中記錄漢趙戰爭的全貌。想要瞭解這場戰爭的全貌，還需要參考《史記》中其他幾篇傳記。

〈曹相國列傳〉：「因從韓信擊趙相國夏說軍於鄔東，大破之，斬夏說。韓信與故常山王張耳引兵下井陘，擊成安君，而令參還圍趙別將戚將軍於鄔城中。戚將軍出走，追斬之。乃引兵詣敖倉漢王之所。」

〈傅靳蒯成列傳〉：「（靳歙 jìn xī）別之河內，擊趙將賁郝軍朝歌，破之，所將卒得騎將二人，車馬二百五十匹。從攻安陽以東，至棘蒲，下七縣。別攻破趙軍，得其將司馬二人，候四人，降吏卒二千四百人。從攻下邯鄲。別下平陽，身斬守相，所將卒斬兵守、郡守各一人，降鄴。從攻朝歌、邯鄲，及別擊破趙軍，降邯鄲郡六縣。」

〈張耳陳餘列傳〉：「漢三年，韓信已定魏地，遣張耳與韓信擊破趙井陘，斬陳餘泜水上，追殺趙王歇襄國。漢立張耳為趙王。」

結合這三篇的內容，才是漢滅趙整個戰役的全貌。首先是曹參與韓信一起滅了魏國，并在閼與之戰中俘虜了夏說。之後曹參向西圍攻鄔城（今太原以南）的趙軍，韓信則北上井陘口。與此同時，劉邦的主力部隊直接從東南的平原地區進攻趙國邯鄲、朝歌等南部重鎮，并且取得節節勝利。在北邊，韓信擊敗了陳餘和趙王歇的趙國主力部隊，并向南一直追擊，在泜水斬殺了陳餘。之後，與劉邦主力部隊南北合圍趙國的都城襄國，并且俘虜了趙王歇。

可見漢軍的整體戰略十分有計劃性（《史記》雖未記載，但很可能是張良的謀劃）。韓信的部隊人數少卻被安排面對趙軍的主力。不但如此，這支部隊還攜帶了遠超正常數量的軍旗。并且安排了趙軍主帥陳餘最痛恨的張耳陪同——張耳此戰之後直接被封為了趙王（理論

上只比漢王劉邦低半級），其地位顯然遠高於韓信（之後韓信成了張耳的國相），所以這只部隊當時名義上的主將應該是張耳而不是韓信。

從這些情況來看，韓信本來的任務只是「聲東」——在北方吸引陳餘的注意力。目的是讓劉邦的主力部隊可以「擊西」——從南方大舉進攻趙國腹地。而曹參的任務是殲滅西方趙國和代國的殘余部隊。

瞭解了漢軍的全部戰略之後，漢趙兩軍如果用〈始計〉篇中的「五事七計」來分析，結果如何能？

**主孰有道**：趙王歇只是因為是原來趙國的後人而被擁立的，并沒有什麼突出的才能；反觀劉邦極為善於用人，也能忍住個人私欲，予百姓休息。所以這一條無疑是漢勝。

**將孰有能**：雖然韓信并不出名，但是個人能力遠超陳餘，漢勝。但在趙國眼裡是趙勝。如果放在整個漢趙戰爭中，將領的總體素質應該還是漢勝。

**天地孰得**：趙國占據井陘口，得地利，平原防守也以城池為基礎，趙勝。

**法令孰行**：這一條因為沒有明確的記載，所以無法比較。不過在整個井陘口之戰中，韓信的將令始終得到堅決執行。而在戰役的最後，趙國的將領們即便開始斬殺逃兵也沒能阻止潰敗。從這一對比來看，應該是漢勝。但是在井陘口之戰的初期，趙軍并不認為自己在此方面存在劣勢。

**兵眾孰強**：如果是從韓信的角度來看，顯然是趙國的兵力更多。但是考慮到劉邦主力的話，估計趙國還是處於劣勢。

**士卒孰練**：這一條也沒有明確的表現。同樣依據雙方在井陘口的實際表現來看，應該還是漢軍略勝一籌。擴大到整個戰爭的話，漢趙兩軍的平均水准可能差距并不大。

**賞罰孰明**：同樣沒有明確記載。從之後韓信厚待李左車的事例來看，應該還是漢勝。而且劉邦作為君主，應該也是當時各個諸侯王中賞賜最大方的一個。所以這一條還是應該漢勝。

| 漢：趙 | 漢趙戰爭 | 井陘口之戰 | 陳餘在漢趙戰爭的視角 | 陳餘在井陘口的視角 |
|---|---|---|---|---|
| 排除掉 3 條不能確定的因素 | 3:1 | 2:2 | 3:1 | 1:3 |
| 3 條以均勢判斷（各 0.5） | 4.5:2.5 | 3.5:3.5 | 4.5:2.5 | 2.5:4.5 |
| 按推理的判斷 | 5:2 | 4:3 | 5:2 | 3:4 |

　　從漢趙戰爭的整體情況而言，漢軍占有絕對的優勢，趙軍只有不大的地理優勢。放到井陘口，韓信在兵力和「地形」上劣勢極大，但勝算依然略高於趙軍。而在陳餘的視角，在總體一直劣勢的情況之下，只有面對韓信的戰場有較大的優勢。

　　若現在再來看看趙軍主帥陳餘與李左車的對話，就能明白為什麼李左車的「正確建議」沒有被采納了。單就面對韓信而言，李左車的建議毫無疑問是正確的。如果用 3 萬奇兵堵住韓信和張耳的退路，將他們困在井陘的盆地中，等到韓信的兵糧用盡，自然可以不戰而勝。但是陳餘不采納這種建議，不是因為這種策略不正確，而是在戰略上面對南路漢軍主力的攻城掠地，陳餘根本就不願意花費 10 天的時間。而且此時的他應該已經很清楚的意識到，韓信的部隊遠沒有他軍旗數量所顯示的規模，而漢軍的主力已經從南方發動進攻，韓信的部隊只是一支兵力不多的誘餌而已。換句話說，此時的趙軍已經被漢軍「形」了，在整體戰略上已經完全陷於被動。

　　韓信的部隊兵力雖少，但是又不能放着不管。如果丟掉井陘口趙軍勢必會遭到南北漢軍的夾擊。如果只堵住井陘口也不好，因為韓信張耳還可以北上代地。而東北的燕國與趙國向來不睦，如果趙國勢弱，燕國也很有可能倒向漢朝，從北方進攻趙國。要同時堵住東、北兩個出口的話，至少也要 3、4 萬人，那麼自己的主力部隊在回援時可能就只有 10 萬出頭的兵力了，并不足以對抗漢軍主力。而且如果陳餘不能直面張耳挑戰的話，對於安定趙國內部的人心肯定是十分不利的——也許陳餘否決李左車的計策還有一個沒有言明的原因，就是怕

李左車帶着這3萬人投靠張耳。（考慮到戰後韓信對李左車褒獎有加，也不能排除他在意見被否決後主動聯絡韓信。）

所以只要韓信和張耳這只部隊依然存在，那麼陳餘就很難在整體戰略上挽回被動的局面。因此，陳餘在戰略上最好的策略就是先利用兵力優勢快速殲滅距離近、兵力少的韓信部隊，然後再向南回兵援救襄國、邯鄲等地。唯一的問題是如果韓信不主動與他交戰，而是停留在井陘的西部入口的話，在戰略上陳餘反而會十分被動。故而在整個井陘口之戰中，陳餘最希望做的就是全殲張耳、韓信的部隊。

在之前對陣魏國和夏說的戰爭中，韓信初露鋒芒，但是還未被特別重視。而少年時空富大才卻四處受人奚落的他，急於想建功立業，所以也并不甘於僅僅從事一個「聲東」的角色。好在作為主將的張耳年紀較大（大約是陳餘的父輩）、人緣也好、估計性情也比較溫和，在軍事方面對韓信也十分信任。所以韓信才有機會實施自己的戰略。

因此，讓陳餘驚喜的事情發生了，張耳、韓信的軍隊竟然沒有停留，也沒有迂迴，而是直奔井陘口而來。陳餘這時應該提出的問題是：為什麼韓信會在兵力差距如此巨大的情況下還會選擇主動進攻呢？也許他會這樣猜測：其一，無論向東還是向北，井陘縣都是韓信出太行山的必經之地；其二，陳餘猜測韓信低估了趙軍在井陘口的兵力，即趙軍的主力已經南下回援邯鄲等地。不過無論如何，陳餘是不會放棄這個擊敗韓信、擒殺張耳的大好時機的。

可惜，陳餘的戰略正中韓信下懷。陳餘想速戰速決，韓信就不必再擔心糧草不濟；陳餘想殺掉張耳，那在確定張耳過河以前，陳餘就不會主動進攻先渡河的部隊，因此漢軍也就有了充足的時間來構築河邊陣地的防禦工事；陳餘主動求戰，韓信就可以利用這點讓趙軍勞師遠攻；陳餘雖然知道漢軍的大量軍旗只是裝裝樣子，但是趙軍的普通士兵卻不知道。

陳餘在井陘口之戰中犯的錯誤確實不少，看見了韓信犯了「背水

為陣」的大忌，自己就忘了「**窮寇勿迫**」的大忌。也忘了保持自己部隊的體力，也沒有偵察到韓信的別動隊等等。但最關鍵的問題還是，陳餘一直不知道，自己的高級將領團隊中，有人早就與張耳暗中聯絡了，自己的戰略和部署早就被韓信知道的一清二楚。

所以韓信的諸多布置雖然巧妙，但是韓信的戰略能夠成功，卻是以張耳在趙國的聲望為基礎的。如果沒有張耳，韓信既無法得知陳餘與李左車的機密對話，也不可能用 2000 騎兵輕鬆的奪取敵營。雖然韓信的「棄鼓旗」與「背水陣」堪稱典範，作為疑兵卻能夠擊敗趙軍主力更是一個奇蹟，但是「井陘口奇蹟」的光環至少也要有身為趙王的張耳一半。

只不過這部分光環被司馬遷的個人好惡略去了。

在〈淮陰侯列傳〉中，司馬遷記載了這樣一段對話：

眾將校驗了首級與俘虜，慶功完畢，有人問韓信：「兵法說『右倍山陵，前左水澤』。今天將軍反而讓我們背水列陣，還說打垮了趙軍後一起吃大餐，我們都不相信。結果竟然真的勝利了，這是什麼戰術啊？」韓信回答道：「這也是兵法講的，只是諸位沒發現罷了。兵法上不是說『**陷之死地而後生，置之亡地而後存**』嗎？而且我韓信之前和各位士大夫並不熟識，這就是常言所說的『讓市民去打仗』。在這種情況下，如果不是陷入死地讓大家為了自己拼命戰鬥，而是在有活路的地方，那大家就都逃走。這樣的話，難道還可以打仗嗎？」

原文「信非得素拊循士大夫也」一句，傳統認為是在說士卒未經訓練。這應該是一種誤解。從整個井陘口之戰的過程開看，士兵們對於韓信的命令都是令行禁止，面對優勢的敵軍也并未出現慌亂，并不是未經訓練的表現。而且當時的身份觀念還很強，不會將普通士兵稱為「士大夫」。所以韓信的意思應該是：「我韓信以前身份低，這些又是剛收編的魏國降軍，這些身份高的魏國軍官不一定聽我的……」因此，韓信就把這些鬆散的部隊，投放到一個不得不團結一心的地方作戰，這就是孫子所說的：「**攜手若使一人，不得已也**」。

然而，這段話在後人的解讀中，只是單方面的強調了「背水陣」的作用，而後人的後人又未加詳盡的分析，就信以為真，因此也就不能得兵法全貌。自然也就像孫子說的：「**人皆知我所以勝之形，而莫知吾所以制勝之形。故其戰勝不復……**」

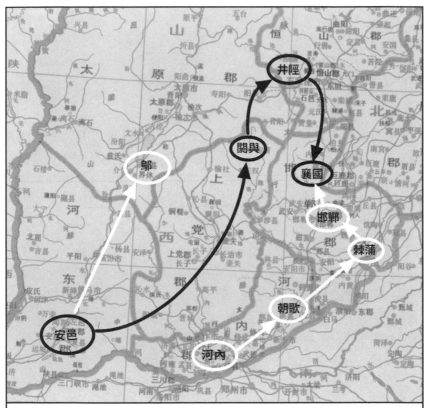

漢軍滅趙之戰　我們習慣中認知的歷史其實只是黑線部分，但是如果仔細考究，就能發現那些不易察覺的白線。即便如此，史書中仍有諸多晦暗不明之處，這就需要我們運用知識於邏輯進行補充。

# 19  多瑙河進行曲

　　1804 年 12 月 2 日，拿破崙·波拿巴將自己加冕為「法國皇帝」。效仿古代的查理曼大帝，他用自己的名字而不是姓氏稱呼自己的帝國——「拿破崙帝國」。

　　雖然名義上這是對「革命」的逆流。但不可否認的是，在《拿破崙法典》之下運行的法國仍是當時世界上最民主的國家之一。而對於普通法國人而言，經歷了大革命之後的外部戰爭與內政混亂，還有什麼能比偉大的戰爭英雄拿破崙成為皇帝更能讓人感到安定而榮耀的事情呢？

　　歐洲局勢的持續動盪是從 1789「法國大革命」開始的。戰爭反反復復持續了多年。在這期間，年輕的拿破崙憑藉天才的軍事才能為法國贏得了無數的勝利，并成為了法國人民心中無可取代的英雄。只可惜拿破崙雖然在陸地上戰無不勝，但卻對英國的龐大艦隊毫無辦法。雙方雖然曾達成和解，但不久之後又重新開戰。 1805 年初，拿破崙的「大軍團」正集結在英吉利海峽沿岸待命，準備在海軍戰勝英國艦隊後入侵英國本土。

　　1805 年 3 月，高傲的拿破崙進一步將自己加冕為「義大利皇帝」。這個舉動徹底激怒了神聖羅馬帝國皇帝法蘭茲二世，因為北義大利此前一直都是哈布斯堡王朝的勢力範圍。當然，感受到拿破崙威脅的並不僅僅是法蘭茲二世。拿破崙這個歐洲歷史上首次打破世襲規則加冕的皇帝，同樣讓其他歐洲世襲君主們感到威脅。

1805 年的 7 月，奧地利和瑞典已經秘密的加入了第三次反法同盟。雖說並未公開，不過此時拿破崙已經察覺到了奧地利態度的變化，並着手應對這場危機。

　　8 月底，奧地利的態度已經十分明朗，拿破崙送去了他的最後通牒，要求奧利地終止備戰狀態。與此同時，拿破崙還希望通過將法軍佔領的漢諾威轉交給普魯士來避免其加入第三次反法同盟。9 月 3 日，這個最後通牒被法蘭茲二世拒絕，奧地利的軍隊開始向南德意志拜仁公國（德語 Bayern，中文常根據英語 Bavaria 譯作巴伐利亞）和義大利北部這兩個方向開進。義大利北部地區此前一直都是奧地利的勢力範圍，然而經曆了兩次反法戰爭的失敗，奧地利幾乎已經被完全驅逐出了義大利。因此在這第三次同盟中，奧地利最關心的事就是重新奪回北義大利的控制權。於是奧地利將自己的軍隊分成了兩部分，主力部隊約 9.5 萬人由名將卡爾大公率領，向義大利北部進攻，意圖擊潰駐守在此的 7 萬法軍。另一支 5.8 萬人的部隊由斐迪南大公（名義上的司令）和老將麥克率領，首先侵入法國的盟友拜仁公國，并以多瑙河畔的烏姆為據點等待俄軍的到來。俄軍的先頭部隊約 5 萬人由名將庫圖佐夫率領，預計在 10 月中旬就可以與烏姆的奧軍會合——這應該比拿破崙到達的時間早三個星期。

　　不過他們并不知道的是，早在 8 月 26 日（法蘭茲二世拒絕最後通牒之前一週）拿破崙就已經命令「大軍團」從北部英吉利海峽沿岸開始向萊茵河方向轉移——這是一場近 20 萬人路程 600 多公里的宏大「遷徙」。拿破崙的這次戰略大轉移不僅規模大、距離遠，最為驚人的還要數其速度：除了距離指定地點 800 多公里的第 7 軍外，其余部隊都在 20 多天的時間裡完成了 600 多公里的行軍——這比當時歐洲軍隊慣常的行軍速度幾乎快了一倍！9 月 26 日，拿破崙的軍隊就開始渡過萊茵河，比俄奧兩國將軍們預計的時間早了近一個半月！

　　拿破崙的計劃簡單而直接：在俄軍與奧軍會師之前，首先佔領奧地利的首都維也納，迫使其退出戰爭，然後再應付俄國人。

龐大的法國軍團并沒有直接奔向烏姆，而是悄悄從北面向東挺進，然後再向南渡過多瑙河，在麥克將軍察覺之前就已經切斷了他的退路。所謂「善攻者，動於九天之上」，在兩軍交火之前，拿破崙就已經通過行軍贏得了烏姆戰役的勝利！於是乎在 10 月 20 日，拿破崙幾乎兵不血刃的就迫使全部奧軍投降。只有少量奧軍騎兵護送斐迪南大公逃出了重圍──這還是因為拿破崙的妹夫繆拉親王沒有嚴格執行他命令的結果。繆拉雖然是勇猛的騎兵將領，但是卻缺乏足夠的細緻與戰略頭腦。

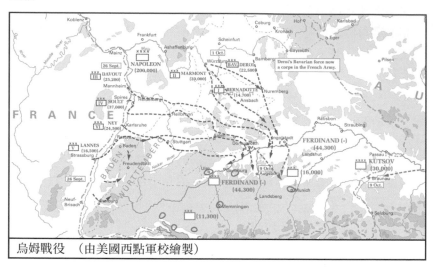

烏姆戰役　（由美國西點軍校繪製）

　　雖然拿破崙初戰取得了大勝，但是整體戰略形勢對於法軍依然不利：奧軍的南線主力部隊猶存，而龐大的俄國部隊也在步步接近。於是在經過了短暫的休整之後，10 月 26 日拿破崙繼續率軍向維也納挺進。

　　此時庫圖佐夫率領的俄軍先頭部隊剛剛進入拜仁公國不久。面對氣勢洶洶的 20 幾萬（包含約 5 萬南德意志盟軍）敵軍，庫圖佐夫知道自己只能選擇撤退。但是法軍的追擊同樣迅速，經過了兩次損失慘重的後衛阻擊戰之後，庫圖佐夫和法蘭茲二世都意識到俄國的後續部隊與卡爾大公已經不可能在拿破崙之前抵達維也納了。所以庫圖佐夫沒

有選擇撤往維也納，而是早早渡過多瑙河向北與俄軍主力靠近。在撤退的過程中，雖然後衛部隊付出了巨大犧牲。但還是通過幾場精彩的阻擊戰成功的阻擋住了法軍的前鋒——其中一次漂亮伏擊戰中幾乎全殲了法國一個師。為了進一步阻礙法軍追擊，庫圖佐夫在渡河後炸毀了多瑙河上的幾乎所有橋樑。

看到庫圖佐夫的敗退，法蘭茲二世也慌忙帶着最後幾萬奧地利軍隊逃離了維也納，向北朝俄軍主力尋求庇護。不過他的行動太過慌忙——也可能是為了保護維也納的市容市貌——以致維也納市內的多瑙河大橋被完整的留給了拿破崙。（也有說法稱，奧軍本想炸橋，但被迅速趕來的繆拉騎兵軍所阻止。）

11 月 13 日，繆拉的騎兵軍率先進入了維也納，但是這卻令拿破崙極為憤怒。因為他給繆拉的命令是對俄軍緊追不捨，而不是佔領維也納！不過維也納終究是維也納，除了完整的跨河大橋，大量的糧食庫存與火炮彈藥也成了拿破崙的囊中之物。


佔領了維也納的拿破崙開始重新調整大軍團的部署，以開展新一輪的行動。此時的拿破崙有兩種戰略選擇：一種是向北追擊法蘭茲二世和庫圖佐夫并迎戰亞歷山大一世率領的俄軍主力，從而直接終結戰爭；第二種選擇是首先南下擊潰卡爾大公率領的奧地利主力解除後顧之憂，然後再北上迎擊俄軍。由於卡爾大公受到法國義大利軍團的阻撓而回軍緩慢，短期內并不能構成威脅，所以拿破崙毫不猶豫的選擇前者。此外，另一個壞消息也逼迫拿破崙不得不快速結束戰爭，那就是普魯士可能加入反法聯盟。

於是拿破崙做出了這樣的部署：騎兵軍繼續北上追擊；第 3 軍、第 4 軍和近衛軍作為主力緊隨其後，前往布呂恩（今捷克布爾諾）；第 1 軍向西北方向前進，警戒從烏姆逃走的奧軍殘余部隊；第 2 軍和第 6 軍在南面警戒卡爾大公的奧地利主力；第 3 軍則向維也納東面的布拉提斯拉瓦推進，并虛張聲勢的造成法軍主力東進的假像；剩余的第 7 軍擔任交通線的警戒；而損失了一個師的第 8 軍則留守維也納。

當法軍佔領布爾諾時，法蘭茲二世和庫圖佐夫也在奧洛摩次與亞歷山大一世的俄軍主力會合，并占據了良好的防御陣地。於是拿破崙率軍返回布爾諾，與俄奧聯軍在相隔 60 公里的兩地間形成對峙。

此時的俄奧聯軍內部就下一步的戰略產生了嚴重的分歧。已經見識到拿破崙厲害的庫圖佐夫與巴格拉季昂等人認為：應該保持防御，等待俄國第三梯隊及卡爾大公的兵力匯合，甚至是等到普魯士下決心加入反法同盟；如果拿破崙大舉進攻則應該果斷後撤避其鋒芒。而奧軍將領和俄軍的青年軍官們則認為：此時是擊敗拿破崙的大好時機。他們的理由是：此時的法軍因為千里行軍已經疲憊不堪，且不得不為鞏固後方而分散兵力；反觀俄奧聯軍，則在兵力上擁有絕對優勢，更何況這支俄軍還是偉大的蘇沃洛夫公爵調教出的勁旅！此時的俄奧聯軍擁有 8.5 萬人，其中俄軍 5.2 萬，奧軍 3.3 萬，大炮 278 門；而法軍只有 5.3 萬人。與這些青年軍官們同樣年輕的亞歷山大一世選擇了後者。11 月 27 日，俄奧聯軍轉守為攻。

11 月 28 日，雙方在一個捷克小村莊附近首次交鋒，這個小村名叫奧斯特里茨。在這場小規模的戰鬥中，俄軍騎兵擊潰了法軍，贏得了首勝。這一勝利讓俄國的青年軍官們欣喜若狂！

而他們不知道的是，拿破崙同樣如此。不過拿破崙的表現卻比這些年輕人沉穩得多。他先是命令前線部署的法軍後撤，然後讓自己的侍從武官擔任特使前往亞歷山大一世的營地，准備商討「停戰」事宜。并且，拿破崙特別指示：請求沙皇同意與拿破崙舉行單獨會晤；如果亞歷山大不願意與拿破崙會見，那就建議他派一個全權代表來法軍大本營進行談判。

拿破崙的示弱在俄軍司令部內引起了熱烈歡呼。本已經鬥志昂揚的年輕軍官們更是熱血上涌，仿佛此時他們已經贏得了戰爭！亞歷山大一世雖然并不像他們一般狂熱，但也認為拿破崙不到萬不得已的時候不會像這樣低聲下氣。因此沙皇果斷的回絕了拿破崙單獨會見的要求，僅派了一名代表作象徵性的談判——這只是為了傳達俄國的立場，而并不是准備達成什麼協議。於是拿破崙又表演了一出精彩的戲劇：

在傲慢的俄國代表面前，拿破崙故意做出焦慮疲憊的樣子，遲疑而又無可奈何的拒絕了俄國的諸多苛刻要求。這個之後被拿破崙稱為「輕浮之輩」的俄國年輕軍官，「如實」將拿破崙的窘迫報告給了沙皇。就這樣，亞歷山大一世也變得像年輕軍官們一樣信心爆膨，對於老將軍們的保守意見也完全不再予以理會了。雖然名義上庫圖佐夫還是聯軍的總指揮，不過這位老將已經顯得有些「事不關己」了——據說他甚至在軍事會議中打起了瞌睡。

如此一來，最為害怕將戰爭拖入長期化的拿破崙如願以償的「騙」來了他所期望的速戰速決。「辭卑而益備者，進也」，如果此時的俄軍中有人讀過《孫子兵法》，并用這句話給俄國的年輕軍官腦袋上潑一盆冷水，不知道能不能讓他們冷靜一下。

此時的法軍在兵力上的確處於劣勢，即便是緊急調來了第 1 軍和第 3 軍前來增援，法軍的人數仍然少於俄奧聯軍，尤其是達武率領的第 3 軍由於距離較遠，還不知道能不能趕上決戰。如果不算達武的第 3 軍，此時拿破崙只有 6.8 萬人，俄奧聯軍仍比法軍多出近 25%。

除了緊急調集增援，拿破崙還精心挑選了戰場：奧斯特里茨村和布魯諾之間的丘陵地帶。據說拿破崙在進軍奧洛摩次的途中經過這一地區時就對身邊的將軍們說，他希望在這裡打一仗。作為杰出的將領，拿破崙對於地貌極為敏銳。「夫地形者，兵之助也」，通過巧妙的「地形」運用，拿破崙相信自己久經戰陣的法軍完全足以擊敗人數占優的敵軍。

12 月 1 日，兩軍都進入了戰場，準備第二天進行決戰——這正好是拿破崙加冕一周年的日子。當晚，拿破崙為了第二天的決戰逐一視察部隊。法國的士兵們用極大的熱情表達着對於這位皇帝的崇拜：數萬法軍士兵將乾草捆成的火把高舉過頭頂，照亮了整個夜空。火光的劇烈程度讓俄軍誤以為法軍是在趁夜燒毀營地逃跑。

12 月 2 日，士氣旺盛的法軍和自信十足的俄奧聯軍都進入了預設陣地。雖然其中很多俄奧兩軍士兵因為之前的撤退而衣衫襤褸——東

拼西湊的奧軍則更顯混亂——但這些絲毫沒有動搖那些血氣方剛的俄國年輕軍官們。兩軍都是南北方向展開，法軍在西側處於防守狀態，俄奧聯軍則是從東面進攻。

奧斯特里茨戰場的地型確實很有意思。

戰場總體而言呈現北高南低的態勢：北面相對平坦，是通往布爾諾的大道，大路的更北面就是山地；戰場的中間是普拉欽高地，高地的東西兩側都有溪流流過，并在其東南和南側形成了幾個頗具規模的池塘（一些文獻將其稱為湖）。所以說普拉欽高地的東南方向是絕對的易守難攻。如果法軍占據普拉欽高地的話，那麼聯軍的唯一進攻路線就是北面相對平坦的大道。這樣一來會戰就變成了單純的防禦戰，拿破崙既沒有多少戰術運用——「**出奇**」的空間，俄奧聯軍又有可能因為久攻不克而轉入消極避戰。於是拿破崙故意放棄了普拉欽高地——這個戰術上擁有優勢但在戰略上卻可能造成被動的戰場制高點。

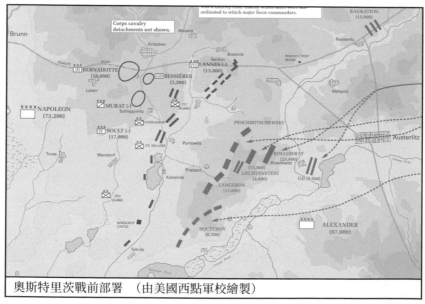

奧斯特里茨戰前部署 （由美國西點軍校繪製）

普拉欽高地雖然是戰場的制高點，但是它并不是一個「完整的」制高點。制高點最重要的優勢之一就是開闊的視野，但是站在普拉欽高地上卻并不能夠將周邊的情況一覽無余——由於丘陵河谷造成的地

勢起伏，只要將部隊部署在丘陵背後，普拉欽高地上的敵軍就無法發現——而普拉欽高地的這一特性正是拿破崙希望利用的。

12 月 2 日清晨，俄奧聯軍理所當然的佔據了普拉欽高地，整個部隊浩浩蕩蕩的由北向南一字排開：北線的聯軍從大路向法軍發動進攻，其主要任務是盡可能的拖住北線的法軍；中部的聯軍佔據普拉欽高地；南線是聯軍的主攻方向，目的就是從南面切斷拿破崙向維也納的退路，其首要目標就是攻佔小溪東岸的塔爾尼茲村和西岸的索科爾尼茲村；還有一部分俄軍留在第二線作為預備隊，隨時準備支援一線的聯軍（中國古代陣法中的「餘奇」），其中包括沙皇的近衛軍。

由於聯軍的意圖過於容易猜到，所以拿破崙制定了針鋒相對的戰略部署：法軍的主力部署在北線，第一線是拉納的第 5 軍和貝納多特的第 1 軍共 25700 人 44 門火炮，此處有一個小土丘可以作為依託；由繆拉的騎兵軍 7400 騎，5500 名近衛軍、5700 人的擲彈兵師和 24 門大炮則隱蔽在第一線後 1.6 公里的谷地中；法軍的南線則僅由蘇爾特的第 4 軍 23600 人和 35 門大炮負責守備兩個小村，不過蘇爾特還是將 2/3 的兵力隱蔽了起來；2 日凌晨，達武第 3 軍的 1 個步兵師和 1 個騎兵師終於趕到，并停留在戰場以南 5 公里的地方進行休整，這支部隊用了兩天急行軍了 140 公里，不過代價也十分巨大，步兵師原本有 7400 人，但是有 3600 人在中途掉隊，所以最終抵達的只有步兵 3800 人和騎兵 2500 騎。拿破崙這樣的部署與俄奧聯軍正相反，一旦聯軍的後備兵力妄圖從南線突破，拿破崙就可以用隱藏的優勢兵力擊潰聯軍的北線，然後從側後突擊普拉欽高地，進而包圍南線的聯軍。如果會戰能夠按照拿破崙的預想進行的話，這勢必會是一場大勝。

可是在會戰一開始，局勢就出乎拿破崙的預料。

早上 7 點，聯軍在冬季早晨的大霧中發起了進攻。作為南線先鋒的奧軍表現差強人意，但是北線巴格拉季昂率領的俄國步兵和奧軍近衛騎兵的進攻卻極為猛烈。這與雙方最初的設想幾乎完全相反：南線擁有 3-4 倍兵力優勢的聯軍竟然數次被法軍擊退，俄軍曾成功的佔領了這兩個村莊，但是達武的援軍又迅速的將其奪回，南線的法軍雖然

打得艱難，但是卻讓聯軍的攻勢進展緩慢；而在北線，即便法軍在一線兵力上還略優於聯軍，但是奧地利騎兵對於第 5 軍的衝擊卻讓其不得不借助小丘才能站穩腳跟，甚至拿破崙被迫提前動用隱藏的騎兵軍才能遏制敵方的突擊勢頭。

更加令人詫異的變化隨後出現。大約在上午 9 時當晨霧散去，拿破崙驚訝的發現普拉欽高地竟然只有少量部隊駐守——這無疑是聯軍犯下的一個低級錯誤（中門大開）。拿破崙迅速命令埋伏在普拉欽高地正面的蘇爾特第 4 軍兩個師立即進攻奪去普拉欽高地——普拉欽高地的正西面山腳下是一個小水塘，這裡密布着干枯的蘆葦叢，蘇爾特就是將他的兩個師埋伏與此。（在很多敘述中，蘇爾特的這一做法及之後率先奪取普拉欽高地的行動都出自拿破崙的命令，不過從戰後拿破崙對於蘇爾特溢於言表的夸贊中——拿破崙稱贊他為「歐洲第一戰朮家」——可以猜測這一超凡脫俗的埋伏極有可能是出自蘇爾特之手。在蘇爾特原本的任務中，他的第 4 軍 23600 人至少要面對半數的俄奧聯軍猛攻，即便是加上達武的第 3 軍增援的 7300 人也比敵軍少 1 萬人。理論上他很難預備出多余的兵力用於其他陣線。而且稍有軍事常識的人都不會輕易的放棄普拉欽高地。（當其他戰線需要增援時，正常做法是將預備隊投入戰場，而不是移動戰線上的其他部隊。）所以埋伏兩個師就是打算偷襲普拉欽的說法其實并不可信。蘇爾特埋伏在普拉欽高地西面的兩個師，可能原本是為了防止俄奧聯軍從此方向進攻，或是等南線聯軍突破防線後對其進行出其不意的側襲。而當拿破崙發現普拉欽高地防守空虛，他也不可能直接命令蘇爾特埋伏的兩個師前往奪去高地，因為這樣一來就意味着南線僅有約 1.5 萬人的部隊要面對 4-5 萬聯軍！所以說當時只有蘇爾特自己才能確定自己有沒有能力拿出兩個師的兵力去奪取高地，畢竟如果南翼潰敗便無法對此處的聯軍形成合圍。後人總喜歡過分夸大某個天才英雄的丰功偉績，而忽略了其周圍人物的貢獻，1 年之後的耶拿 - 奧爾施泰特會戰人們也是喜歡誇耀前者，而忽略了更為傳奇的後者，因為耶拿會戰是由拿破崙指揮，而奧爾施泰特會戰則是由達武指揮的。）

蘇爾特的進攻雖然遭到了小規模的埋伏，但還是迅速奪取了普拉

欽高地。似乎此時亞歷山大一世才意識到高地的重要性——真是應了那句俗話：「只有失去了才懂得珍惜。」此前，正是他將駐守在此的部隊派往南線的。并沒有資料表明為什麼亞歷山大一世會做出這樣的命令，也沒有資料顯示為什麼沒有人阻止或勸諫這樣缺乏基本軍事常識的行動發生。俄軍的司令部仿佛是一片空白，直到大錯鑄成才如夢初醒的開始組織反擊。俄軍立即組織所有能夠抽調的兵力投入反擊，包括精銳的俄國近衛軍，南線的第二縱隊也抽調部分兵力向北反攻。但是拿破崙也讓自己的近衛軍和擲彈兵師增援普拉欽高地。雙方的精銳部隊在此進行了 2 個小時的激戰，俄國的近衛軍最終敗下陣來。大約 11 時 30 分，法軍已經完全控制了普拉欽高地。

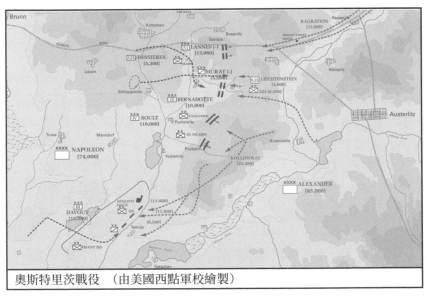

奧斯特里茨戰役 （由美國西點軍校繪製）

此時，南線數萬俄奧聯軍被困在一個狹小的三角地帶，西面是始終無法奪取的索科爾尼茲村，北面是被法軍佔領的普拉欽高地，自己的身後則是的沼澤冰湖——雖然在日後的文意作品中經常稱此為「湖」，但是就其實際規模而言只能算頗具規模的池塘而已。冬季結凍的河流湖泊雖然不再是阻礙通行的障礙，但是對於需要排成線列的步兵和沉重的火炮而言，冰面依然是無法作戰的不利地型。北線的法軍在雙方爭奪高地時就已經轉入了反攻，中路的聯軍也喪失了作戰能

力，現在就只剩下南線了。不過在遭到來自普拉欽高地的幾輪炮擊之後，南線的聯軍也迅速崩潰。大量士兵和拖拽火炮的馬車向身後的冰湖逃跑，加之法軍火炮的轟擊，破碎的冰湖轉眼變成了刺骨的地獄。無數的士兵和馬車落水——法軍宣稱這個「冰湖吞噬了兩萬聯軍」——不過大多數士兵還是成功的到達了對岸，凍死的基本拖拽火炮的馬匹。

至此聯軍陷入了全面的潰敗，總司令庫圖佐夫不但負了傷，還差點被法軍俘虜，就連亞歷山大一世和法蘭茲二世這兩個皇帝都和自己的侍從逃散了。下午 4 點 30 分，天降小雪。拿破崙策馬巡視戰場，奧斯特里茨戰役以法軍的輝煌勝利告終。

奧斯特里茨戰役中，聯軍損失了 26000 人，其中 15000 人戰死，超過 10000 人被俘。此外還損失了 186 門大炮，45 面團旗。法軍只有 1305 人陣亡，6940 人受傷，另有 573 人被俘，損失 1 面團旗。

12 月 4 日，法蘭茲二世與拿破崙達成了停戰協議。5 日，原本前來遞交最後通牒的普魯士大使向拿破崙取得的輝煌勝利表達了由衷的祝賀，并表示希望與法國結成同盟。拿破崙則半開玩笑的回答道：「命運女神把你祝賀的對象改變了。」此公因為反對同法國開戰，所以拖延了 10 天才從柏林出發——好在如此，否則普魯士就更加尷尬了。12 月 27 日，奧地利和法國簽訂《普雷斯堡和約》，成立不滿半年的第三次反法同盟以失敗告終。


如果回溯一下整個戰爭的過程，普拉欽高地的丟失無疑是俄奧聯軍最終慘敗的直接原因。那為什麼俄軍會離開普拉欽高地呢？答案是：為了增援南線的進攻。沒錯，南線的俄奧聯軍雖然擁有近 3 倍的兵力優勢，但是卻無法攻克那兩個小村莊！不僅是在奧斯特里茨，在一年之後的奧爾施泰特會戰中，這樣的情景被達武再次重現：第 3 軍 24500 名步兵和 1500 騎兵加上 44 門火炮，據守漢森豪森村擊退了 6 萬人的普魯士主力部隊，雖然有近 1/4 的傷亡，但給普魯士造成的損失也同樣接近這個比例。可以肯定，此時的法國士兵無論是在兵員素質還是戰術上都遠勝於其他歐洲強國的部隊。法軍的「散兵戰術」更是

讓習慣於在平原上列隊作戰的傳統線列步兵吃盡了苦頭：法軍士兵通過隱蔽在牆壁和樹木背後，既可以躲避槍彈，又可以對排列整齊的步兵造成重大殺傷。

由此看來，奧斯特里茨的輝煌勝利似乎與拿破崙的關系并不大，這一大捷的最主要原因還是蘇爾特和達武傑出的戰朮指揮和沙皇亞歷山大一世犯下的低級錯誤。不過這樣的評論其實是忽略了拿破崙在戰略構劃上的勝利：從整個戰役的進程來看，奧斯特里茨會戰的勝利只不過是一系列勝利之後必然的最終果實而已——**「勝兵先勝而後求戰，敗兵先戰而後求勝」**。

首先是奧斯特里茨戰場的選擇，這個戰場的中部普拉欽高地是「隘形」，北邊的大道是「通形」，戰場南線對於主動進攻的俄奧聯軍而言是標准的「掛形」——**「掛形者，敵無備，出而勝之；敵若有備，出而不勝，難以返，不利」**。法軍據守小村是有備，聯軍出戰不利則缺乏迂回包抄和向後退卻的空間。**「隘形者，盈而勿從，不盈而從之」**，沙皇將普拉欽高地上的駐軍調走就是將其從「盈」的狀態變為了「不盈」，法軍自然可以將其奪取。法軍奪取了普拉欽高地之後，拿破崙調集了全部預備隊增援，所以即便是俄軍的近衛軍十分英勇，但是最終還是沒能奪回這個的高地——**「盈而勿從」**。聯軍選擇南翼作為主攻方向從戰略規劃上而言本是十分合理的，但是由於沒有考慮到「地形」因素，使得這個主攻從最不利的「地形」下展開。相反，拿破崙則是集中兵力於左翼的「通形」，一旦形成突破即可從容的包抄聯軍的側後。所以說無論亞歷山大一世是否犯錯，整個會戰的勝利拿破崙也是十拿九穩的。**「夫地形者，兵之助也。料敵制勝，計險易遠近，上將之道也」**，奧斯特里茨會戰就是這句話的注腳。

**「兵以詐立，以利動，以分合為變者也。」**為了誘使聯軍在這個理想的戰場與自己決戰，拿破崙利用外交渠道進行了一連串「欺詐」——**「故能而示之不能，用而示之不用」**。這使得沙皇相信此時的拿破崙因兵力分散已經陷入頹勢，殊不知拿破崙的退卻只是為了占據更有利的戰場——**「以利動」**。會戰之前的拿破崙確實兵力分散，但是合理

的安排與法軍優異的戰略機動能力卻使得這些部隊可以快速的匯集。拿破崙叫停奧洛摩次的追擊，以及第 1 軍與第 3 軍改變原有的作戰目標迅速馳援主力，就是「**以分合為變**」。為了增強決戰中的兵力，甚至在其他戰線上的零散敵軍也可以暫時忽略：當第 1 軍馳援奧斯特里茨戰場後，費迪南大公的部隊實際上處於「自由」狀態。因為拿破崙很清楚，只要擊潰敵軍主力贏得全勝，就能夠終結戰爭，那麼次要戰線上的劣勢甚至危機都可以隨之化解。

若是再往前推，放到更大的尺度來看，拿破崙此前佔領維也納可謂是「**先奪其所愛**」「**攻其所必救也**」。要知道維也納所儲備的丰富軍用物資與補給，原本是為了遠道而來的俄軍准備的。雖然并沒有資料顯示此時的俄軍已經面臨後勤問題，但失去維也納必然會給俄軍的長期作戰帶來困擾。

而且面對高歌猛進的敵軍，如果像庫圖佐夫等老將們建議的那樣暫時退卻，可以說俄軍在還沒與法軍交戰時氣勢上就先輸了一籌。對於懂得「**軍有所不擊**」的老將們而言，這樣的選擇自然可以接受，但是對於年輕的沙皇而言，總是有些放不下的「盛氣」。「**君之所以患於軍者三 ： 不知軍之不可以進而謂之進，不知軍之不可以退而謂之退，是謂縻軍 ； 不知三軍之事，而同三軍之政者，則軍士惑矣 ； 不知三軍之權，而同三軍之任，則軍士疑矣。**」無論是在奧斯特里茨還是一年之後的耶拿，沙皇和普王雖然都不諳軍事，卻又都隨軍出征，并成為了軍事上的最終決策者。而在他們做出決策之前，龐大的軍隊實際上處於沒有指揮的狀態。 1806 年之後，歐洲的君主們永久的告別了一線戰場——當然拿破崙本人例外，畢竟他首先是天才將領然後才是「法蘭西的皇帝」。

如果再往前回溯，其實在烏姆戰役之後拿破崙就已經占據戰爭的勝勢了。那時，拿破崙憑藉法軍高超的戰略機動能力，在聯軍的兵力尚未聚集，就「**乘人之不及，由不虞之道，攻其所不戒也**」，充分體現了什麼叫「**兵之情主速**」，并且做到了「**我專而敵分**」實現了「**以碬投卵**」的勝利。而且拿破崙在原本戰略不利的情況下，果斷選擇了戰略進攻逼迫敵方在自己的「散地」上作戰。從這種戰略安排上來看，

一年之後的耶拿會戰與其及為類似，在普魯士的將軍們還在激烈爭論該從哪裡進軍時，拿破崙就已經開始他的迂回進攻了。拿破崙在戰略上始終保持攻勢，而在具體的兩軍會戰之中，則是盡可能利用地型進行戰術防御，在取得戰場上的優勢後，尋找機會通過反擊奪取勝利。

除此之外，拿破崙的情報工作也做得很好。在「大軍團」的士兵們開進之前，他首先命令各軍的軍長和參謀們親自考察前方的行軍路線及萊茵河上可能的渡河地點。并且他對各國政治立場也有高效而准確的掌握：無論是奧地利的暗中備戰，還是普魯士的左右搖擺。反觀俄奧聯軍，直到法軍殺到自己面前時才發現法軍從什麼地方有多少兵力投入進攻。「**明君賢將，所以動而勝人，成功出於眾者，先知也。**」

拿破崙在給他弟弟的信中有這樣一句話：「戰爭的全部藝術就是一個非常合理而十分慎重的防御，繼之以一個迅速而大膽的進攻。」雖然并沒有證據表明拿破崙接觸過《孫子兵法》，但他的基本戰略思想卻和孫子的「**先為不可勝，以待敵之可勝**」「**立於不敗之地，而不失敵之敗也**」思想不謀而合，這也更證明了這些原則具有的普遍性價值。

1805 年的奧斯特里茨會戰和 1806 年的耶拿 - 奧爾施塔特會戰，無論在戰略還是戰術上都可謂是拿破崙的巔峰傑作。抵達了巔峰，意味着後面就是下坡路。烏姆大捷的第二天，拿破崙就收到了法國艦隊在特拉法加海戰中被徹底擊敗的消息。事實證明法國不可能在短時間之內撼動英國人在海上的傳統霸權——這種霸權不僅僅建立在軍艦的數量上，更重要的是在士兵的素質和軍官的能力上。

然而先後擊敗了奧地利、普魯士和俄羅斯這些傳統強國之後，拿破崙想到了逼迫英國妥協的新方法：大陸封鎖政策。1807 年 6 月，拿破崙在波蘭擊敗了俄軍，并與亞歷山大一世簽訂了和約。隨後在 11 月，拿破崙頒佈了著名的《柏林敕令》，其主旨是：任何歐陸國家不得與英國展開貿易或旅行，並且沒收英國在歐洲大陸諸國擁有的所有資產。顯然這是希望通過「**不戰而屈人之兵**」的經濟手段來代替入侵英國的軍事手段。可惜的是，歐洲很多國家都和英國有巨大的貿易利

益，自然不願意輕易與英國斷絕關系。於是為了逼迫他們遵守禁令，拿破崙不得不用軍事手段來實現他的目的——需要用更多的「戰」來實現「**不戰而屈人之兵**」，這樣的做法定然不會有好的結果。

首先公開拒絕拿破崙的是葡萄牙，於是拿破崙派兵征討，不過要出征葡萄牙就要借道西班牙。正好在 1808 年 3 月，60 歲的西班牙國王卡洛斯四世退位並讓他的兒子費迪南七世繼位。拿破崙卻憑藉法國在西班牙的軍隊強行將自己的哥哥約瑟夫扶上了西班牙王位。這一舉動導致西班牙內部爆發了大規模叛亂。而英國則借着支援起義，登陸西班牙與法軍作戰。這場曠日持久的半島戰爭一直持續到拿破崙退位，嚴重損耗了法國的軍力。

隨着時間的推移，其他被逼遵從《柏林敕令》的國家，經濟上的損失也越來越大，不可避免的對法國的強權產生了不滿情緒。於是俄國在 1811 年重新與英國聯合對抗拿破崙，這就導致了 1812 年的遠征莫斯科。雖然在戰略原則上這種做法與早年的直擊維也納類似，但是俄羅斯的國土實在是太過廣袤，無論是在進軍還是後撤的漫長行軍中，法軍都遭受了巨大損失。而庫圖佐夫成功勸導沙皇放棄莫斯科後，拿破崙力圖「**先奪其所愛**」的兵鋒反如泥牛入海，全然失去了着力方向，結果沒能換回俄羅斯的屈服反倒弄得「**鈍兵挫銳，屈力殫貨**」。

此後，拿破崙再也沒能組織起一支足以和整個歐洲抗衡的強大軍隊。同時，在拿破崙的「指導」下，各國的陸軍也開始大刀闊斧的改革，無論是戰鬥力還是軍官的戰略戰朮素養都有大幅的提升。其後，拿破崙先敗於萊比錫，再敗於滑鐵盧，最終被流放聖赫勒拿島寥度余生。「**是故不爭天下之交，不養天下之權，伸己之私，威加於敵，故其城可拔，其國可隳。**」

拿破崙軍事生涯的頂點是其事業的轉捩點，卻也是現代軍事思想的起點——克勞塞維茲將拿破崙戰爭期間的取得的軍事經驗，結合過往的戰爭史，寫成《戰爭論》一書，為西方現代軍事思想奠定了基礎。

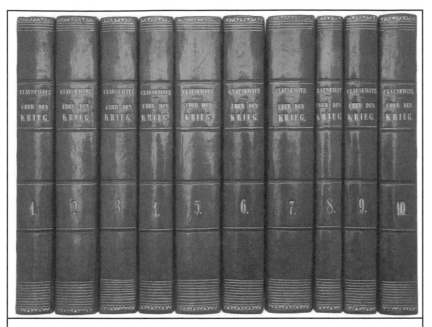

《戰爭論》（德語 Vom Kriege；英語 On War）第一版於 1832-1835 年間由克勞塞維茲的遺孀陸續整理出版。克勞塞維茲利用現代哲學的方式，希望從過往的歷史中總結出戰爭的規律於本質——這也是那個時代人們普遍追尋「科學與理性」的體現。

全書共 10 冊 8 篇，分別是：戰爭性質、戰爭理論、戰略概論、戰鬥、軍隊、防禦、進攻（草稿）、戰爭計劃（草稿）。可惜過於豐富的內容與深邃的哲學思考，讓這部本來就未能整理完畢的巨著更加容易產生誤解。

《戰爭論》與《孫子兵法》在思考角度與論述方式上都存在明顯的區別。在閱讀時，前者更需要理性，後者則更需要靈性。兩者篇幅上更是相差懸殊，但又同樣被後人多有誤解。

* 感謝 Sophia Rare Books 網站分享藏書照片

# 20  暮與朝

　　拿破侖戰爭可以說是西方現代戰略思想的源頭，克勞塞維茨的《戰爭論》和約米尼的《戰爭藝朮》都是這一時代的作品。不僅是在思想上，戰爭的面貌也因為技朮的不斷革新而開始了根本性的轉變。

　　1807 年，富爾頓發明的蒸汽明輪船「北河號」在美國紐約下水，這意味着船只的航行可以不再依賴於變換不定的風向。不過，這時的蒸汽機效率還很低，此船只能緩慢行駛，遠遠達不到軍事要求。直到1852 年，才出現第一艘蒸汽動力戰艦「拿破侖號」，她在航速航已經可以超過純風帆戰艦。可惜此時蒸汽機效率依然不高，而且在偏遠海域無法得到燃煤的補充，所以這一時代的戰艦都是采用風帆蒸汽混合驅動。直到 1873 年才出現第一艘純蒸汽動力戰艦「蹂躪號」。

　　在蒸汽機被搬上戰艦之前，為了應對新式「開花炮彈」（爆破彈）對木質船體的巨大殺傷力，海軍工程師們已經開始嘗試為木質風帆戰艦加裝鋼鐵裝甲。隨後，在 1860 年第一艘真正意義上的蒸汽鐵甲艦法國的「光榮號」下水，第二年英國的「勇士號」鐵甲艦緊隨其後，正式開啟了海軍的鐵甲艦時代，而戰爭裝備的演進也進入了快車道。短短几年之後的美國內戰中，傳統的海戰模式被徹底顛覆。

　　1862 年，美國南軍為了打破北軍對其河道的封鎖，發明了「弗吉尼亞號」鐵甲艦。這艘戰艦的造型在當時人看來應該是極為「科幻」的：她的鐵甲船身只是稍稍高於水面，在低矮的船身上則聳立着一個黑色的「鐵甲帳篷」在這頂帳篷內裝有 14 門火炮，除此之外在「弗吉尼亞號」的船首還配備了一個鐵質撞角。「撞角」是一種槳帆戰船時期的古老

裝備，其使用方式就是依靠船首的金屬突出部撞破對方的木質船身，造成敵船的進水沉沒甚至船身斷裂。在中國古代，這種戰船被稱為「艨艟」。朝鮮的海軍名將李舜臣在其基礎之上發明了「龜船」。對於「龜船」的具體面貌，現代學者說法不一，也可能是由於當時也沒有「制式裝備」的概念，所以各艘「龜船」的尺寸有可能相去甚遠。不過所有「龜船」的形制都是相同的：1. 主要由船槳驅動，而不依賴風帆；2. 船身為封閉結構，上方附有鐵甲，鐵甲上裝有刺釘等利器，用於防止敵軍登船和「焙烙」（一種陶罐裝火藥炸彈）火攻；3. 同時裝備大炮和撞角。從這几點來看，「弗吉尼亞號」與「龜船」的設計思路極為相似。

1862 年 3 月 8 日，「弗吉尼亞號」在伊麗莎白河上首開記錄，撞沉了小型帆船「坎伯蘭號」，之後更是借助堅不可摧的裝甲在炮戰中擊毀了「國會號」，并迫使「明尼蘇達號」擱淺。北軍 1 天之內損失了 2 艘戰艦，卻未對敵方造成任何實質性的損傷。幸好北軍早已在「弗吉尼亞號」下水前，就通過線報知曉了其存在，所以也迅速的製造了自己的鐵甲艦，這就是同樣科幻的「莫尼特號」。她擁有和「弗吉尼亞號」同樣低矮的裝甲船體，但在其上只裝備了兩門火炮，然而這也是她的最大創舉所在——這兩門火炮被裝配在一個可以 360° 旋轉的裝甲炮塔中，使其可以用有限的火炮應對各個方向的敵人。

在 3 月 8 日深夜，「莫尼特號」就已經到達了戰斗發生的漢普頓

「弗吉尼亞號」（上）與「莫尼特號」（下）

錨地，但此時「弗吉尼亞號」已經撤離，這兩艘科幻戰艦的歷史性對決被推遲到了第二天。3月9日，「弗吉尼亞」再次對漢普頓錨地發起攻擊，准備徹底擊毀昨日擱淺的「明尼蘇達號」，不想卻碰上了同樣科幻的「莫尼特號」。然而這場「科幻大戰」遠不如真正的科幻電影好看，甚至應該用無聊來形容。兩艘低矮的鐵船在「明尼蘇達號」周邊來回機動，緩慢的相互炮擊（雖然對於兩艦的炮手而言已經忙得不可開交），同時笨拙的試圖用自己的撞角撞擊對方，但這兩種方式都沒有奏效，「激戰」了4個小時之後，雙方選擇了撤退。這場海戰標志着鐵甲艦時代的海戰的開始，也體現出了鐵甲艦之間爭鬥的新特點：1. 傳統的火炮及球形炮彈對於厚實的鐵甲根本無能為力；2. 想要用船首的撞角直接撞沉敵艦也不是個容易的任務，尤其是在航速低於對方的時候几乎完全沒有成功的可能性。

雖說想通過撞擊的方式擊沉敵艦是件極為困難的事，但它畢竟好於對裝甲毫無辦法的傳統火炮。所以很多以撞角為主要武器的戰艦被陸續的設計出來，如法國的「金牛座號」、英國的「熱刺號」、意大利的「鉛錘號」等等。她們的共同特點就是：擁有一個極其夸張的巨大撞角，以及當時所能達到的最快航速。

1861年，也就是第一艘鐵甲艦問世兩年之後，意大利的各個小王國才被統一為「意大利王國」。這個朝氣蓬勃的新生國家也效仿其他歐洲強國，迅速的投身於海軍的擴張，試圖組建地中海上最強大的海戰艦隊。1866年，意大利為了奪回被奧地利占領的威尼斯省，與普魯士結盟對奧宣戰。可惜陸戰失利，意大利只能寄希望於她新建龐大海軍挽回顏面。7月，意大利海軍派出一支艦隊進攻利薩島，但是面對島上的岸炮，意軍進展緩慢，反倒是己方的一艘鐵甲艦被岸炮所傷。雖說如此，但是此時的意大利艦隊仍有11艘鐵甲艦及16艘木質戰艦。7月20日清晨，雖然艦隊的實力不及意大利，但奧地利艦隊還是決定支援利薩島。奧地利艦隊擁有7艘鐵甲艦，6艘木質蒸汽巡洋艦1艘海防艦，以及7艘小型戰艦，她們分別組成3個「V」字形向意大利艦隊沖去。意大利艦隊猝不及防，缺乏經驗的艦隊指揮官更是在臨戰時

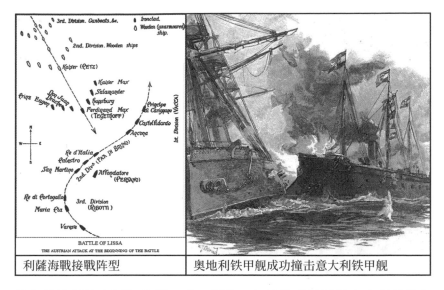

| 利薩海戰接戰陣型 | 奧地利鐵甲艦成功撞击意大利鐵甲艦 |
|---|---|

莫名其妙的決定更換旗艦，這一舉動不但讓排成線列的意大利艦隊出現了一個巨大的缺口，更讓整個艦隊失去了應對奧戰艦隊沖鋒的時機。很快這場海戰變成了一場近距離的混戰。混戰中「意大利號」鐵甲艦先後被兩艘奧艦沖撞迅速沉沒，「巴勒斯特諾號」也發生爆炸沉沒，「鉛錘號」雖然得以撤離，但還是在兩天後沉沒。奧地利在劣勢的情況下不但成功的驅逐了意大利艦隊，而且無一損失。反觀意大利，不但面子沒拿回來，還損失了 3 艘鐵甲艦，可謂是慘敗收場。

　這場海戰中撞角戰术的成功運用讓撞角成為了其後近半個世紀戰艦的標准配置。而利薩海戰中奧軍所使用的「V 字沖鋒陣型」也成為了一時風尚。同時鐵甲艦之間近距離混戰的海戰模式也成爲了海軍兵法家們的共識，海軍工程師們也做出了相應的創新設計：在艦體兩舷交錯安置兩座雙聯裝炮塔，這樣的設計保證了戰艦無論是在沖鋒時還是舷側對敵時都可以運用全部的 4 門主炮向敵方開火。這類戰艦以 1873 年意大利的「凱奧·杜利奧（Caio Duilio）級」鐵甲艦首次采用，隨後在 1876 年被英國「不屈號」效仿，1881 年清國向德國訂購的「定遠」「鎮遠」兩艦就是這一思潮的典型案例。

「定遠」鐵甲艦

照片中船頭尖狀的突出部就是「撞角」。在炮塔布置上是以英國「不屈號」為藍本，採用交錯佈局。當時絕大多數軍艦的炮塔都是露天的，上面的罩子其實只是一層薄薄的鐵皮而已，防護效果不佳，而且還容易產生彈片的內部彈射，大東溝海戰時是拆除鐵罩狀態。不過在「定遠號」的設計上為了縮短艦船的裝甲區并在艦體後部留出搭載魚雷艇的空間，所以兩個炮塔距離太過接近，這使得這兩個炮塔几乎不可能實現側舷齊射。（不過英國在實踐中證明，由於當時的火炮射擊頻率很低，旋轉速度也極慢，加之炮口風暴對開放炮塔及甲板上層建筑、人員的傷害，即便兩個對角炮塔的間距足夠大，這種炮塔佈局也很難在實戰中使用側舷齊射。）

雖然早期的魚雷技術還很不成熟，操作複雜，命中率低，但命中一枚就可以對敵艦造成致命性的傷害。魚雷艇自身小巧靈活，可惜囿於航程所限無法遠海作戰。在訂購者李鴻章的強烈要求之下，「定遠」「鎮遠」最終被設計成了「魚雷艇母艦」——設計師通過壓縮前方兩個斜角炮塔之間的距離，使得後部甲板足以搭載兩艘魚雷艇。在交戰前鐵甲艦利用起重機將魚雷艇下放至海面協同作戰，戰斗結束後再依靠起重機收回。

裝甲的出現徹底顛覆了風帆時代火炮的地位。但是，海軍從未放棄過使用艦炮擊毀敵船的嘗試。1868 年，英國人發明了「錐形炮彈」，無論在精確性還是穿甲能力上都遠超傳統的球形彈丸，成為了後世彈體的標准形狀。不過，此時的火炮仍然存在「射程近」、「精準度低」、「裝填慢」等無法無法解決的問題。那麼在海戰中如何擊毀一艘鐵甲艦呢？是撞角，還是更大的火炮，亦或是什麼更加新鮮的科技？

1860-1890 年這段期間可謂是一個探索期,如雨後春筍般的新技術促使各種奇思妙想在海戰戰術及戰艦設計思路中不斷涌現。隨着千奇百怪的鐵甲艦取代了形制單調的木質風帆戰艦,海戰中的「兵法」(戰略與戰術)與戰艦的性能與設計思路的關系愈發緊密,甚至具有決定性影響。

海軍戰略家們按照自己的戰略戰術設計向艦船設計師們下達設計要求,同時不斷革新的武器技術又在持續刷新着海軍兵法家們的用兵思路。其中最具代表性的就是法國的「綠水學派」,他們認為: 新興的魚雷、潛艇等武器將會顛覆英國在鐵甲艦方面的優勢。

不過,雖然當時的很多戰艦都裝備了魚雷這種新型武器,甚至出現了「魚雷艇」這樣專門進行魚雷攻擊的新艦種,可惜新技術成熟的速度遠遠趕不上火炮與裝甲的更新換代。由於初期魚雷的航速慢射程短,在第一次世界大戰之前的海戰中,火炮還是戰艦的最主要武器。法國也因為 1871 年普法戰爭的失敗,迫於財政壓力不得不從激進的技術嘗試最終回歸保守——即便如此,在同時代中法國仍是最喜歡嘗試新技術的國家。

當然,并不是只有法國希望通過「創新」實現海軍力量的跨越式發展,拂曉中的日本海軍也在找尋可以對抗清國「定遠」「鎮遠」兩艘鐵甲巨艦的捷徑。 1874 年,日本侵入台灣的事件讓清政府大受刺激,開始着手發展現代海軍,成立「北洋」、「南洋」、「福建」三支水師。最初只是以采購岸防炮台、海防艦(此類艦艇炮大船小,形似蚊子,故稱「蚊炮艦」)為主。 1880 年,李鴻章受命大力發展「北洋水師」,并在當年向德國訂購了兩艘 7000 噸級鐵甲艦,采用的是當時最流行的艦首對敵的設計方案,分別命名為「定遠」和「鎮遠」。 1885 年兩艦交付「北洋水師」入役。 1886 年「定遠」「鎮遠」兩艦前往日本長崎進行船身維護(據推測是為鐵甲艦例行上油,以防鏽蝕,當時因清國可以容納鐵甲艦的船塢尚未完工,所以只得前往日本)。

這兩艘先進的巨艦讓日本海軍大受刺激,立刻着手購置可以與之

抗衡的新型戰艦。然而當時的日本政府財政並不足以支撐一支龐大的海軍。於是,日本上至天皇下至農民都開始為海軍購艦而捐款。但日本畢竟還是國力貧瘠,根本買不起超越「定、鎮」的巨艦——當時英國最新式的「海軍上將級」鐵甲艦(9000 噸),單艦的購置費用就超過了日本海軍一年的購艦預算總額——而且也不能保證其戰斗力能夠壓倒「定鎮二艦」。(英國的 12 英寸(305mm)25 倍徑火炮并不一定能夠擊穿「定遠」「鎮遠」的 355mm 鋼面裝甲。)

　　看到日本人與自己面臨相同的處境,法國的「綠水學派」便向日本海軍大力推銷他們的「創新方案」: 用一艘輕裝甲的防護巡洋艦搭載一門 320mm/38 倍口徑的巨炮,而且僅需要一艘鐵甲艦 60% 的價格!這一方案讓日本海軍高層大感興趣。

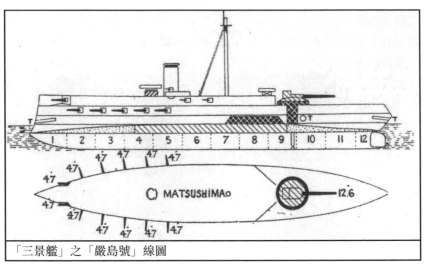

「三景艦」之「嚴島號」線圖

　　按裝甲防護水平的不同,當時的戰艦主要分為三種: 鐵甲艦、裝甲巡洋艦、防護巡洋艦。防護最好的是鐵甲艦,全艦的主要區域都用厚重的裝甲保護,主要用於艦隊決戰。巡洋艦是搭載中小口徑火炮,但航速快續航力遠的艦種。由於當時的鐵甲艦過於笨重,船身低矮,不適合遠洋航行,所以這些巡洋艦就成為了各個殖民帝國遠海任務的主力。同時由於價格便宜,巡洋艦也是新興國家首選的采購艦種。而巡洋艦又分為兩種: 防護巡洋艦(或稱穹甲巡洋艦)是僅對彈藥庫作

輕裝甲防護，并用一層薄薄的拱面裝甲板保護輪機；裝甲巡洋艦則是在防護巡洋艦的基礎上在艦體舷側的水線部分加裝一層裝甲板，航速雖然略慢於防護巡洋艦，但是在火力和裝甲方面都要更強。

　　法國人的方案其實就是在最輕的防護上安裝最大口徑的火炮。在之後的日本海軍崛起中發揮關鍵作用的山本權兵衛將這種方案譏笑為「手持大刀的裸體武士」。然而在當時，這樣「不協調的創新方案」卻被日本海軍視為超越鐵甲艦的捷徑——這正是「綠水學派」所一直追求的目標。在這個方案的基礎之上，法國人還作出了相應的戰朮規劃：兩艘這種戰艦為一隊，一艘將主炮前置一艘將主炮後置，這樣就可以首尾兼顧（相當於拼成一艘完整的前後炮塔主力艦），在混戰中還可以一前一後對一艘鐵甲艦進行夾擊（後置炮艦位於前，封堵或引誘一艘鐵甲艦，前置炮艦在鐵甲艦後追擊，這樣兩艦的兩門巨炮就可以同時瞄准鐵甲艦開火）。然而原計劃的 4 艘戰艦因為日本海軍預算有限，最終只批准了 3 艘的建造計劃。最後這三艘戰艦使用了日本的三個著名景點對其命名，故合稱「三景艦」——「松島」「嚴島」「橋立」——可見日本對這三艘戰艦賦予了極高的期望。這三艘戰艦其中兩艘在法國建造，另一艘在日本組裝，分別於 1892 年和 1894 年加入日本海軍，成為了聯合艦隊中的主力艦艇。有了「三景艦」作為支柱，日本終於有了向清國攤牌的底氣，而且機會說來就來。

　　1894 年春，朝鮮的全羅道爆發農民起義，朝鮮請求清國出兵援助。日本則以此為借口大量增加在朝鮮的駐軍。日本自 1868 年明治維新以來，國內工商業已經得到長足的發展，早就想對朝鮮進行市場擴張，但是礙於朝鮮落後的觀念始終難以實現。而同樣思想閉塞的清國則在極力維護朝鮮的封閉狀態，如果通過武力將朝鮮納入自己的勢力范圍甚至變為殖民地，勢必要與朝鮮的宗主國清國一戰。對此，日本在外交、戰略、軍備上都進行了長期規劃（「三景艦」就是其中的典型代表），全羅道起義正好給了日本將這些戰略付諸實施的契機。

　　6 月 2 日，日本決定向朝鮮增兵，并做好了開戰准備。6 月 19 日，日本主力部隊登陸朝鮮。可是此時朝鮮起義軍為了避免日本借機侵略，

已經和政府達成協議，開始解散。失去了出兵藉口的日本十分害怕清國單方面撤軍。為使日軍繼續留在朝鮮，日方在 6 月 22 日向清國遞交「絕交書」逼迫清國開始外交談判，以維持現狀。此時還對日本的意圖毫無了解的清國輕鬆上當。談判中，日本提出了朝鮮和清國必然不會接受的改革要求——「庶政改革案五條」：舉能員、制國用、改法律、革兵制、興學校。雖然這些改革方案表面上頗具善意，但任何「改革」都是守舊的朝鮮政府無法接受的。同時清國也無法接受日本對朝鮮的影響力擴張。改革方案毫無懸念的被朝鮮拒絕。此時漢城（今首爾）內部已經是火藥味十足，日軍在兵力上對清軍有壓倒性優勢。為了避免開戰，李鴻章希望通過英、俄的介入平息爭端，但是此時的英國希望借助日本的崛起抑制俄國在遠東的發展，而俄國更是期望借用日本削弱中國，伺機吞并中國滿洲。所以英、俄都沒有積極阻止日清戰爭的意願。對於列強態度毫無把握的李鴻章所寄予希望的外交斡旋并沒有取得實質上的進展——**「不知諸侯之謀者，不能預交」**。

7 月 14 日，日本向清國遞交「第二次絕交書」，至此中日雙發的外交談判宣告破裂，戰爭隨時可能爆發。 17 日，日本正式決定開戰。19 日，清國駐朝鮮總督袁世凱化妝成平民秘密回到天津着手調動軍隊。20 日，日本向朝鮮提出最後通牒，要求朝鮮在 48 小時內「改革內政」，終止與清國的「藩屬關係」及已簽訂的條約，并要求清國在 25 日之前停止向朝鮮增兵。清國光緒皇帝此時也決定與日本一戰，并租借了 3 艘英國商船協助運兵，分別於 21/22/23 三天從天津出發駛向朝鮮。 22 日，朝鮮迫於壓力同意放棄與清國的從屬關係，但是已經箭在弦上的日本借口「朝鮮并未終止與清國的條約，不是真心斷絕從屬關系」，拒不接受朝鮮的答復，并通告朝鮮「日軍將於 23 日進攻朝鮮王宮」。23 日凌晨 3 時，日本開始進攻王宮，并於當日建立了親日傀儡政權。雖然此時日本只是向朝鮮宣戰，但作為朝鮮的宗主國，清國有義務對朝鮮進行保護，所以理論上此時的清國也與日本進入戰爭狀態，若不然則會被視為放棄了宗藩關係。

7 月 25 日清晨，護送運兵船的「濟遠」、「廣乙」兩艦遭遇日本的「吉野」、「秋津洲」、「浪速」三艘巡洋艦，占據絕對優勢的日

艦在 3000 米的距離上首先開火。炮戰 1 小時 20 分鐘後，兩艘清艦分別向西、南淺水區逃離。此時滿載着清國士兵的英籍商船「高升號」出現在作戰海域。「浪速」要求「高升號」投降，遭到艦上清國士兵拒絕。雙方通過旗語交流 4 小時，無果。「浪速」警告「高升號」乘員棄艦并發起攻擊。「高升號」海員大多數跳水逃生，但是由於絕大部分清國陸軍士兵都不會游泳，所以「高升號」上一片混亂，甚至有人向已經跳水的清軍和「高升號」的英國籍船員開槍。「浪速」僅救起英國船長在內的 4 名英籍船員就匆匆離開戰場，并未實行國際紅十字救援義務，高升號上的絕大多數清軍及另外四名英籍船員遇難。「高升號事件」使英國輿論嘩然，英國政府向日方提出嚴正交涉，并着手搜集證據向日本問罪。然而日方卻通過《國際法》為自己的行為進行了辯駁，成功的化解了這場外交危機。

8 月 1 日，清日雙方正式宣戰，兩戰艦隊的首要目標都是護送本國的陸軍通過海路前往朝鮮。

9 月 12 日，日本聯合艦隊完成了護航陸軍在仁川登陸的任務，開始向北搜索清國艦隊。

9 月 16 日，北洋水師提督（司令）丁汝昌率領艦隊護送陸軍前往大東溝灣登陸准備增援平壤——他們并不知道，經過前一日的激戰，平壤的清軍此時已經准備撤離。由於是在缺乏港口設施的海灣登陸，所以整個登陸過程極為緩慢低效，丁汝昌則率艦隊在外海警戒。

9 月 17 日上午 10 時 50 分，聯合艦隊發現東北方向有煤煙，11 時 40 分時確定發現北洋艦隊主力，聯合艦隊司令伊東祐亨命令艦隊轉為作戰隊形：各艦首尾相隨形成一列縱隊，航速較快的 4 艘巡洋艦「吉野」、「高千穗」、「秋津洲」、「浪速」組成先導游擊艦隊，航速較慢的「松島」、「千代田」、「嚴島」、「橋立」、「比叡」、「扶桑」為第二隊，另外兩艘輔助戰艦「西京丸」和「赤城」則跟隨在隊末左側盡量規避戰斗。12 時，北洋艦隊才發現日本艦隊，之後以定遠、鎮遠為核心，組成了 1866 年時奧地利海軍所使用的經典「V」字橫隊，向日本艦隊線列的右舷發起沖鋒，從左至右依次是「濟遠」、「廣甲」、

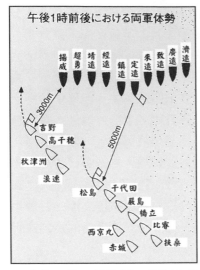

午後1時前後における両軍体勢

揚威 超勇 靖遠 經遠 鎮遠 定遠 來遠 致遠 廣遠 清遠

吉野
高千穗
秋津洲
浪速
松島 千代田
嚴島
橋立
西京丸 比睿
赤城 扶桑

3000m
5000m

「致遠」、「來遠」、「定遠」、「鎮遠」、「經遠」、「靖遠」、「超勇」、「揚威」。

　　12時50分，北洋水師旗艦「定遠」在5300米的距離上首先開炮，隨後其他清艦的主炮也陸續開火。日艦為了保證主炮的穿甲能力和命中精度，直到雙方接近到3500米的距離，日本旗艦「松島」才首先開火。雖然只相差2分鐘，但對於大口徑主炮數分鐘的裝填時間和遠距離炮擊極低的精度而言，北洋艦隊這種做法可以說是浪費了第一輪炮擊，顯得有些慌亂。

　　日軍游擊艦隊高速駛過清軍主力，首先集中攻擊橫隊右翼弱小的「超勇」、「揚威」兩艦，主力艦隊則集中攻擊清軍旗艦「定遠」。「定遠」上的艦隊司令丁汝昌被炮火燒傷（廣為流傳的「定遠艦由於年久失修，所以第一次主炮齊射就震塌了艦橋，丁汝昌跌落摔傷」的說法，現代學者根據丁汝昌自己的奏折敘述認為并不屬實，不過也有人認為是丁汝昌為推卸責任而撒謊），用於指揮的旗語信號裝置也被破壞，北洋艦隊實質上從開戰伊始就陷入各艦各自為戰的狀態。

　　伊東祐亨并不知道北洋艦隊在掩護陸軍登陸，看到北洋艦隊發起沖鋒，他也不敢低估對方的實力──畢竟當時國際上根據「紙面上的數據」認為清國艦隊的實力是超過日本的。可能正是因為伊東祐亨錯誤的估計了北洋艦隊的航速，使得本隊過早的通過了北洋艦隊主力，導致隊尾四艘弱小的舊艦暴露於敵方主力的炮火之下，受到了不小的損傷。

　　13時27分，弱小的「超勇」沉入海底，成為這場海戰的第一個犧牲者。不過交戰至此，日方較弱的艦只（「比睿」、「扶桑」、「赤城」）也已經失去作戰能力開始退出戰場。

13 時 30 分，原本留守登陸部隊的清軍「平遠」、「廣丙」及兩艘魚雷艇趕來支援，但很快就被日戰艦隊擊退。之後，日軍游擊艦隊掉頭回援「西京丸」、「赤城」等艦，掩護其撤離交戰海域。日本 4 艘巡洋艦組成的游擊艦隊憑借高航速，來回穿梭於戰場，并用速射炮向清艦投下鋼彈火雨。

　14 時 30 分，清國北洋艦隊已經陷入被動挨打的局面，左翼的「濟遠」、「廣甲」兩艦高速撤離戰場，在慌亂中「濟遠」撞沉了被重創的「揚威」。而「定遠」、「平遠」、「來遠」等艦也都陷於大火之中，北洋艦隊開始向旅順撤退。

　15 時 30 分，為了援護起火的「定遠」，「致遠」在鄧世昌的指揮下向日戰艦隊發起沖鋒，但几分鐘之後就被日艦集中火力擊沉。（廣為流傳的說法是「致遠」向「吉野」發動沖撞戰朮，也有其目標是「浪速」、「松島」的說法，也有人認為是要使用魚雷攻擊。日艦在本場海戰中并未發射魚雷，所以「致遠」被魚雷擊沉的說法不實）。混戰中日軍旗艦「松島」也被「鎮遠」的主炮命中，引起大火，艦體傾斜，不得不退出戰鬥，伊東祐亨轉移至「橋立」繼續指揮戰鬥。

　雖然日軍旗艦受創，但是北洋艦隊也已經無力扭轉戰局。日軍游擊艦隊負責追擊航速較快

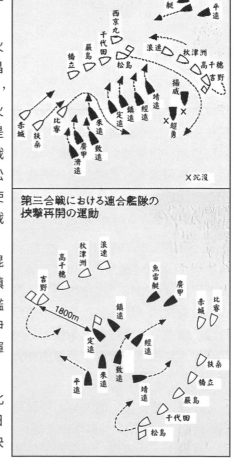

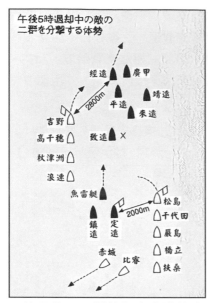

午後5時退却中の敵の
二群を分撃する体勢

經遠　廣甲
2800m　　靖遠
平遠
來遠
吉野
高千穗　致遠　×
秋津洲
浪速

魚雷艇
2000m　松島
鎮遠　定遠　千代田
嚴島
赤城　比睿　橋立
扶桑

的「靖遠」、「經遠」、「平遠」等艦。日軍主力艦隊則繼續圍攻「定、鎮」兩艦。但是始終未能將這兩艘鐵甲艦擊沉。

17時30分，日軍游擊艦隊擊沉「經遠」。此時已經天色漸晚，為避免分散的艦隊在夜間遭到北洋艦隊的魚雷艇攻擊，伊東祐亨命令游擊艦隊停止追擊與本隊會合，其後向東撤出戰場。大東溝海戰（或稱清日黃海海戰以區別日俄黃海海戰）就此結束。

夜幕降臨，北洋海軍重整艦隊，丁汝昌擔心日艦襲擊大東溝的登陸部隊，所以集結了僅存的6艘戰艦前往援助，所幸未發現日軍蹤影，留下兩艘魚雷艇後率領殘破的艦隊返回旅順。伊東祐亨則判斷北洋艦隊在入夜後向威海衛方向撤退，所以在翌日率領聯合艦隊駛向威海衛方向。但未發現北洋艦隊，伊東祐亨這才明白此前北洋艦隊是在為登陸部隊護航，於是掉頭趕往鴨綠江口，但為時已晚，隨即向長山串錨地返航。

此戰中，北洋艦隊損失「致遠」、「經遠」、「超勇」、「揚威」、「廣甲」（返航時在大連三山島觸礁）5艘戰艦，其余戰艦也均遭重創，雖然經過修理後可以保持航行，但是已經基本失去了遠海作戰能力。日方只有旗艦「松島」被重創，其余艦只僅有輕度破損。經過簡單的修理，所有戰艦都可以重新投入戰斗。無疑日本在大東溝海戰中取得了全勝，也相應的獲得了黃海的制海權，為其後日本陸軍登陸旅順和威海衛奠定了基礎。

其實在開戰前，很少有人預料到日本能夠在海戰中獲得如此壓倒性的勝利，其中最主要的理由就是：清國艦隊的「噸位」要比日本大，而「定遠」、「鎮遠」兩艦的噸位更是遠超過任意一艘日本戰艦，被

稱為「亞洲最強戰艦」。這種看法至今仍在不懂軍事的大眾中廣為流傳，但是這種觀點卻犯了一個兵法上的常識性錯誤：**「兵非多益也」**。且不說清國的戰艦分散在北洋、南洋、福建三支水師，就單艦而言，也不是「噸位越大戰斗力越強」。

衡量一艘戰艦戰斗力的三個指標就是：火力、防護力、機動力，三者缺一不可。下表列出清日雙方的艦只的主要參數。

| 清國北洋艦隊 | | | | | | | | | | |
|---|---|---|---|---|---|---|---|---|---|---|
| 艦名 | 艦種 | 排水量（噸） | 開工 | 大中火炮 | 速射炮 | 小口徑機關炮 | 魚雷 | 最高航速（節） | 造價（萬英鎊） |
| 定遠 | 鐵甲艦 | 7355 | 1881（德） | 4 | 2舊 | 12 | 3 | 15.4 | 23.8 |
| 鎮遠 | 鐵甲艦 | 7220 | 1881（德） | 4 | 2舊 | 12 | 3 | 15.4 | 24.14 |
| 濟遠 | 裝甲巡洋艦 | 2355 | 1883（德） | 2 | 1舊 | 11 | 4 | 15 | 10.54 |
| 致遠 | 防護巡洋艦 | 2310 | 1885（英） | 3 | 2舊 | 16 | 4 | 18 | 18.2 |
| 靖遠 | 防護巡洋艦 | 2310 | 1885（英） | 3 | 2舊 | 16 | 4 | 18 | 18.2 |
| 經遠 | 裝甲巡洋艦 | 2900 | 1886（德） | 2 | 2舊 | 8 | 4 | 15 | 14.79 |
| 來遠 | 裝甲巡洋艦 | 2900 | 1886（德） | 2 | 2舊 | 8 | 4 | 15 | 14.79 |
| 平遠 | 裝甲巡洋艦 | 2100 | 1886（清） | 1 | 2舊 | 7 | 4 | 10.5 | 8.84 |
| 超勇 | 防護巡洋艦 | 1350 | 1880（英） | 2舊 | 4舊 | 6 | | 16.4 | 8 |
| 揚威 | 防護巡洋艦 | 1380 | 1880（英） | 2舊 | 4舊 | 6 | 4 | 16.4 | 8 |
| 廣甲 | 防護巡洋艦 | 1296 | 1885（清） | | 7舊 | 4 | 4 | 14.2 | 3.74 |
| 廣丙 | 防護巡洋艦 | 1000 | 1888（清） | | 3 | 8 | 4 | 15 | 1.53 |
| 總計 | | 34476 | | 21+4舊 | 3+30舊 | 114 | 42 | | 154.57 |

## 日本聯合艦隊

| 艦名 | 艦種 | 排水量（噸） | 開工 | 大中火炮 | 速射炮 | 小口徑機關炮 | 魚雷 | 最高航速（節） | 造價（萬英鎊） |
|---|---|---|---|---|---|---|---|---|---|
| 吉野 | 防護巡洋艦 | 4216 | 1892（英） | | 12 | 22 | 5 | 23 | 28.273 |
| 高千穗 | 防護巡洋艦 | 3709 | 1884（英） | 2 | 6 舊 | 16 | 4 | 18.5 | 21.262 |
| 秋津洲 | 防護巡洋艦 | 3150 | 1890（英） | | 10 | 8 | 4 | 19 | 17.133 |
| 浪速 | 防護巡洋艦 | 3709 | 1884（英） | 2 | 6 舊 | 16 | 4 | 18.5 | 22.619 |
| 松島 | 防護巡洋艦 | 4277 | 1888（法） | 1 | 12 | 15 | 4 | 13 | 26.906 |
| 千代田 | 裝甲巡洋艦 | 2439 | 1888（英） | | 10 | 14 | 3 | 19 | 12.068 |
| 嚴島 | 防護巡洋艦 | 4140 | 1888（法） | 1 | 11 | 18 | 4 | 12 | 27.191 |
| 橋立 | 防護巡洋艦 | 4100 | 1888（日） | 1 | 11 | 18 | 4 | 12 | 28.071 |
| 比叡 | 鐵殼巡洋艦 | 2284 | 1875（英） | | 9 舊 | 10 | 1 | 13 | 9.663 |
| 扶桑 | 舊式鐵甲艦 | 3717 | 1875（英） | 4 舊 | 4+4 舊 | 11 | 2 | 13 | 15.585 |
| 赤城 | 炮艦 | 622 | 1886（法） | | 4 舊 | 6 | | 10 | 3.578 |
| 總計 | | 36363 | | 7+4 舊 | 70+29 舊 | 154 | 35 | | 212.349 |

注 1：「西京丸」本是商船，開戰後被徵調，加裝了几門輕型艦炮改為「輔助巡洋艦」，大東溝海戰中為日本海軍軍令部長樺山資紀坐艦。北洋海軍亦有多艘參戰的魚雷艇未被統計在表中。

注 2：大口徑火炮是指口徑在 200mm 以上的火炮；速射炮口徑主要有 152mm/120mm/105mm；小口徑機關炮是指口徑在 76mm 以下的小炮．因為海軍技朮的發展，舊型火炮和新型火炮性能相差甚遠，所以在早期同級別武裝統計中備注「舊」字。比如說「扶桑」艦上的火炮雖然口徑大，但與「定遠」「松島」等艦的火炮威力相差甚遠。早期速射炮的射速要比當時最新的阿姆斯特朗速射炮慢上數倍，但仍比大口徑火炮快得多。

注 3：各艦的裝甲強度由於涉及具體保護區域的不同而造成不易直觀比較的缺點，所以并未列出。讀者可以參考上文對於各艦種防護性能的論述做大致評估。（鐵甲艦 >> 裝甲巡洋艦 > 防護巡洋艦）

注4：雖然雙方戰艦配置了大量加特林機槍，但機槍在大東溝海戰中並沒有起到任何作用，所以并未列出。

注5：「三景艦」的設計航速為15節，當由於艦艇適航性不佳以及鍋爐質量問題，所以只能達到12節左右的航速。「定遠」、「鎮遠」等艦雖然在建成之初可以達到其設計航速15節，但由於年久失修保養不利，北洋海軍的大部分艦艇都要比起設計航速慢3-5節。此外由於艦隊需要集體行動，所以整個編隊的航速并不是由「平均航速」決定的，而是由編隊中最慢的艦艇航速決定的。在大東溝海戰中，北洋艦隊的航速應該是在10節左右，日軍本隊的航速在10-12節，日軍游擊隊的航速可以達到18節。

注6：日本戰艦價格數據來源於《海軍軍備沿革（大正11年）》，且全部是通過日元折算為英鎊。值得注意的是，日本軍艦財務數據除較早的「扶桑」、「比睿」兩艦，其它各艦的數據都可以按年精確到小數點後3位。清國戰艦的價格數據缺乏統一的最原始出處，其中除4艘直接向英國訂購的戰艦外，其餘戰艦都按庫平銀折算為英鎊，且都僅有粗略的「XX萬兩」的概約數據。此外，需要提醒讀者的是，當時的軍火採購中「拿回扣」是十分普遍的現象，清國的官員貪腐更是極爲廣泛且嚴重的。

注7：由於清國庫平銀使用的是銀本位，而歐洲使用金本位，所以匯率還是會根據金銀間的價格浮動產生差異。日元則是名義上通過金本位使匯率維持穩定，但在實際結算中使用白銀。表中這算按「1兩庫平銀 =0.17英鎊」計算。因為庫平銀的純度是93.5374%，但《馬關條約》時日本要求白銀純度達到98.8889%，所以賠款銀相當於0.18英鎊。當時日元與英鎊的匯率是「9.12日元 =1英鎊」。


　　從表中可以看出，雙方參戰的戰艦總噸位大致相當——這與教科書上「清強日弱」的印象完全不同。如果將估算衡量戰斗力的標准從「噸位」改為「價格」的話，「清強日弱」的傳統看法將會徹底逆轉——海戰中清軍的主力艦艇的購置費用大概折合155萬英鎊，而日本艦隊的價值則高達212萬英鎊！

　　如果細究各項數據的話，清國的北洋艦隊在裝甲與大口徑火炮方面占據優勢，但是日本聯合艦隊卻在航速上占優，在新式小口徑速射炮的數量上更是擁有數倍的優勢。大口徑火炮的優勢是射程遠、威力大，劣勢是射速慢；小口徑火炮則剛好相反，雖然威力無法擊穿敵艦裝甲，但是卻可以利用快速射擊破壞敵艦無防護區域。

戰前被日本海軍寄予厚望的「三景艦」上三門 320mm 巨炮，在大東溝海戰中的表現只能用「拙劣」來形容，或因遭到攻擊或因炮閂質量問題，在整場海戰中這三門巨炮的平均射速接近 1 小時 1 發（合計發射 12 發）。雖然曾在近距離兩次擊中「鎮遠」，但都未擊穿其主裝甲。與之形成鮮明對比的是日軍各艦列裝的新式 6 英寸（152mm）及 4.7 英寸（120mm）阿姆斯特朗速射炮。由於新式復進炮架省卻了火炮重新瞄准的環節，所以新型阿姆斯特朗速射炮僅需要 6 秒就可以重新發射。不過由於當時還是使用人力裝填炮彈，所以通常最快射速在每分鐘 6 發左右。相較之下，同時代的大口徑火炮最快也要 3 分鐘才能發射一發。

當時著名的海軍戰略家阿爾弗雷德·賽耶·馬漢這樣評論道：清日海戰猶如炮兵與步兵之戰，一支沒有步兵掩護的炮兵同步兵作戰，孰強孰弱？馬漢的這個評價其實并不中肯，早期的大口徑火炮雖然理論上射程更遠，但是由於在遠距離上的命中率過低，所以其實際可以發揮作用的作戰距離與新型的身管更長的小口徑速射炮的作戰距離相當，所以并不存在明顯的步兵、炮兵之分。

阿姆斯特朗的新型速射炮是在 1892 問世的，之後立刻就引起了轟動，日方迅速將尚在建造中的「三景艦」上原定的法國老式 120mm「速射炮」（約 1 分鐘 1 發）換成了新型速射炮。這樣，日本在 1888 年之後動工建造的 6 艘主力戰艦上共擁有 8 門 152mm 和 58 門 120mm 阿姆斯特朗速射炮。相比於北洋水師數量少而射速慢的老式速射炮，日軍在艦隊火力密度上擁有數倍的優勢。

其實北洋水師并不是沒有注意到新型速射炮的巨大威力。早在 1891 年北洋艦隊第二次訪日歸來，艦隊司令丁汝昌就發現日本的海軍在迅速擴張，等到日本新購的先進戰艦成軍，清國的海軍就將處於劣勢。1892 年新型速射炮問世以後，丁汝昌和「定遠」艦長劉步蟾就向李鴻章建議迅速購買這種新炮，以替換補充北洋艦隊戰艦上的老舊火炮。可是李鴻章將購買申請遞交到戶部（財政部）以後，就沒了下文。因爲在前一年，戶部尚書翁同龢上書，以節約開支爲由，嚴禁北洋水

師「購艦購炮」（包括炮彈）。其實早在 1886 年翁同龢上任戶部尚書之初，就開始壓縮北洋水師的經費。所以自此之後北洋水師再也沒能向外國訂購新的主力艦，一直維持在 1888 年北洋海軍成軍時的「八大遠」規模。即便如此，北洋水師的日常經費依然十分拮据，加之各級官吏層層貪污，軍備廢弛嚴重。北洋艦隊的戰艦根本用不起優質煤，只能用煙多低效的劣煤——大東溝海戰中使用優質煤的聯合艦隊提前一個小時就發現了濃煙滾滾的北洋艦隊（優質煤中雜質較少，所以燃燒後產生的黑煙少且容易吹散）。而且長期使用劣質煤也對戰艦的鍋爐造成損害，使得航速進一步下降。

與之相反，在 1886 年見識過了「定遠」、「鎮遠」兩艘巨艦之後，日本立刻展開了有針對性的海軍擴張計劃。而且極為幸運的趕上了速射炮帶來的巡洋艦火力躍升。最新式的巡洋艦「吉野」不但是出自英國著名設計師菲利普·瓦茨之手（之後在 1904 年他設計了跨時代的「無畏號」戰列艦），甚至還加裝了當時剛剛問世的火炮測距儀，使得其火炮命中率大幅提升。

日本向英國阿姆斯特朗公司訂購的新銳防護巡洋艦「吉野號」
由於此時的英國皇家海軍在技术探索上比較保守，所以很多新銳的戰艦反而率先出現在私營軍火公司的外貿清單上。

日清兩軍的艦炮火力差距并不僅僅是在火炮射速方面而已，雙方所使用的炮彈也存在鮮明的反差：日本戰艦多使用高爆彈，而清國戰艦主要使用的是穿甲彈。穿甲彈的目的就是為了擊穿敵方戰艦的主裝

甲帶，造成敵艦進水或彈藥庫殉爆。最初的穿甲彈只是把舊時的圓形炮彈改為圓錐形，然後通過更大口徑的火炮發射的更重的炮彈「砸」沉敵艦。為了增加穿甲彈擊穿裝甲後的破壞力，也會在其內部加裝少量火藥。火藥的裝藥量越多，雖然威力越大，但相應的穿甲能力就會降低。如果不考慮穿甲能力只考慮爆炸威力，就是爆破彈。由於中小口徑的火炮根本不可能擊穿鐵甲艦 300mm 以上的裝甲，所以通常使用爆破彈為主。

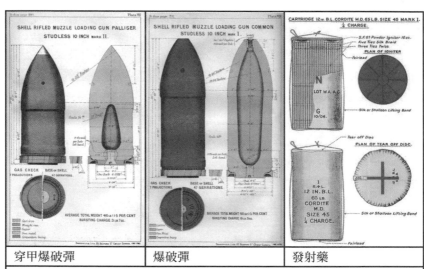

| 穿甲爆破彈 | 爆破彈 | 發射藥 |
|---|---|---|

當時的穿甲彈根據內部火藥的多少又可分為「實心穿甲彈」和「穿甲爆破彈」，都是期望在穿透艦船裝甲之後毀傷其艦體內部，但是由於後者技朮上不成熟，所以各國海軍都是將其內部的火藥替換成水泥沙土當作「實心穿甲彈」使用。

「爆破彈」并不以擊穿裝甲為目的，而是通過爆炸威力殺傷船員及破壞那些缺乏裝甲保護的設施，普遍使用烈性的黃火藥（苦味酸）作為炸藥。清國由於化學工業落後，所以只能用原始的黑火藥填充爆破彈。在命中目標之後，「爆破彈」需要通過頂端的引信進行引爆，如果引信失靈，就可能出現「啞彈」（炮彈沒有爆炸）或「碎彈」（彈體碎裂）的情況。

大口徑火炮的穿甲彈與爆破彈都是通過較爲安全的硝化纖維製作的「發射藥」推出炮膛的。口徑在 120mm 及以下的速射砲才是一體化彈藥，且彈種多以爆破彈爲主。

在大東溝海戰中，日軍速射炮的爆破彈經常會在清軍戰艦引發大火，而此時代的戰艦無論是主炮、副炮，還是指揮、通信，都是處在無裝甲保護、甚至露天敞開的環境中進行的，高爆彈不但可以有效的殺傷對方甲板上的水兵，引發的大火也能極大的妨礙艦艇的作戰效率，干擾艦艇間的旗語聯繫。

李鴻章在申請購買新炮無果後也沒有坐以待斃，他冒險挪用了北洋陸軍的軍費以福建水師的名義（停止「購艦購炮」只針對北洋海軍）購買了阿姆斯特朗速射炮，並交由江南制造局進行仿制。雖然在 1893 年 6 月仿制成功，且能夠達到每分鐘 4 發的射速，但是卻無法進行大規模制造。到甲午戰爭前僅完成了 12 門，其中只有 5 門交給了北洋海軍。比火炮更讓北洋海軍頭痛的是炮彈——因為炮彈同樣不允許進口。由於技术水平不達標，清國自行生產爆破彈成品率很低，每月的合格炮彈產量只能達到十數枚。所以北洋艦隊遇到的最大問題並不是炮彈數量不足，而是「口徑誤差」、「表面有孔洞」等炮彈質量問題。口徑越大，製作工藝難度也越大。北洋艦隊的多數大口徑炮彈都是實心穿甲彈，一些爆破彈所應裝填火藥的部分也只能用沙土、水泥替代當作穿甲彈使用——雖然威力大減，但并不意味着這些炮彈全無殺傷力。

艦體被炸出大洞的「松島」

在大東溝海戰中，日本聯合艦隊各艦為了進一步加快速射炮的射速，所以將大量彈藥提前從彈藥庫中取出對方在炮位旁邊。這種做法雖然提高了射速，但是卻是極為危險的操作——這些彈藥一旦被命中就會引發殉爆和大火。聯合艦隊各艦幾乎都因此遭受了傷亡，其中旗艦「松島」的損傷最大，中彈後引發的彈藥爆炸當場造成 28 人喪命、

68 人負傷，艦體也出現了 5 度的傾斜。北洋艦隊的命中率其實并不低，日本海軍在戰後的反思中承認，如果北洋艦隊裝備更多的速射炮和高爆彈，日軍脆弱的巡洋艦將遭受巨大傷亡，甚至整場海戰都勝負難料。

北洋海軍的將領們對於自身在火力及航速方面的弱勢十分清楚，所以明確拒絕了朝廷下達的「主動出擊漢江口」的命令——馬漢在看到最初的戰報時，誤以為「來自高層的被動防御戰略是束縛了艦隊的運用」，事實恰恰相反。裝備上的弱勢讓北洋艦隊自主放棄了積極的戰略選擇——**「為之勢者，因利而制權也」**，北洋艦隊因為在「利」（實力）上存在缺陷，所以它的「權」（變通余地）也就相應的縮小。

如果北洋艦隊在戰略上選擇更加保守的在旅順與威海衛設兩個扼守渤海的要塞之間迅游的話，日本的聯合艦隊也很難找到擊垮北洋艦隊的機會。但是甲午戰爭并不是單純的清日兩國之間的戰爭，而是雙方圍繞朝鮮的主導權而展開的戰爭。日本與朝鮮之間有對馬海峽相隔，清國雖然與朝鮮接壤，但是由於遼東及朝鮮北部地區山路難行，所以想要快速運輸兵力的話，也只能通過海路。因此圍繞朝鮮的爭奪，就演變為了清日之間制海權的爭奪。但是清國從建立近代海軍伊始，其實就從未考慮過「制海權」的問題，僅僅停留在「海口防御」的層面。北洋艦隊的成立目的也就是為了「扼守渤海，防止敵軍在天津登陸威脅北京安全」而已。也正因如此，在北洋艦隊初具規模後，清國的海軍建設就戛然而止了。

并不僅僅是游牧民族出身的滿清貴族和不識軍事的文官才會犯這種錯誤。在日本軍部討論征服朝鮮的計劃時，陸軍參謀次長川上操六大談日軍如何擊敗清軍數倍於己的部隊，而海軍的山本權兵衛卻冷不防的來了一句：「陸軍有優秀的工兵嗎？有的話趕快從九州和釜山之間架一座橋，否則陸軍過不了海。」陸軍的高層這才猛然意識到自己的戰略失誤。隨後，日本軍部根據海權的得失制定了三種作戰方案：1. 如果海戰勝利，奪得制海權，則輸送兵力在渤海灣登陸，在河北平原與清軍決戰，奪取北京；2. 如果未能取得制海權，而清國也不能控制日本近海，則派陸軍擊敗在朝鮮的清軍，占領朝鮮；3. 如果海战失

利，制海权被清国控制，则尽力掩护在朝日军撤回国内，加强本土防御。从这三个预案可以看出，日本海军在战前并没有十足的信心能够击败北洋舰队，甚至做了最坏的打算。这样的「信心不足」正是孙子所说的**「不盡知用兵之害者，則不能盡知用兵之利也」**。反觀清國，在戰爭開始前沒有做過任何准備或預案，所以從朝鮮危機開始後，就一直被日本牽着鼻子走——**「以虞待不虞者勝」**。

由於李鴻章知道在軍力方面清軍并不存在優勢，而且目前清國的政治重心也不在軍事，而在於籌備實際掌權者慈禧太后的六十大壽——年輕的光緒皇帝也希望這場壽筵成為「養母」慈禧的退休典禮。所以李鴻章在朝鮮危機爆發之初，就極力希望通過外交途徑解決事端避免爆發戰爭。可惜這個 70 多歲的老人對於國內的政治鬥爭尚且應接不暇，對於歐洲各國的海外戰略與日本的開戰決心也并沒有明確的把握，反而為了避免激化矛盾延遲了增兵朝鮮的計劃——這使得清軍在朝鮮的兵力在開戰之初就和日本存在巨大的差距。而清日雙方的兩場海戰豐島海戰、大東溝海戰，都是在北洋艦隊護送清軍陸軍登陸時爆發的。在大東溝海戰中，丁汝昌為了掩護登陸部隊，所以不得不選擇主動進攻——盡量讓戰場遠離登陸部隊。如果不是這樣的話，北洋艦隊在戰术上可能還有更好的變通余地。

其實 9 月 17 日北洋艦隊的這次護航任務已經無關緊要了，因為就在前一天清軍已經開始從平壤城向鴨綠江邊潰退。相較於裝備落後的北洋艦隊而言，清國陸軍的戰斗力更加羸弱：軍紀渙散、士氣低下、裝備繁雜、協同不利、體力衰弱、管理混亂、謊報戰果……當時的清軍士兵中有很多人嗜吸鴉片，軍官更是在平壤城內公然招妓。平壤戰役只進行了一天，弊病叢生的清軍傷亡慘重。第二天清軍主將葉志超就帶頭逃出平壤城。其實葉志超只是名義上的主將，當時的清軍基本都是平級部隊「X 字營」，作戰方案則是各營長官一起開會決定，根本沒有統一指揮。

丟棄了全部裝備糧草的清軍，在沿途大肆掠奪朝鮮當地百姓，搞得朝鮮百姓怨聲載道，原本親清厭日的態度發生了 180° 的轉變，反而

清日兩軍着裝對比，一眼就可以看出雙方之間的「時代差距」。

開始期待軍紀良好的日軍可以盡快將如同匪寇的清軍逐出朝鮮。9月25日，全部清軍都已經撤出朝鮮。戰爭爆發僅兩個月，清軍在陸地和海上都已經全面潰敗。

10月25日，日軍向清國國界的鴨綠江防線發起進攻，第三天便將其攻克，順利入侵到清國境內。與此同時，另一隊日軍乘船在花園口登陸，准備進攻金州及旅順。自大東溝海戰以後，北洋艦隊就在旅順港內加緊搶修，但是想要恢復戰斗力已經是不可能的了，更何況就算此時各艦恢復到最佳狀態也不是日軍聯合艦隊的對手。在德國軍事顧問的建議下，李鴻章放棄了讓北洋艦隊在旅順和日軍拼死一戰的建議，而是將這支已經喪失戰斗力的艦隊撤往威海衛，當做「存在艦隊」保持威懾力——或是說停戰談判的籌碼。

旅順本就是天然要塞，清國又花重金建立了諸多炮台工事，對海有重炮 58 門、輕炮 8 門、機關炮 5 門，對陸有重炮 18 門、輕炮 48 門、機關炮 19 門，其所存糧草彈藥可以支撐 3 年。然而即便是坐擁如此強大的要塞，清軍也僅「堅守」了 1 天而已。許多清軍換上了百姓的衣服逃散，有些則潛藏在民居中發起零星反抗，這些行為導致了日軍的無差別圍剿，造成了震驚世界的「旅順大屠殺」。

日軍主力在跨過鴨綠江之後，經過短暫的後勤調整也重新開始進攻。先是兵鋒直指滿族「龍興之地」奉天，在成功吸引了清軍主力之

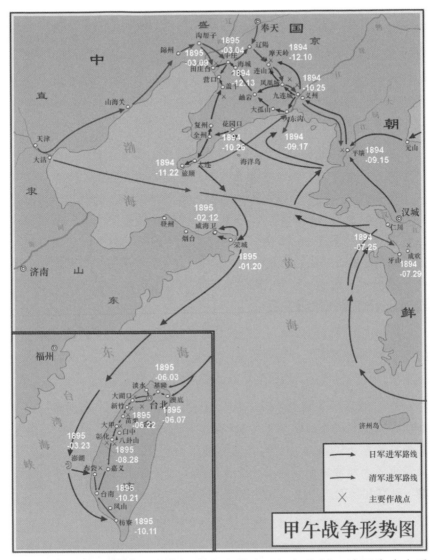

甲午战争形势图

| 图例 | |
|---|---|
| → | 日军进军路线 |
| → | 清军进军路线 |
| × | 主要作战点 |

後，則改道迅速奪取了通往遼東半島的交通樞紐海城。清國也全力反擊，以期能夠奪回海城，從 1895 年 1 月 17 日到 3 月 2 日，前後共發起 7 次攻城戰，但均以失敗告終。

此時，清國已經全面潰敗，開始請求美國作為中間人，與日本展開和平談判。日本方面則希望通過進一步的軍事勝利謀求更好的談判

條件，最終在「直隸會戰」與「殲滅北洋艦隊」兩個方案之間選擇了後者。1895 年 1 月 16 日，日軍在山東榮成灣登陸，准備進攻威海衛。而聯合艦隊主力則在港外巡弋，防止北洋艦隊再次轉移。30 日，威海衛南岸炮台陷落，2 月 2 日凌晨 2 點，日軍對威海衛發動奇襲，不想清軍已經棄城逃跑，日軍兵不血刃的就占領了這個北洋艦隊的重要基地。北洋艦隊只能倚靠着孤零零的劉公島負隅頑抗。

2 月 5 日凌晨，日軍的魚雷艇向劉公島的北洋艦隊發動魚雷襲擊，「定遠」中雷擱淺。6 日凌晨，日軍魚雷艇再次突襲，北洋艦隊又損失了 3 艘艦艇。7 日，日軍發動總攻，從海陸兩個方向對北洋艦隊及劉公島炮台進行炮擊，期間北洋艦隊的 9 艘魚雷艇向大沽口撤離（一說是逃離），但遭到日軍游擊艦隊的攔截，最終只有 1 艘成功逃脫。之後數日，日軍持續猛烈炮擊。2 月 12 日，北洋艦隊向日軍投降，提督丁汝昌、「定遠」管帶（艦長）劉步蟾等人自盡。北洋艦隊這顆清國洋務運動的明星就此隕落。

海戰已息，陸戰未結。3 月 9 日，日軍占領了營口、田莊台等地，控制了整個遼東半島，并准備進一步威脅山海關與北京。此時的清國面對現代化的日軍可以說已經毫無還手之力。

3 月 19 日，清國的全權代表李鴻章抵達日本馬關，開始與日本首相伊藤博文、外相陸奧宗光展開和平談判。日方的開價很高，不但要求朝鮮獨立（1894 年 10 月 25 日清國已經承認了朝鮮獨立），開放通商口岸等，還要求割讓台灣、遼東半島，以及賠償 3 億兩庫平銀的軍費。就在和談的過程中，3 月 23 日，日軍登陸澎湖島。

73 歲的李鴻章面對 53 歲的伊藤博文和 50 歲的陸奧宗光，明顯有些力不從心。遼東半島此時已經被日軍控制，同時臺灣攻略也在進行當中。更讓他為難的是，日軍此時仍然在大舉准備「直隸會戰」。3 月 24 日，李鴻章在結束會談返回旅館途中遭到日本激進份子刺殺，一顆子彈擊中李鴻章左頰，所幸未傷及性命（由於當時沒有 X 光技术，所以治療時子彈未能取出）。這一事件震驚了國際外交界，几年前同樣在日本遭到突然刺殺的沙皇尼古拉二世（事發時還是太子）更是擔

心日本在清國獲得過多的利益。日本政府也大為惶恐，近 30 年的明治維新已經讓日本邁入了現代文明的門檻，「高升號事件」中日本通過國際法在各國媒體上進行的辯護也得到了歐洲各國的讚賞，但是這個脆弱的文明形象在「旅順大屠殺事件」中已經嚴重受損，這次和談中的刺殺事件更是讓日本苦心經營的國家形象搖搖欲墜。

　　為了在歐洲列強施加干涉前盡快簽約，日本大幅放低了姿態，停止了「直隸會戰」的軍事准備，賠款減少了 1 億兩，縮小了遼東占領區，取消了開放天津、湘潭、梧州口岸的要求。4 月 17 日，李鴻章得到清廷的同意後，與日本簽訂《馬關條約》。然而這反而加劇了列強的不滿。6 天後俄、法、德三國強硬要求日本歸還遼東半島。日本雖然無力拒絕，但是也不甘心白白奉還到手的肥羊，於是又勒索了 3000 萬兩的「贖遼費」。當然，「三國干涉換遼」也不是出於「國際道義」，而是因爲俄、德兩國也覬覦旅順這個天然要塞港。1898 年，俄國強行「租借」了旅順，并着手將其建立為堅不可摧的要塞，作為俄國遠東艦隊的基地與擴張遠東利益的支點。

年邁的李鴻章（照片中仍可見其臉頰淤腫）與正直盛年的伊藤博文

日清戰爭後，日本得到的雖是 2.3 億兩賠款，但是清國支付的遠不止如此。為了籌措戰時軍費與賠款，清國向歐洲銀行貸款了 3 億兩，貸款就要付利息，所以清國最終支付的本息合計超過 7.4 億兩。要知道清國的「定遠」的建造費用是 140 萬兩；甲午戰爭前英國曾向清國推銷一艘比「吉野」火力、防護都更強的巡洋艦（「吉野」曾為清國訂購的說法不實），造價 35 萬英鎊約合 206 萬兩（該艦排水量 4550 噸，從噸位上看雖然只是「定遠」的 60%，但價格卻貴了將近 50%）；北洋艦隊每年的維持費用也不超過 200 萬兩；李鴻章購置新型速射炮的申請僅需 61 萬兩；甲午戰爭期間日本向英國訂購的最新式的戰列艦，每艘的製造費及兵器費總預算為 1550.5 萬日元約合 1000 萬兩庫平銀或 170 萬英鎊——單艦價格就超過整個北洋艦隊……清國在賠款時的大方與其之前在增購軍備時的吝嗇簡直是判若兩人！

爲何會出現如此奇怪的現象呢？

大東溝海戰失利後，清廷派先前奏請「停止購艦購炮」的戶部尚書翁同龢前往天津責問指揮作戰的李鴻章，李鴻章面對政敵的責難勃然大怒：「戶部總理度支，平時請款輒駁詰，臨事而問兵艦，兵艦果可恃乎？……政府疑我跋扈，台諫參我貪婪，我再嘵嘵不已，今日尚有李鴻章乎？」從這段話可見，「停止購艦購炮」并不僅僅是因為國家財政緊張的緣故，更主要的原因是清國內部復雜的政治斗爭。

清國雖然名義上實行了改革措施，但無論在內政還是軍事組織上都混亂不堪。當時的清國官員從出身上可以分為三類：一是滿洲貴族；二是通過科舉考試後拔擢的漢人士大夫；三是在鎮壓太平天國運動中嶄露頭角的地方大員。在鎮壓太平軍時，由於清國原本的八旗與綠營兵已經毫無戰斗力可言，所以只能依靠地方官員自己組織的鄉勇團練作為主要武裝力量。由於這些武裝部隊是地方官員自行組織的，這些軍隊與其相應的地方大員就有很強的附屬關係，他們既不是純粹的「私人武裝」也不是完全的「國家軍隊」，就連這些軍隊的軍餉也多半是地方自籌。李鴻章正是第三類官員中最主要的力量，於是也就成為了其他政治派系壓制的首要目標。

所以當清廷認為李鴻章所組建的北洋艦隊已經足以守衛渤海灣之後，為了防止李鴻章進一步的獲得政治資本，於是就以財政節用為名，停滯了清國海軍的進一步發展。北洋艦隊在這些守舊官員的眼裡，不過是李鴻章的「政治籌碼」而已，并不是一支國家海軍力量──當時的絕大多數清國官員對於現代國家概念一無所知，遑論其他現代文明成果。

　　李鴻章雖然名義上是日清甲午戰爭中清國的總指揮，但是也只是在後方調動兵力而已，從各地匯集起來的平級部隊間既缺乏協調，也沒有統一指揮，經常出現多名將領共同指揮，甚至各自為戰的情況。戰爭中，李鴻章既要調動國內軍隊、糧餉支援前線，又要面對前線傳回的混亂而且充滿謊言的戰報；既要面對來自其他官員的政治攻訐，又要同時處理與戰爭相關的外交事務。就算是一個青壯年面對如此復雜而混亂的局面尚且無能為力，更何況一個年過七旬的老人呢？

　　李鴻章作為「晚晴三杰」中最年輕的一個，也比日清甲午戰爭時的日本首相伊藤博文年長了 20 歲，甚至比伊藤上一代的「維新三杰」木戶孝允、西鄉隆盛、大久保利通還要年長數歲。李鴻章個人無論在能力、見識、遠略上都大大超越了同時代的其他清國官員，但是他畢竟是在盛年過後才接觸洋務，和日本那些在青壯年時代就開始了解西方制度與文化的後輩們還是有顯著差距的。

　　更重要的是，清國國內在李鴻章之後無論是舊式官僚還是洋務俊杰，後繼人才都可謂是鳳毛麟角，與其龐大的人口不成比例。反觀日本，在促成「明治維新」的先覺者們之後，緊接著還有伊藤博文、山縣有朋、陸奧宗光、樺山資紀、伊東祐亨，再之後是山本權兵衛、東鄉平八郎、小村壽太郎、兒玉源太郎等人⋯⋯而且在軍政界之外，工商學界也是人才輩出。


　　表面上，清國的「洋務運動」與日本的「明治維新」是這兩個東方國家近乎同時開始的以學習西方為目的的政治改革。但是日本「明治維新」是在徹底推翻了舊制度之後開始的，而清國的「洋務運動」

卻只能在陳腐保守的舊體制下艱難前行。兩者一個朝氣蓬勃，一個則是暮氣沉沉。

日清甲午戰爭完全就是一個新興的近代國家和一個陳舊的「中世紀」國家之間的戰爭，這種差別從表面上兩國軍隊的着裝就可看出，如果深入到制度與意識方面更是如此。

北洋艦隊雖也聘請了外國教官，劉步蟾、鄧世昌等人也曾前往英國留學，但是比起日本而言卻是小巫見大巫。比如「高升號事件」中的主事者「浪速」艦長東鄉平八郎就在英國留學實習長達 8 年之久——正因他對英國人的行為方式與《萬國公法》（國際法）都極為熟悉，所以他才敢於擊沉「高升號」這艘英國商船。

明治維新之後，日本已經逐步建立了現代國家的政治、財政、教育、工商等制度。就軍事而言，從兵役制到軍隊的裝備、編制都是仿照西方國家制定，而且還建立了參謀、後勤、軍醫、軍法、軍事通信等各方面現代軍事制度。舉個例子，1885 年服役的「浪速號」在甲午海戰前已經歷經了 6 任艦長，首任艦長正是清日戰爭的聯合艦隊司令伊東祐亨，其餘艦長在卸任後也都有拔擢。相較之下，清國的「致遠號」也是 1885 年服役，但從建成到沉沒，始終都是由鄧世昌擔任管帶（艦長）——北洋水師的其他管帶也都是如此。這也就難怪他們要擠走訓練嚴苛的洋教官琅威理了，畢竟他們訓練得再刻苦也沒有升遷的機會。

| 「浪速」艦長 | 任時軍銜 | 上任日期 | 卸任日期 | 最終軍銜 |
|---|---|---|---|---|
| 伊東祐亨 | 大佐 | 1885 年 11 月 20 日 | 1886 年 6 月 17 日 | 元帥 |
| 磯邊包義 | 大佐 | 1886 年 6 月 23 日 | 1888 年 4 月 26 日 | 少將 |
| 松村正命 | 大佐 | 1888 年 4 月 26 日 | 1889 年 5 月 15 日 | 魚雷兵工廠長 |
| 角田秀松 | 大佐 | 1889 年 5 月 15 日 | 1891 年 6 月 17 日 | 中將 |
| 新井有貫 | 大佐 | 1891 年 6 月 17 日 | 1891 年 12 月 14 日 | 中將 |
| 東鄉平八郎 | 大佐 | 1891 年 12 月 14 日 | 1894 年 4 月 23 日 | 元帥 |

1895 年初，清廷面對勢如破竹的日軍進攻，不得不在戰與和之間作出抉擇。在廊廟之上的討論中，清國的一些官員曾建議遷都到洛陽，使得日本無法實現其與清國在北京簽訂「城下之盟」的意圖。但是這個建議迅速被否決，因為滿洲貴族不想使百姓產生「清廷統治衰弱」的印象，使其統治基礎產生動搖——這也是清廷在賠款時大手大腳的根本原因：只要能繼續維持統治，再多的銀兩也能從民間徵稅取得，但是如果不及時停戰而繼續損失武力與威權，則有被民眾起義推翻的風險。在滿洲貴族和腐敗的官員眼里，他們的花天酒地安享太平，遠比國家發展百姓的富足重要得多！故而無論是海防還是塞防，無論是興辦企業還是購置軍備，無論是北洋艦隊還是小站練兵，都只不過是清國統治者維系自身榮華富貴的工具而已，其成果自然無法與以富國強兵為目的的「明治維新」相比。即便是清國在日清甲午戰爭中僥幸獲勝，統治者們也只會繼續的安享太平，而不會像日本那樣興業圖強——所謂「上兵伐謀」，可以說清國從最為根本的近代國家立國理念上，就已經是一敗塗地了。

　　**「主孰有道？ 將孰有能？ 天地孰得？ 法令孰行？ 兵眾孰強？ 士卒孰練？ 賞罰孰明？」**這七項之中，清國能勝幾項？

　　**「多算勝少算，而況於無算乎？ 吾以此觀之，勝負見矣。」**

　　**「兵者，國之大事，死生之地，存亡之道，不可不察也。」**清日甲午戰爭充分證明：對於現代戰爭而言，國家的綜合國力與平時的軍備建設對於戰爭的決定性影響比古代有過之而無不及。

國家圖書館出版品預行編目資料

孫子兵法的思維方式（簡明本）／王天驄 著. --
初版.--臺中市：白象文化事業有限公司，2021.6
　　面；　　公分.
ISBN 978-986-5559-97-7（平裝）

1. 孫子兵法　2. 謀略　3. 軍事史
592.092　　　　　　　　　　　　110002504

# 孫子兵法的思維方式（簡明本）

作　　　者　王天驄
校　　　對　王天驄
封面構思　王天驄
內頁排版　王天驄
出版編印　林榮威、陳逸儒、黃麗穎
設計創意　張禮南、何佳諳
經銷推廣　李莉吟、莊博亞、劉育姍
經紀企劃　張輝潭、徐錦淳、洪怡欣、黃姿虹
營運管理　林金郎、曾千熏
發 行 人　張輝潭
出版發行　白象文化事業有限公司
　　　　　412台中市大里區科技路1號8樓之2（台中軟體園區）
　　　　　出版專線：（04）2496-5995　　傳真：（04）2496-9901
　　　　　401台中市東區和平街228巷44號（經銷部）
　　　　　購書專線：（04）2220-8589　　傳真：（04）2220-8505
印　　　刷　基盛印刷工場
初版一刷　2021 年 6 月
定　　　價　350 元

白象文化　印書小舖 PressStore　出版・經銷・宣傳・設計
www.ElephantWhite.com.tw　自費出版的領導者　購書 白象文化生活館